北大社普通高等教育"十三五"数字化建设规划教材

微　积　分

主　编　覃荣存　牛利利　韦丽梅

副主编　（按姓氏拼音排序）

关皓中　刘响林　卢月莉

唐红霞　许克佶　严丹丹

叶建萍　余　超

北京大学出版社

PEKING UNIVERSITY PRESS

内 容 简 介

　　本书以启发学生的数学思维、培养学生的数学素质和提高学生解决实际问题的能力为目标,阐述了微积分学的基本内容、基本方法和相关应用.全书共 8 章,内容包括函数、极限与连续,导数与微分,导数的应用,不定积分,定积分及其应用,多元函数微分学,二重积分及其应用,微分方程初步,等等.每章开头均配有名人名言,每节后均配有习题,每章最后均配有MATLAB 应用、数学文化欣赏及总习题,书后附有习题参考答案.

　　本书在吸取同类教材优点的基础上,按照教育部的要求,把思政教育贯穿于人才培养体系中,将课程思政融入学科建设及课堂教学全过程.基于作者多年的教学经验,本书将各专业需要掌握的不同数学内容有机地融合在一起,并介绍其在农业科学、自然科学、经济与管理、工程技术等领域中的应用案例.本书内容安排遵循"必需、够用"原则,并配套二维码数字资源加载定理和性质的证明及拓展知识,保证够用的同时满足学有余力的学生进一步深究,切实为教学服务.

　　本书可作为普通高等学校各专业的数学基础课教材.

前　　言

　　"微积分"是大学数学系列课程中最基本、最重要的课程之一,是高等学校大多数专业的基础必修课程.微积分主要以函数作为研究对象,以极限作为研究工具,研究一元、多元函数的微分和积分的基本思想,进而培养学生分析问题、解决问题的逻辑思维能力和创新能力,培养学生利用数学模型与方法解决实际问题和专业问题的能力,也为后续专业课的学习打下坚实的基础.

　　本书立足于普通高等学校应用型人才培养目标,以数学教育理论为指导,按照教育部颁发的《本科层次职业学校设置标准(试行)》的要求,并借鉴普通本科和高职、高专数学课程的教学要求,由从事多年微积分教学与研究的教师精心编写而成.本书从内容到形式,全面贯彻党的教育方针和正确价值导向,遵循"必需、够用"原则,严格落实立德树人的根本任务,是融入了课程思政元素和 MATLAB 应用的新形态一体化教材,内容包括函数、极限与连续,导数与微分,导数的应用,不定积分,定积分及其应用,多元函数微分学,二重积分及其应用,微分方程初步,等等.每章开头均配有名人名言,每节后均配有习题,每章最后均配有 MATLAB 应用、数学文化欣赏及总习题,书后附有习题参考答案.

　　本书在内容安排与编写方面具有如下特点.

1.融入课程思政元素,强化思政德育功能

　　本书注重传道授业解惑与育人育才的有机统一:(1)融入思政教育元素.为了将党的二十大精神全面有机地融入教育教学,本书将二十大精神融入教材,为实现二十大精神进课堂、进头脑奠定了基础.党的二十大报告指出,青年强,则国家强,党要把青年工作作为战略性工作来抓,用党的"初心使命"感召青年.基于此,我们在编写连续函数时,融入了"不忘初心、牢记使命"的思政元素,极限与连续,恰如人生道路,我们不断远行,走向人生终点;回望走过的路程,有的人像发散函数一般,离本心越来越远,但有的人如收敛函数一般,恪守自己的本心,不断接近自己的理想.希望学生能如收敛函数,"不忘初心、牢记使命",砥砺前行,无限接近自己的理想.(2)融入数学史和数学文化,特别是中国数学文化.为了培养学生的爱国之情、强国之心、科学精神和文化自信,本书将数学史和数学文化融入教材.例如,在编写数列的极限时,教材融入中国故事思政元素,彰显古人刘徽和祖冲之的聪明才智,以引导学生厚植爱国主义情怀.

2.突出实际应用,彰显职本教育特色

　　本书把握职本教育的特色,内容设计符合职业院校及应用型本科院校的要求,具有职本教育味道,强化数学应用能力,不刻意追求内容的完整性,以淡化理论、侧重思想方法、突出应用为编写的指导思想,增强知识点的融通性,方便减少学时数以适应职本教育的需求.从学生的实际情况出发,本书内容满足各专业教学的需求.本书涵盖了函数、极限、导数和微分、导数应用、不定积分、定积分、多元函数微分学、二重积分和微分方程等模块,能够支撑各专业发展的需要.

3.融入 MATLAB 应用,以实践促理论

　　本书各章均介绍了 MATLAB 在相关领域中的运用.一方面,能够使学生在微积分的学习

阶段就可以实现 MATLAB 编程的锻炼;另一方面,也能够通过实践反向促进理论课的学习,实现"以问题驱动,实践主导,边学边用"的学习方式.MATLAB 是实践性的技术,通过实践可提高学生对 MATLAB 的应用水平,通过练习可加深学生对理论知识的掌握.

4.教材形态新颖,具有时代特色

本书主要内容部分以纸质教材形式呈现,部分定理和性质的证明以二维码形式呈现,便于学生随时随地使用移动设备扫码观看证明过程.这样的安排既减轻了部分学生的无形压力,又满足学有余力的学生进一步深入学习的需求,同时扩大了教材的信息容量,切实为教学服务.

本书的编写工作由覃荣存主持,覃荣存、牛利利、韦丽梅负责全书的统稿及校稿等工作.全书共 8 章,唐红霞编写第 1 章,卢月莉编写第 2 章,严丹丹编写第 3 章,牛利利编写第 4 章,刘响林编写第 5 章,叶建萍编写第 6 章 §6.1 至 §6.4,许克佶编写第 6 章 §6.5 至 §6.7,覃荣存编写第 7 章,韦丽梅编写第 8 章,余超编写第 1 至第 4 章的 MATLAB 在数学中的应用及相关应用案例,关皓中编写第 5 至第 8 章的 MATLAB 在数学中的应用及相关应用案例.在全书的编写过程中,我们参考了众多著作,特别是同类优秀教材,贾华、苏娟、陈平、蔡晓龙构思了全书教学资源的结构配置及版式装帧设计方案,在此一并表示衷心的感谢!

由于编者水平有限,书中难免会出现错误和不妥之处,恳请广大读者提出宝贵意见和建议!

编　者
2023 年 1 月
于广西农业职业技术大学

目　　录

第1章 函数、极限与连续

　　函数是现实世界中各种变量之间的相互依存关系的数学反映，是微积分学的主要研究对象. 极限理论与方法是微积分的理论基础. 本章主要介绍函数的基本概念与几何特征，分段函数、隐函数、反函数、复合函数、基本初等函数、初等函数和常用经济函数的概念，函数极限的基本概念、四则运算法则和复合运算法则，无穷小与无穷大的概念，函数连续性的概念与性质，初等函数的连续性，闭区间上连续函数的性质等.

　　宇宙之大，粒子之微，火箭之速，化工之巧，地球之变，生物之谜，日用之繁，无处不用数学.

　　　　　　　　　　　　　　　　　　　　　　——华罗庚

§1.1 函 数

所谓**函数关系**,就是指两个或多个变量之间的一种对应关系,是描述现实世界的一种重要表达形式.例如,某种商品的市场需求量 q 与该商品的价格 p 满足

$$q = 100 - 3p,$$

则售卖该种商品的收益 R 可表示成

$$R = pq = p(100 - 3p).$$

通过上述两个关系式,根据不同的商品价格 p,可以知道该种商品的市场需求量 q 和售卖该种商品的收益 R,从而确定了两个变量之间的对应关系,这种关系就称为函数.

本节将讨论函数的相关概念及性质.

一、邻域

定义 1.1.1 设 $\delta > 0$,以点 x_0 为中心的开区间 $(x_0 - \delta, x_0 + \delta)$ 称为点 x_0 的 δ **邻域**,记作 $U(x_0, \delta)$,其中,x_0 称为该**邻域的中心点**,δ 称为该**邻域的半径**.

当不需要强调 δ 时,点 x_0 的邻域简记作 $U(x_0)$.而 $(x_0 - \delta, x_0) \bigcup (x_0, x_0 + \delta)$ 称为点 x_0 的**去心 δ 邻域**,记作 $\mathring{U}(x_0, \delta)$,其中,$(x_0 - \delta, x_0)$ 称为点 x_0 的**左邻域**,$(x_0, x_0 + \delta)$ 称为点 x_0 的**右邻域**,当不需要强调 δ 时,可分别记作 $U_-(x_0), U_+(x_0)$.

二、函数的概念

在某一过程中保持不变的量称为**常量**,而在某一过程中不断变化的量称为**变量**.

定义 1.1.2 设 x 和 y 是两个变量,D 为一个非空实数集.若存在一个对应法则 f,使得对于 D 中任意一个实数 x,总存在一个实数 y 与之对应,则称这个对应法则 f 是定义在 D 上的**函数**,或称变量 y 是变量 x 的**函数**,记为

$$y = f(x), \quad \forall x \in D,$$

其中,x 称为**自变量**,y 称为**因变量**(或**函数**),D 称为函数 f 的**定义域**,记为 D_f.

当 $x_0 \in D$ 时,称函数 $y = f(x)$ **在点 x_0 处有定义**,与 x_0 对应的实数 y_0 称为函数 $y = f(x)$ 在点 x_0 处的**函数值**,记为 $f(x_0)$ 或 $y\Big|_{x=x_0}$,即 $y_0 = f(x_0)$.

函数 $y = f(x)$ 的全体函数值构成的集合称为该函数的**值域**,记为 R_f,即

$$R_f = \{y \mid y = f(x), x \in D\}.$$

> **注意** 函数关系的两要素:定义域和对应法则.只有当两个函数的定义域和对应法则都相同时,才能称这两个函数是**相同**的.

例 1.1.1 判断下列函数是否相同,若不相同,请说明理由:

(1) $y=x+1$ 与 $y=t+1$;

(2) $y=x$ 与 $y=\dfrac{x^2}{x}$;

(3) $y=x$ 与 $y=\sqrt{x^2}$;

(4) $y=x$ 与 $y=\sqrt[3]{x^3}$.

解　(1) 是相同函数.

(2) 由于函数 $y=x$ 的定义域为 $(-\infty,+\infty)$,而函数 $y=\dfrac{x^2}{x}$ 的定义域为 $\{x\mid x\neq 0\}$,因此它们不是相同函数.

(3) 由于函数 $y=x$ 的值域为 $(-\infty,+\infty)$,而函数 $y=\sqrt{x^2}$ 的值域为 $[0,+\infty)$,因此它们不是相同函数.

(4) 是相同函数.

> **注意**　一般函数 $y=f(x)$ 的定义域是指使得函数表达式 $f(x)$ 有意义的点 x 的全体所构成的集合,称为函数的**自然定义域**.

常用的判断函数表达式有意义的条件如下:

(1) 分式的分母不为零;

(2) 偶次方根下的表达式非负;

(3) 对数的真数大于零;

(4) 反正弦($\arcsin x$)与反余弦($\arccos x$)下的表达式的绝对值小于或等于 1;

(5) 若函数的表达式由多项组成,则其定义域为各项定义域的交集.

但在实际问题中,除了考虑函数表达式 $f(x)$ 有意义外,还要考虑函数的实际意义. 例如,前面提到的商品的相关表达式 $q=100-3p$ 中要求 $p\geqslant 0$.

 例 1.1.2　求下列函数的定义域:

(1) $y=\sqrt{\dfrac{2+x}{2-x}}$;

(2) $y=\dfrac{1}{\ln(3x-2)}$;

(3) $y=\arcsin\dfrac{x-1}{5}+\dfrac{1}{\sqrt{25-x^2}}$.

解　(1) 要使该函数有意义,必须满足

$$\begin{cases}\dfrac{2+x}{2-x}\geqslant 0,\\ 2-x\neq 0,\end{cases} \quad 即 \quad -2\leqslant x<2.$$

故该函数的定义域为 $[-2,2)$.

(2) 要使该函数有意义,必须满足

$$\begin{cases}3x-2>0,\\ \ln(3x-2)\neq 0,\end{cases} \quad 即 \quad \begin{cases}x>\dfrac{2}{3},\\ x\neq 1.\end{cases}$$

故该函数的定义域为 $\left(\dfrac{2}{3},1\right)\bigcup(1,+\infty)$.

(3) 要使该函数有意义,必须满足

$$\begin{cases} -1 \leqslant \dfrac{x-1}{5} \leqslant 1, \\ 25 - x^2 > 0, \end{cases} \quad 即 \quad \begin{cases} -4 \leqslant x \leqslant 6, \\ -5 < x < 5. \end{cases}$$

故该函数的定义域为 $[-4,5)$.

> **注意**　若在函数定义域的不同部分,其表达式不同,即用多个表达式表示一个函数,则称该函数为**分段函数**.例如,$|x| = \begin{cases} -x, & x < 0, \\ x, & x \geqslant 0 \end{cases}$ 和 $\operatorname{sgn} x = \begin{cases} -1, & x < 0, \\ 0, & x = 0, \\ 1, & x > 0 \end{cases}$ (符号函数)都是分段函数.

三、函数的特征

1. 单调性

设函数 $f(x)$ 在 D 上有定义.若对于 D 中任意两点 x_1 和 x_2,当 $x_1 < x_2$ 时,恒有

$$f(x_1) \leqslant f(x_2) \ (f(x_1) < f(x_2), f(x_1) \geqslant f(x_2), f(x_1) > f(x_2)),$$

则称函数 $f(x)$ 在 D 上是**单调增加**的(**严格单调增加的,单调减少的,严格单调减少的**).单调增加函数和单调减少函数的几何特征分别如图 1.1.1 和图 1.1.2 所示.通常我们将严格单调增加(严格单调减少)简称为**单调增加(单调减少)**.

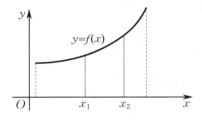

图 1.1.1　单调增加函数

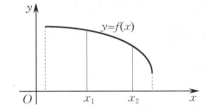

图 1.1.2　单调减少函数

2. 有界性

设函数 $f(x)$ 在 D 上有定义.若对于 D 中任意一点 x,恒有

$$|f(x)| \leqslant M \ (f(x) \leqslant M, f(x) \geqslant m),$$

则称函数 $f(x)$ 在 D 上**有界**(**有上界,有下界**).有界函数的几何特征如图 1.1.3 所示.

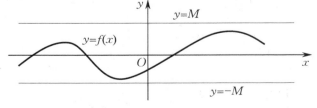

图 1.1.3　有界函数

3. 奇偶性

设函数 $f(x)$ 在对称区间 $[-a,a]$ 上有定义. 若对于 $[-a,a]$ 中任意一点 x, 恒有

$$f(-x) = -f(x)\ (f(-x) = f(x)),$$

则称函数 $f(x)$ 为在 $[-a,a]$ 上的**奇函数**(**偶函数**). 奇函数和偶函数的几何特征分别如图 1.1.4 和图 1.1.5 所示, 奇函数的图形关于坐标原点对称, 偶函数的图形关于 y 轴对称.

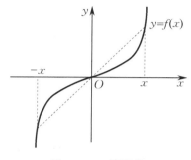

图 1.1.4　奇函数

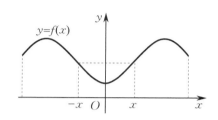

图 1.1.5　偶函数

4. 周期性

设函数 $f(x)$ 在 D 上有定义. 若存在某一实数 T, 使得对于 D 中任意一点 x, 恒有

$$f(x+T) = f(x),$$

则称函数 $f(x)$ 为在 D 上的**周期函数**, 其中, T 称为函数 $f(x)$ 的**周期**. 通常将满足 $f(x+T) = f(x)$ 的最小正数 T_0 称为函数 $f(x)$ 的**基本周期**, 简称**周期**. 周期函数的几何特征如图 1.1.6 所示.

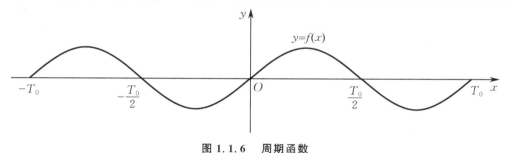

图 1.1.6　周期函数

四、反函数

设函数 $f(x)$ 在 D 上有定义, 且 $R = \{y \mid y = f(x), x \in D\}$. 若对于 R 中任意一点 y, 总能在 D 中找到唯一的一点 x, 使得 $y = f(x)$ 成立, 则称函数 $f(x)$ 在 D 上具有**反函数**, 记为 $x = f^{-1}(y)$, 其定义域为 R. 相应地, 称函数 $y = f(x)$ 为**直接函数**.

通常将 $y = f^{-1}(x)$ 称为 $y = f(x)$ 的反函数. 函数 $y = f(x)$ 与其反函数 $y = f^{-1}(x)$ 的图形关于直线 $y = x$ 对称, 几何特征如图 1.1.7 所示.

例如, 指数函数 $y = a^x$ 与对数函数 $y = \log_a x\,(a > 0,$ $a \neq 1)$ 互为反函数. 但是, 并非所有的函数都存在反函数, 例如, 函数 $y = x^2$ 在整个定义域上不存在反函数.

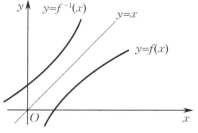

图 1.1.7　函数与其反函数

下面给出反函数存在定理.

定理 1.1.1 如果一个函数在某数集上单调增加（单调减少），则它必定存在反函数，且其反函数也单调增加（单调减少）.

五、基本初等函数

下列六类函数称为**基本初等函数**.

(1) **常数函数**：$y = C$（C 为常数）（见图 1.1.8）.

(2) **幂函数**：$y = x^a$（a 为常数）（见图 1.1.9）.

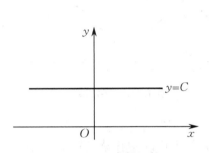

图 1.1.8 常数函数

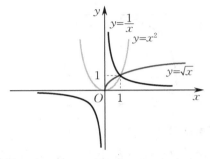

图 1.1.9 幂函数

(3) **指数函数**：$y = a^x$（$a > 0, a \neq 1$）. 特别地，以无理数 $e = 2.718\ 281\ 82\cdots$ 为底的指数函数 $y = e^x$ 是较为常用的，称为**自然指数函数**（见图 1.1.10）.

(4) **对数函数**：$y = \log_a x$（$a > 0, a \neq 1$）. 特别地，$y = \ln x$ 称为**自然对数函数**（见图 1.1.11）.

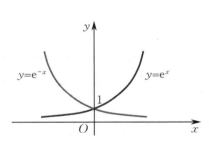

图 1.1.10 自然指数函数

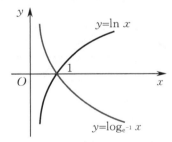

图 1.1.11 自然对数函数

(5) **三角函数**：**正弦函数** $y = \sin x$（见图 1.1.12），**余弦函数** $y = \cos x$（见图 1.1.13）. 它们的定义域都为 $D = (-\infty, +\infty)$，值域都为 $R = [-1, 1]$，都是有界函数，且都是以 2π 为周期的周期函数，其中，$y = \sin x$ 为奇函数，$y = \cos x$ 为偶函数.

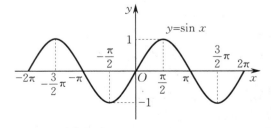

图 1.1.12 正弦函数

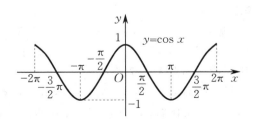

图 1.1.13 余弦函数

正切函数 $y = \tan x$(见图 1.1.14), **余切函数** $y = \cot x$(见图 1.1.15). 函数 $y = \tan x$ 的定义域为 $D = \left\{ x \mid x \neq k\pi + \dfrac{\pi}{2}, k \in \mathbf{Z} \right\}$, 函数 $y = \cot x$ 的定义域为 $D = \{ x \mid x \neq k\pi, k \in \mathbf{Z} \}$, 它们的值域都为 $R = (-\infty, +\infty)$, 都是以 π 为周期的周期函数, 且都是奇函数.

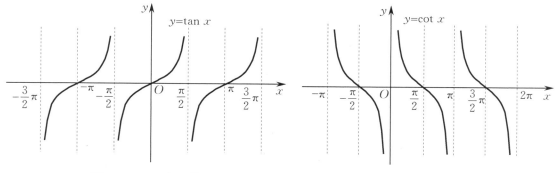

图 1.1.14　正切函数　　　　　图 1.1.15　余切函数

正割函数 $y = \sec x = \dfrac{1}{\cos x}$(见图 1.1.16), **余割函数** $y = \csc x = \dfrac{1}{\sin x}$(见图 1.1.17). 它们都是以 2π 为周期的周期函数.

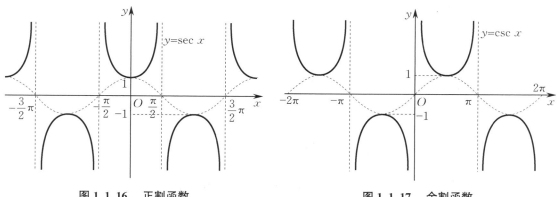

图 1.1.16　正割函数　　　　　图 1.1.17　余割函数

(6) **反三角函数**: 由于三角函数都是周期函数, 因此对于其值域中的每一个 y 值, 都有无穷多个 x 值与之对应. 为了定义它们的反函数, 必须限制 x 的取值区间, 使得三角函数在该区间上是单调的. 在这样的单调区间上定义的反三角函数, 称为反三角函数的**主值**.

① 反正弦函数. 正弦函数 $y = \sin x$ 在区间 $\left[-\dfrac{\pi}{2}, \dfrac{\pi}{2} \right]$ 上的反函数称为**反正弦函数**, 记作 $y = \arcsin x$, 其定义域为 $[-1, 1]$, 值域为 $\left[-\dfrac{\pi}{2}, \dfrac{\pi}{2} \right]$, 例如, $\arcsin 1 = \dfrac{\pi}{2}$, $\arcsin 0 = 0$, $\arcsin\left(-\dfrac{1}{2} \right) = -\dfrac{\pi}{6}$. 显然, $\sin(\arcsin x) = x$. 由图 1.1.18 可直接观察到, $y = \arcsin x$ 是奇函数, 且是单调增加函数.

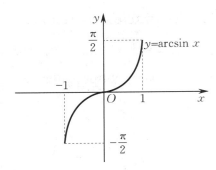

图 1.1.18　反正弦函数

② 反余弦函数. 余弦函数 $y = \cos x$ 在区间 $[0,\pi]$ 上的反函数称为**反余弦函数**,记作 $y = \arccos x$,其定义域为 $[-1,1]$,值域为 $[0,\pi]$,例如,$\arccos 1 = 0$,$\arccos 0 = \dfrac{\pi}{2}$,$\arccos(-1) = \pi$. 显然,$\cos(\arccos x) = x$. 由图 1.1.19 可直接观察到,$y = \arccos x$ 是单调减少函数.

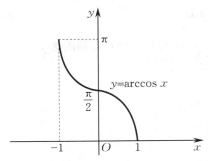

图 1.1.19　反余弦函数

③ 反正切函数. 正切函数 $y = \tan x$ 在区间 $\left(-\dfrac{\pi}{2},\dfrac{\pi}{2}\right)$ 上的反函数称为**反正切函数**,记作 $y = \arctan x$,其定义域为 $(-\infty,+\infty)$,值域为 $\left(-\dfrac{\pi}{2},\dfrac{\pi}{2}\right)$,例如,$\arctan 1 = \dfrac{\pi}{4}$,$\arctan 0 = 0$,$\arctan(-1) = -\dfrac{\pi}{4}$. 显然,$\tan(\arctan x) = x$. 由图 1.1.20 可直接观察到,$y = \arctan x$ 是奇函数,且是单调增加函数.

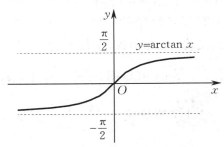

图 1.1.20　反正切函数

④ 反余切函数. 余切函数 $y = \cot x$ 在区间 $(0,\pi)$ 上的反函数称为**反余切函数**,记作 $y = \operatorname{arccot} x$,其定义域为 $(-\infty,+\infty)$,值域为 $(0,\pi)$,例如,$\operatorname{arccot} 1 = \dfrac{\pi}{4}$,$\operatorname{arccot} 0 = \dfrac{\pi}{2}$,$\operatorname{arccot}(-1) =$

$\dfrac{3\pi}{4}$. 显然, $\cot(\mathrm{arccot}\,x)=x$. 由图 1.1.21 可直接观察到, $y=\mathrm{arccot}\,x$ 是单调减少函数.

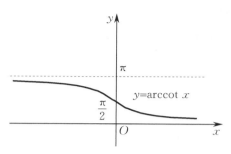

图 1.1.21　反余切函数

六、复合函数

设函数 $y=f(u)$ 的定义域为 D_f, 函数 $u=\varphi(x)$ 的值域为 R_φ. 若 $D_f\bigcap R_\varphi\neq\varnothing$, 则称函数 $y=f[\varphi(x)]$ 是函数 $y=f(u)$ 和 $u=\varphi(x)$ 的**复合函数**, 其中, u 称为**中间变量**.

函数的复合可以推广到有限多个函数的情形, 例如, 函数 $y=f(u)$, $u=g(v)$, $v=h(x)$ 的复合函数为 $y=f\{g[h(x)]\}$.

例 1.1.3　求由下列给定函数复合而成的复合函数:

(1) $y=\sqrt{u}$, $u=\mathrm{e}^x-1$;　　　　　　(2) $y=\sin u$, $u=\sqrt{v}$, $v=2x-1$.

解　(1) $y=\sqrt{\mathrm{e}^x-1}$, $x\in[0,+\infty)$.

(2) $y=\sin\sqrt{2x-1}$, $x\in\left[\dfrac{1}{2},+\infty\right)$.

例 1.1.4　指出下列函数是由哪些基本初等函数复合而成的:

(1) $y=2^{x^2}$;　　　　　　　　　　　(2) $y=\cos\mathrm{e}^x$;

(3) $y=\ln\tan\mathrm{e}^x$;　　　　　　　　(4) $y=\mathrm{e}^{\arctan\frac{1}{x}}$.

解　(1) $y=2^{x^2}$ 是由 $y=2^u$, $u=x^2$ 复合而成的.

(2) $y=\cos\mathrm{e}^x$ 是由 $y=\cos u$, $u=\mathrm{e}^x$ 复合而成的.

(3) $y=\ln\tan\mathrm{e}^x$ 是由 $y=\ln u$, $u=\tan v$, $v=\mathrm{e}^x$ 复合而成的.

(4) $y=\mathrm{e}^{\arctan\frac{1}{x}}$ 是由 $y=\mathrm{e}^u$, $u=\arctan v$, $v=\dfrac{1}{x}$ 复合而成的.

由基本初等函数经过有限次四则运算得到的函数称为**简单函数**.

例 1.1.5　指出下列函数是由哪些基本初等函数或简单函数复合而成的:

(1) $y=\sin\dfrac{1}{2x}$;　　　　　　　　　(2) $y=\arctan(1-2x)$;

(3) $y=\ln(1+x^2)$;　　　　　　　　(4) $y=\cot\sqrt{2x-x^2}$.

解　(1) $y=\sin\dfrac{1}{2x}$ 是由 $y=\sin u$, $u=\dfrac{1}{2x}$ 复合而成的.

(2) $y=\arctan(1-2x)$ 是由 $y=\arctan u$, $u=1-2x$ 复合而成的.

(3) $y = \ln(1 + x^2)$ 是由 $y = \ln u, u = 1 + x^2$ 复合而成的.

(4) $y = \cot \sqrt{2x - x^2}$ 是由 $y = \cot u, u = \sqrt{v}, v = 2x - x^2$ 复合而成的.

例 1.1.6 （**外币兑换中的损失**）某人从美国到加拿大去度假,他把美元兑换成加拿大元时,币面数值增加 12%,回国后他发现把加拿大元兑换成美元时,币面数值减少 12%.问:经过这样一来一回的兑换后他是否亏损?

解 设 $f_1(x)$ 为将 x 美元兑换成的加拿大元数,$f_2(x)$ 为将 x 加拿大元兑换成的美元数,则

$$f_1(x) = x + x \times 12\% = 1.12x,$$
$$f_2(x) = x - x \times 12\% = 0.88x.$$

而

$$f_2[f_1(x)] = 0.88 \times f_1(x) = 0.88 \times 1.12x = 0.985\,6x < x,$$

故经过这样一来一回的兑换后,他亏损了

$$x - 0.985\,6x = 0.014\,4x（美元）.$$

七、初等函数

由基本初等函数经过有限次四则运算和有限次复合运算所构成的能用一个式子表示的函数称为**初等函数**. 例如,$y = \sqrt{e^x - 1}$,$y = \sin \sqrt{2x - 1}$ 等都是初等函数. 非初等函数常以分段函数的形式出现.

八、常用的经济函数

1. 总成本函数、总收益函数和总利润函数

将生产产品的总投入称为**总成本**,将产品出售后所得的总收入称为**总收益**,将总收益扣去总成本后的余额称为**总利润**.

在不考虑一些次要因素的情况下,可将总成本、总收益和总利润看作产量（或销售量）的函数. 记 C 为总成本,R 为总收益,L 为总利润,Q 为产量（或销售量）,则

$$C = C(Q), \quad R = R(Q), \quad L = L(Q).$$

总成本可分为**固定成本**与**可变成本**,即

$$C(Q) = C_1 + C_2(Q),$$

其中,C_1 为固定成本,与 Q 无关,$C_2(Q)$ 为可变成本.

若将产品的价格记为 P,则

$$R(Q) = PQ.$$

通常价格 P 也是产量（或销售量）的函数,即 $P = P(Q)$.

由总利润的定义,可知

$$L(Q) = R(Q) - C(Q).$$

例 1.1.7 某产品的单价为 100 元,单位成本为 60 元.假设供销平衡（产量等于销售量）,求总成本函数、总收益函数和总利润函数.

解 设产品的产量为 Q,则总成本函数、总收益函数和总利润函数分别为

$$C(Q) = 60Q,$$
$$R(Q) = 100Q,$$
$$L(Q) = R(Q) - C(Q) = 40Q.$$

2. 需求函数与供给函数

一种产品的市场需求量和市场供给量与产品价格有密切关系. 一般来说, 降价会使需求量上升, 供给量下降. 反之, 涨价会使需求量下降, 供给量上升.

设 P 为产品的价格, Q 为产品的需求量, S 为产品的供给量. 若忽略市场其他因素的影响, 则 Q 和 S 都是 P 的函数, 即

$$Q = Q(P), \quad S = S(P),$$

其中, $Q(P)$ 称为**需求函数**, $S(P)$ 称为**供给函数**. 一般情况下, $Q(P)$ 是单调减少函数, $S(P)$ 是单调增加函数. 有时也将 $Q = Q(P)$ 的反函数 $P = P(Q)$ 称为**需求函数**.

若市场上某种产品的供给量与需求量相等, 则称这种产品的**供需达到了平衡**, 此时, 该种产品的价格称为**均衡价格**.

例 1.1.8　某种产品每台售价为 500 元时, 每月可销售 1 500 台, 每台售价降为 450 元时, 每月可增销 250 台. 试求该种产品的线性需求函数.

解　设该种产品的线性需求函数为

$$Q(P) = aP + b,$$

其中, $Q(P)$ 为需求量, P 为单位售价, a 和 b 为待定常数. 依题意有

$$\begin{cases} 1\ 500 = 500a + b, \\ 1\ 750 = 450a + b, \end{cases}$$

解得 $a = -5, b = 4\ 000$. 因此, 所求线性需求函数为

$$Q(P) = -5P + 4\ 000.$$

习　题　1.1

1. 判断下列函数 $f(x)$ 和 $g(x)$ 是否相同, 并说明理由:

(1) $f(x) = x + 1, g(x) = \dfrac{x^2 - 1}{x - 1}$;

(2) $f(x) = x, g(x) = (\sqrt{x})^2$;

(3) $f(x) = \ln x^2, g(x) = 2\ln x$;

(4) $f(x) = \sqrt{\cos^2 x}, g(x) = \cos x$.

2. 求下列函数的定义域, 并用区间表示:

(1) $y = \dfrac{1}{\sqrt{x^2 - 2x - 3}}$;

(2) $y = \dfrac{1}{x} + \arccos 2x$;

(3) $y = \arcsin \dfrac{1}{3x + 1}$;

(4) $y = \dfrac{1}{1 - x^2} + \ln(x - 1)$;

(5) $y = \sqrt{\cos |x|}$;

(6) $y = \dfrac{1}{\sqrt{1 - x}} + \sqrt{x^2 - 9}$.

3. 指出下列函数是由哪些基本初等函数或简单函数复合而成的:

(1) $y = \sin x^2$;

(2) $y = \sin^2 x$;

(3) $y = \sqrt{1+x^2}$;

(4) $y = e^{\tan\frac{1}{x}}$;

(5) $y = \arctan e^{2x}$;

(6) $y = \sin\sqrt{2x-1}$.

4. 某商场以 a 元 / 件的价格出售某种商品,若顾客一次购买 50 件以上,则超出 50 件的商品以 0.9a 元 / 件的优惠价出售,试将一次性成交的销售总收益 R 表示成销售量 x 的函数.

5. 已知某水果店将苹果的售价定为 10 元 /kg 时,每月能销售 500 kg,若售价每降低 0.5 元 /kg,则该月的销售量可增加 100 kg,试将该水果店的苹果月收益 R 表示为苹果销售量的增加量 x 的函数.

6. 设某厂每天生产 x 件产品的总成本函数为 $C(x) = 400 + 3x$(元).

(1) 若每天至少能卖出 200 件产品,为了不亏本,问:产品的单位售价至少应定为多少元?

(2) 若该厂计划总利润为总成本的 20%,问:每天卖出 x 件产品的单位售价应为多少元?

§1.2 极限的概念与性质

3 世纪中叶,魏晋时期的数学家刘徽首创割圆术,为计算圆周率建立了严密的理论和完善的算法.所谓割圆术,是用圆内接正多边形的面积去无限逼近圆面积并以此求取圆周率的方法.刘徽把圆内接正多边形的周长一直算到了正 3 072 边形,并由此求得了圆周率为 3.141 5 和 3.141 6 这两个近似数值.到南北朝时期,祖冲之在刘徽的这一基础上继续努力,终于使圆周率精确到了小数点以后的第七位.在西方,这个成绩是由法国数学家韦达(Viète)于 1593 年取得的,比祖冲之要晚了一千一百多年.刘徽所创立的割圆术是一种极限思想在几何上的应用.所谓极限思想,是指用极限概念分析问题和解决问题的一种思想,是微积分的基本思想和理论基础.本节主要介绍极限的概念与性质.

一、数列的极限

数列 $\{x_n\}$ 也可以看作自变量为正整数 n 的**整标函数** $x_n = f(n)$,它的定义域是正整数集 $\mathbf{N}_+$,当自变量 n 依次取正整数 $1, 2, \cdots$ 时,对应的函数值就排列成数列 $\{x_n\}$.

在几何上,数列 $\{x_n\}$ 可看作数轴上的一个动点,它依次取数轴上的点 $x_1, x_2, \cdots, x_n, \cdots$,如图 1.2.1 所示.

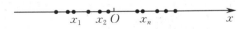

图 1.2.1 数列 $\{x_n\}$ 在数轴上的表示

例如,观察下列数列,讨论数列值的变化趋势:

(1) $\dfrac{1}{2}, \dfrac{1}{2^2}, \cdots, \dfrac{1}{2^n}, \cdots$;

(2) $1, 2, \cdots, n, \cdots$;

(3) $1, -1, 1, -1, \cdots$.

通过观察发现,随着 n 增大,数列(1)的数列值趋于确定的常数 0;数列(2)的数列值趋于正无穷大;数列(3)的数列值有变化规律,但无整体趋势.我们把第一种情况称为极限存在.极限描述的是变量在某个变化过程中的变化趋势,是一个非常重要的概念,是微积分的灵魂.

定义 1.2.1　　设 $\{x_n\}$ 是一个已知数列,a 是一个确定的常数.如果当 n 无限增大(记作 $n \to \infty$)时,x_n 无限接近于 a,则称**数列 $\{x_n\}$ 以 a 为极限**,记作

$$\lim_{n \to \infty} x_n = a \quad 或 \quad x_n \to a \quad (n \to \infty),$$

读作"当 n 趋于无穷大时,x_n 的极限等于 a"或"当 n 趋于无穷大时,x_n 趋于 a".此时,我们也称数列 $\{x_n\}$ **收敛**,并且收敛于极限 a;否则,称数列 $\{x_n\}$ **发散**,或者称数列 $\{x_n\}$ 的**极限不存在**.

由定义 1.2.1 可知,上述数列中的数列(1)收敛,数列(2),(3)发散.

二、函数的极限

数列极限是一类特殊的函数极限,即整标函数 $x_n = f(n)$ 当自变量 n 取正整数且无限增大时,函数 $f(n)$ 的变化趋势.而对于一般函数 $y = f(x)$ 的极限,它与数列极限的不同点在于函数 $f(x)$ 的极限是研究自变量 x 连续变化时,对应函数值 $f(x)$ 的变化趋势.

设函数 $y = f(x)$ 的定义域为 D,考察函数 $f(x)$ 的极限就是考察当自变量 x 在某一变化过程中,相应的函数值 $f(x)$ 的变化趋势.自变量的变化过程通常有以下两种形式:

(1)当 $|x|$ 无限增大,即 x 趋于无穷大(记为 $x \to \infty$)时,自变量 x 沿 x 轴的正、负两个方向同时趋于无穷大.特别地,当自变量 x 仅沿 x 轴的正方向趋于无穷大时,称为 x 趋于正无穷大,记为 $x \to +\infty$,当自变量 x 仅沿 x 轴的负方向趋于无穷大时,称为 x 趋于负无穷大,记为 $x \to -\infty$.

(2)当自变量 x 无限接近 x_0 且 $x \neq x_0$,即 x 趋于 x_0(记为 $x \to x_0$)时,自变量 x 可沿大于 x_0 的方向趋于 x_0,也可沿小于 x_0 的方向趋于 x_0.特别地,当自变量 x 仅沿大于 x_0 的方向趋于 x_0 时,记为 $x \to x_0^+$,当自变量 x 仅沿小于 x_0 的方向趋于 x_0 时,记为 $x \to x_0^-$.

1. 当 $x \to \infty$ 时函数的极限

定义 1.2.2　　给定函数 $y = f(x)$,若当 $x \to \infty$ 时,对应的函数值 $f(x)$ 无限接近于一个确定的常数 A,则称 A 为**函数 $f(x)$ 当 $x \to \infty$ 时的极限**,记为

$$\lim_{x \to \infty} f(x) = A \quad 或 \quad f(x) \to A \quad (x \to \infty);$$

否则,称 $f(x)$ **在 $x \to \infty$ 时极限不存在**.

类似地,可以给出当 $x \to +\infty$ 和 $x \to -\infty$ 时函数极限的定义.

2. 当 $x \to x_0$ 时函数的极限

定义 1.2.3　　给定函数 $y = f(x)$,若当 $x \to x_0$ 时,对应的函数值 $f(x)$ 无限接近于一个确定的常数 A,则称 A 为**函数 $f(x)$ 当 $x \to x_0$ 时的极限**,记为

$$\lim_{x \to x_0} f(x) = A \quad 或 \quad f(x) \to A \quad (x \to x_0);$$

否则,称 $f(x)$ **在 $x \to x_0$ 时极限不存在**.

类似地,可以给出当 $x \to x_0^+$ 和 $x \to x_0^-$ 时函数极限的定义.其中,$\lim\limits_{x \to x_0^+} f(x)$ 称为**右极限**,可简记为 $f(x_0 + 0)$ 或 $f(x_0^+)$;$\lim\limits_{x \to x_0^-} f(x)$ 称为**左极限**,可简记为 $f(x_0 - 0)$ 或 $f(x_0^-)$.它们

统称为**单侧极限**.

例 1.2.1 利用定义求下列极限：

(1) $\lim\limits_{x\to\infty}\dfrac{1}{x}$；　　(2) $\lim\limits_{x\to+\infty}e^x$；　　(3) $\lim\limits_{x\to\infty}\sin x$；　　(4) $\lim\limits_{x\to5}C$.

解　(1) $\lim\limits_{x\to\infty}\dfrac{1}{x}=0$.

(2) $\lim\limits_{x\to+\infty}e^x=+\infty$.

(3) 不存在.

(4) $\lim\limits_{x\to5}C=C$.

定理 1.2.1（函数极限的存在性）　(1) $\lim\limits_{x\to x_0}f(x)=A\Leftrightarrow\lim\limits_{x\to x_0^-}f(x)=\lim\limits_{x\to x_0^+}f(x)=A$.

(2) $\lim\limits_{x\to\infty}f(x)=A\Leftrightarrow\lim\limits_{x\to-\infty}f(x)=\lim\limits_{x\to+\infty}f(x)=A$.

例 1.2.2 设函数 $f(x)=\begin{cases}2x-1, & x<0,\\ 0, & x=0,\ \text{求}\lim\limits_{x\to0}f(x).\\ 2x+1, & x>0,\end{cases}$

解　因为

$$\lim\limits_{x\to0^-}f(x)=\lim\limits_{x\to0^-}(2x-1)=-1,\quad \lim\limits_{x\to0^+}f(x)=\lim\limits_{x\to0^+}(2x+1)=1,$$

即 $\lim\limits_{x\to0^-}f(x)\neq\lim\limits_{x\to0^+}f(x)$，所以 $\lim\limits_{x\to0}f(x)$ 不存在.

例 1.2.3 （反复学习及效率）众所周知,任何一种新技能的获得和提高都要通过一定时间的学习. 在学习中,经常会碰到这样的现象,某些人学得快、掌握得好,而有些人学得慢、掌握得差. 现以学习电脑为例,假设每学习电脑一次,都能掌握一定的新内容,其程度为常数 $r(0<r<1)$,试用数学知识来描述经过多少次学习,就能基本掌握电脑知识.

解　设 a_n 表示经过 $n(n=0,1,2,\cdots)$ 次学习电脑后所掌握的程度,则 $a_0(0\leqslant a_0\leqslant1)$ 表示开始学习电脑时所掌握的程度,$1-a_0$ 就是开始学习电脑时尚未掌握的新内容的程度,经过一次学习电脑后掌握的新内容的程度为 $r(1-a_0)$. 于是,有

$$a_1-a_0=r(1-a_0),$$

以此类推

$$a_2-a_1=r(1-a_1),$$
$$a_3-a_2=r(1-a_2),$$
$$\cdots\cdots$$
$$a_{n+1}-a_n=r(1-a_n),$$

即

$$a_{n+1}=a_n+r(1-a_n)\quad(n=0,1,2,\cdots),$$

从而有

$$a_1=a_0+r(1-a_0)=1-(1-a_0)(1-r),$$
$$a_2=a_1+r(1-a_1)=1-(1-a_1)(1-r)=1-(1-a_0)(1-r)^2,$$
$$a_3=a_2+r(1-a_2)=1-(1-a_2)(1-r)=1-(1-a_0)(1-r)^3,$$
$$\cdots\cdots$$

$$a_n = 1 - (1 - a_0)(1 - r)^n \quad (n = 1, 2, \cdots).$$

由此可看出,当学习电脑次数 n 增大时,a_n 随之增大,且越来越接近于 1,即

$$\lim_{n \to \infty} a_n = \lim_{n \to \infty} [1 - (1 - a_0)(1 - r)^n] = 1.$$

一般情况下,$a_0 = 0$,每次学习电脑后所掌握的程度 $r = 30\%$,学习电脑次数与掌握程度的关系如表 1.2.1 所示.

表 1.2.1　学习电脑次数与掌握程度关系

n	1	2	3	4	5	6	7	8	9	10
a_n	0.3	0.51	0.66	0.76	0.83	0.88	0.92	0.94	0.96	0.97

三、极限的性质

性质 1（唯一性）　若函数(或数列)的极限存在,则其极限是唯一的.

性质 2（有界性）　(1) 若 $\lim\limits_{n \to \infty} x_n$ 存在,则数列 $\{x_n\}$ 有界.

(2) 若 $\lim\limits_{x \to x_0} f(x)$ 存在,则函数 $f(x)$ 必在点 x_0 的某去心邻域内有界.

(3) 若 $\lim\limits_{x \to \infty} f(x)$ 存在,则存在 $M > 0$,使得当 $|x| > M$ 时函数 $f(x)$ 有界.

性质 3（局部保号性）　(1) 若 $\lim\limits_{n \to \infty} x_n = a$,$\lim\limits_{n \to \infty} y_n = b$,且 $a > b$,则存在正整数 N,使得当 $n > N$ 时,恒有 $x_n > y_n$.

(2) 若 $\lim\limits_{x \to x_0} f(x) = A$,$\lim\limits_{x \to x_0} g(x) = B$,且 $A > B$,则在点 x_0 的某去心邻域内恒有 $f(x) > g(x)$.

推论 1　若在点 x_0 的某去心邻域内恒有 $f(x) \geqslant 0$(或 $f(x) \leqslant 0$)且 $\lim\limits_{x \to x_0} f(x) = A$,则 $A \geqslant 0$(或 $A \leqslant 0$).

四、无穷小与无穷大的概念

为了表达的方便,将 $x \to \infty$,$x \to +\infty$,$x \to -\infty$,$x \to x_0$,$x \to x_0^+$,$x \to x_0^-$ 这 6 种自变量的变化过程统一用记号 $x \to \beta$ 来表示.

定义 1.2.4　若 $\lim\limits_{x \to \beta} f(x) = 0$,则称 $f(x)$ 是 $x \to \beta$ 下的**无穷小**.

定义 1.2.5　若 $\lim\limits_{x \to \beta} f(x) = \infty$,则称 $f(x)$ 是 $x \to \beta$ 下的**无穷大**.

显然,当 $x \to 0$ 时,x,$\sin x$ 和 $\tan x$ 都是无穷小,而 $\dfrac{1}{x}$,$\csc x$ 和 $\cot x$ 都是无穷大.

下面讨论无穷小与无穷大之间的关系.

定理 1.2.2　在 $x \to \beta$ 下,若 $f(x)$ 是无穷大,则 $\dfrac{1}{f(x)}$ 是无穷小.

定理 1.2.3　在 $x \to \beta$ 下,若 $f(x)$ 是无穷小,且 $f(x) \neq 0$,则 $\dfrac{1}{f(x)}$ 是无穷大.

习 题 1.2

1.利用函数图形,观察下列函数的变化趋势,若极限存在,则写出该极限:

(1) $\lim\limits_{x \to +\infty} \dfrac{1}{x}$;

(2) $\lim\limits_{x \to 1} x^2$;

(3) $\lim\limits_{x \to -\infty} e^x$;

(4) $\lim\limits_{x \to +\infty} \arctan x$;

(5) $\lim\limits_{x \to e} \ln x$;

(6) $\lim\limits_{x \to \frac{\pi}{2}} \cos x$;

(7) $\lim\limits_{x \to 0^+} \dfrac{1}{x}$;

(8) $\lim\limits_{x \to 2^-} x^2$.

2.设函数 $f(x) = \begin{cases} x^2 + 2x - 1, & x < 1, \\ x, & 1 \leqslant x < 2, \\ 2x - 2, & x \geqslant 2, \end{cases}$ 求 $\lim\limits_{x \to 1} f(x)$ 和 $\lim\limits_{x \to 2} f(x)$.

3.下列函数在什么情况下为无穷小? 在什么情况下为无穷大?

(1) $\dfrac{1}{x}$;

(2) $\dfrac{x+1}{x-2}$;

(3) $\tan x$;

(4) $3^{\frac{1}{x}}$.

4.设函数 $f(x) = \begin{cases} \sqrt{2x+1}, & 0 \leqslant x \leqslant 1, \\ a + \ln x, & x > 1, \end{cases}$ 且 $\lim\limits_{x \to 1} f(x)$ 存在,求 a 的值.

§1.3 极限的运算

由极限的定义求一些复杂函数的极限非常不容易,那么如何求一个函数的极限呢? 本节将学习求极限的其他方法.

一、极限的运算法则

定理 1.3.1(四则运算法则) **若** $\lim\limits_{x \to \beta} f(x) = A$,$\lim\limits_{x \to \beta} g(x) = B$,则

(1) $\lim\limits_{x \to \beta} Cf(x) = C\lim\limits_{x \to \beta} f(x) = CA$($C$ 是与 x 无关的常数);

(2) $\lim\limits_{x \to \beta} [f(x) \pm g(x)] = \lim\limits_{x \to \beta} f(x) \pm \lim\limits_{x \to \beta} g(x) = A \pm B$;

(3) $\lim\limits_{x \to \beta} f(x)g(x) = \lim\limits_{x \to \beta} f(x) \cdot \lim\limits_{x \to \beta} g(x) = AB$;

(4) $\lim\limits_{x \to \beta} \dfrac{f(x)}{g(x)} = \dfrac{\lim\limits_{x \to \beta} f(x)}{\lim\limits_{x \to \beta} g(x)} = \dfrac{A}{B}$($\lim\limits_{x \to \beta} g(x) = B \neq 0$).

注意	极限的四则运算法则可以推广到有限个函数的情形,也适用于数列的极限.

 **例 1.3.1** 求下列极限：

(1) $\lim\limits_{x\to 1}(3x^3-2x^2+x-10)$；　　　　(2) $\lim\limits_{x\to 2}\dfrac{3x^2+x-2}{2x+1}$；

(3) $\lim\limits_{x\to 1}\dfrac{x^3+2x}{x^2-1}$；　　　　　(4) $\lim\limits_{x\to 3}\dfrac{x^2-2x-3}{x^2-9}$．

解 (1) 原式 $=3\lim\limits_{x\to 1}x^3-2\lim\limits_{x\to 1}x^2+\lim\limits_{x\to 1}x-\lim\limits_{x\to 1}10=3-2+1-10=-8$．

(2) 原式 $=\dfrac{\lim\limits_{x\to 2}(3x^2+x-2)}{\lim\limits_{x\to 2}(2x+1)}=\dfrac{3\times 2^2+2-2}{2\times 2+1}=\dfrac{12}{5}$．

(3) 因为分母的极限 $\lim\limits_{x\to 1}(x^2-1)=0$，所以不能直接用极限的四则运算法则．但 $\lim\limits_{x\to 1}(x^3+2x)=3\neq 0$，根据无穷小与无穷大之间的关系可知，原式 $=\infty$，故极限不存在．

(4) 当 $x\to 3$ 时，分子、分母的极限均为零，所以不能直接用极限的四则运算法则．但注意到当 $x\to 3$ 时，$x\neq 3$，而

$$\dfrac{x^2-2x-3}{x^2-9}=\dfrac{(x-3)(x+1)}{(x-3)(x+3)},$$

约去分子、分母中的非零因子 $(x-3)$，可得

$$\text{原式}=\lim\limits_{x\to 3}\dfrac{x+1}{x+3}=\dfrac{2}{3}.$$

把两个多项式的商称为**有理函数**，其一般形式为

$$f(x)=\dfrac{a_0x^n+a_1x^{n-1}+\cdots+a_{n-1}x+a_n}{b_0x^m+b_1x^{m-1}+\cdots+b_{m-1}x+b_m}=\dfrac{f_1(x)}{f_2(x)}.$$

当 $x\to x_0$ 时，有

$$\lim\limits_{x\to x_0}f(x)=\lim\limits_{x\to x_0}\dfrac{a_0x^n+a_1x^{n-1}+\cdots+a_{n-1}x+a_n}{b_0x^m+b_1x^{m-1}+\cdots+b_{m-1}x+b_m}$$

$$=\begin{cases}\dfrac{f_1(x_0)}{f_2(x_0)}, & f_2(x_0)\neq 0,\\[2mm] \infty, & f_1(x_0)\neq 0\ \text{且}\ f_2(x_0)=0,\\[2mm] \text{约去分子、分母中的非零因子}, & f_1(x_0)=0\ \text{且}\ f_2(x_0)=0.\end{cases}$$

例 1.3.2 求极限 $\lim\limits_{x\to 1}\dfrac{x-1}{\sqrt{2-x}-1}$．

解 原式 $=\lim\limits_{x\to 1}\dfrac{(x-1)(\sqrt{2-x}+1)}{(\sqrt{2-x}-1)(\sqrt{2-x}+1)}=\lim\limits_{x\to 1}\dfrac{(x-1)(\sqrt{2-x}+1)}{1-x}$

$=-\lim\limits_{x\to 1}(\sqrt{2-x}+1)=-2$．

例 1.3.3 求下列极限：

(1) $\lim\limits_{x\to\infty}\dfrac{2x^2+x-2}{3x^2-x+1}$；　　　　(2) $\lim\limits_{x\to\infty}\dfrac{2x^2+x-2}{x^3-x+1}$；

(3) $\lim\limits_{x\to\infty}\dfrac{x^4+2x-2}{x^3-x+1}$．

解 (1) 原式 $=\lim\limits_{x\to\infty}\dfrac{2+\dfrac{1}{x}-\dfrac{2}{x^2}}{3-\dfrac{1}{x}+\dfrac{1}{x^2}}=\dfrac{2}{3}$.

(2) 原式 $=\lim\limits_{x\to\infty}\dfrac{\dfrac{2}{x}+\dfrac{1}{x^2}-\dfrac{2}{x^3}}{1-\dfrac{1}{x^2}+\dfrac{1}{x^3}}=0$.

(3) 由于

$$\lim_{x\to\infty}\frac{x^3-x+1}{x^4+2x-2}=\lim_{x\to\infty}\frac{\dfrac{1}{x}-\dfrac{1}{x^3}+\dfrac{1}{x^4}}{1+\dfrac{2}{x^3}-\dfrac{2}{x^4}}=0,$$

因此

$$\lim_{x\to\infty}\frac{x^4+2x-2}{x^3-x+1}=\infty.$$

对于有理函数

$$f(x)=\frac{a_0 x^n+a_1 x^{n-1}+\cdots+a_{n-1}x+a_n}{b_0 x^m+b_1 x^{m-1}+\cdots+b_{m-1}x+b_m}=\frac{f_1(x)}{f_2(x)},$$

当 $x\to\infty$ 时,有

$$\lim_{x\to\infty}f(x)=\lim_{x\to\infty}\frac{a_0 x^n+a_1 x^{n-1}+\cdots+a_{n-1}x+a_n}{b_0 x^m+b_1 x^{m-1}+\cdots+b_{m-1}x+b_m}=\begin{cases}\dfrac{a_0}{b_0},& m=n,\\[2mm]0,& m>n,\\[2mm]\infty,& m<n.\end{cases}$$

定理 1.3.2(无穷小的运算法则) 在同一个变化过程中,

(1) 有限个无穷小之代数和仍是无穷小;

(2) 有限个无穷小之积仍是无穷小;

(3) 有界变量(常量)与无穷小之积仍是无穷小.

例 1.3.4 求极限 $\lim\limits_{x\to 0}x\cos\dfrac{1}{x}$.

解 当 $x\to 0$ 时,x 是无穷小,$\cos\dfrac{1}{x}$ 的极限不存在,但它是有界函数,所以

$$\lim_{x\to 0}x\cos\frac{1}{x}=0.$$

例 1.3.5 求极限 $\lim\limits_{n\to\infty}\left(\dfrac{1}{n^2}+\dfrac{2}{n^2}+\cdots+\dfrac{n}{n^2}\right)$.

解 此题是求无穷个无穷小之代数和的极限,故不能直接用极限的四则运算法则.

$$原式=\lim_{n\to\infty}\frac{1+2+\cdots+n}{n^2}=\lim_{n\to\infty}\frac{\dfrac{n(1+n)}{2}}{n^2}=\frac{1}{2}.$$

定理 1.3.3（复合函数极限的运算法则）　设函数 $y=f[\varphi(x)]$ 是由函数 $y=f(u)$ 和 $u=\varphi(x)$ 复合而成的. 若 $\lim\limits_{x\to\beta}\varphi(x)=u_0$，$\lim\limits_{u\to u_0}f(u)=A$，且在点 β 的某去心邻域内，有 $\varphi(x)\neq u_0$，则 $\lim\limits_{x\to\beta}f[\varphi(x)]=\lim\limits_{u\to u_0}f(u)=A$.

例 1.3.6　求下列极限：

(1) $\lim\limits_{x\to1}\sqrt{2x^2+10}$；

(2) $\lim\limits_{x\to\frac{\pi}{2}}\ln\sin x$.

解　(1) 原式 $=\sqrt{\lim\limits_{x\to1}(2x^2+10)}=\sqrt{12}=2\sqrt{3}$.

(2) 原式 $=\ln\lim\limits_{x\to\frac{\pi}{2}}\sin x=\ln1=0$.

二、两个重要极限

1. 第一个重要极限 $\lim\limits_{x\to0}\dfrac{\sin x}{x}=1$

第一个重要极限的推广形式为

$$\lim_{\alpha(x)\to0}\frac{\sin\alpha(x)}{\alpha(x)}=1.$$

> **注意**
>
> (1) 第一个重要极限解决的是含有三角函数的 $\dfrac{0}{0}$ 型未定式（参见第 3 章中未定式的概念）.
>
> (2) 注意第一个重要极限的推广形式中需要满足的条件 $(\alpha(x)\to0)$.

例 1.3.7　求下列极限：

(1) $\lim\limits_{x\to0}\dfrac{\tan x}{x}$；

(2) $\lim\limits_{x\to0}\dfrac{1-\cos x}{x^2}$；

(3) $\lim\limits_{x\to0}\dfrac{\sin3x}{\sin5x}$.

解　(1) 原式 $=\lim\limits_{x\to0}\left(\dfrac{\sin x}{x}\cdot\dfrac{1}{\cos x}\right)=\lim\limits_{x\to0}\dfrac{\sin x}{x}\cdot\lim\limits_{x\to0}\dfrac{1}{\cos x}=1\times1=1$.

(2) **方法 1**　原式 $=\lim\limits_{x\to0}\dfrac{2\sin^2\dfrac{x}{2}}{x^2}=\dfrac{1}{2}\lim\limits_{\frac{x}{2}\to0}\left(\dfrac{\sin\dfrac{x}{2}}{\dfrac{x}{2}}\right)^2=\dfrac{1}{2}$.

方法 2　原式 $=\lim\limits_{x\to0}\dfrac{(1-\cos x)(1+\cos x)}{x^2(1+\cos x)}=\lim\limits_{x\to0}\dfrac{1-\cos^2 x}{x^2}\cdot\lim\limits_{x\to0}\dfrac{1}{1+\cos x}$

$=\lim\limits_{x\to0}\left(\dfrac{\sin x}{x}\right)^2\cdot\lim\limits_{x\to0}\dfrac{1}{1+\cos x}=\dfrac{1}{2}$.

(3) 原式 $=\lim\limits_{x\to0}\left(\dfrac{\sin3x}{3x}\cdot\dfrac{5x}{\sin5x}\cdot\dfrac{3x}{5x}\right)=\dfrac{3}{5}\lim\limits_{x\to0}\dfrac{\sin3x}{3x}\cdot\lim\limits_{x\to0}\dfrac{1}{\dfrac{\sin5x}{5x}}=\dfrac{3}{5}$.

2. 第二个重要极限 $\lim\limits_{x\to\infty}\left(1+\dfrac{1}{x}\right)^{x}=\mathrm{e}$

第二个重要极限的推广形式为

$$\lim_{\alpha(x)\to 0}\left[1+\alpha(x)\right]^{\frac{1}{\alpha(x)}}=\mathrm{e}.$$

注意	(1) 第二个重要极限解决的是幂指函数的 1^{∞} 型未定式.
	(2) 注意第二个重要极限的推广形式中需要满足的条件 $(\alpha(x)\to 0)$.

例 1.3.8 求下列极限：

(1) $\lim\limits_{x\to\infty}\left(1-\dfrac{2}{x}\right)^{x}$;
(2) $\lim\limits_{x\to\infty}\left(\dfrac{x+2}{x+3}\right)^{3x-2}$;

(3) $\lim\limits_{x\to 0}(\cos x)^{\frac{1}{x^2}}$.

解 (1) 原式 $=\lim\limits_{x\to\infty}\left(1-\dfrac{2}{x}\right)^{\left(-\frac{x}{2}\right)\cdot(-2)}=\mathrm{e}^{-2}.$

(2) 原式 $=\lim\limits_{x\to\infty}\left(1-\dfrac{1}{x+3}\right)^{\left[-(x+3)\right]\cdot\left(-\frac{3x-2}{x+3}\right)}=\mathrm{e}^{-3}.$

(3) 原式 $=\lim\limits_{x\to 0}\left[1+(\cos x-1)\right]^{\frac{1}{\cos x-1}\cdot\left(\frac{1-\cos x}{x^2}\right)}=\mathrm{e}^{-\frac{1}{2}}.$

三、无穷小的比较

由无穷小的运算性质可知，两个无穷小之和、差和积都是无穷小，但两个无穷小之比不一定是无穷小. 例如，当 $x\to 0$ 时，$x,3x,x^2,\sin x$ 均为无穷小，但

$$\lim_{x\to 0}\frac{x}{3x}=\frac{1}{3},\quad \lim_{x\to 0}\frac{x^2}{x}=0,\quad \lim_{x\to 0}\frac{3x}{x^2}=\infty,\quad \lim_{x\to 0}\frac{\sin x}{x}=1.$$

两个无穷小之比的极限反映了不同无穷小趋于零的速度，为了比较在同一个变化过程中两个无穷小趋于零的快慢，引入无穷小的阶的概念.

定义 1.3.1 设函数 $f=f(x),g=g(x)$，且 $\lim\limits_{x\to\beta}f=0,\lim\limits_{x\to\beta}g=0,f\neq 0$.

(1) 若 $\lim\limits_{x\to\beta}\dfrac{g}{f}=C(C\neq 0)$，则称 g 与 f 为**同阶无穷小**，记作 $g=O(f)$. 特别地，当 $C=1$ 时，则称 g 与 f 为**等价无穷小**，记作 $g\sim f$.

(2) 若 $\lim\limits_{x\to\beta}\dfrac{g}{f}=0$，则称 g 是 f 的**高阶无穷小**，记作 $g=o(f)$，或称 f 是 g 的**低阶无穷小**.

例如，当 $x\to 0$ 时，x 和 $3x$ 是同阶非等价无穷小，记作 $x=O(3x)$；x^2 是 $3x$ 的高阶无穷小，记作 $x^2=o(3x)$；x 和 $\sin x$ 是等价无穷小，记作 $\sin x\sim x$.

当 $x\to 0$ 时，常见的等价无穷小有

$$x\sim \sin x\sim \arcsin x\sim \tan x\sim \arctan x\sim \mathrm{e}^{x}-1\sim \ln(x+1),$$

$$a^{x}-1\sim x\ln a(a>0,a\neq 1),\quad 1-\cos x\sim \frac{1}{2}x^2,\quad (1+x)^{a}-1\sim ax(a\neq 0).$$

定理 1.3.4　设当 $x \to \beta$ 时，$f \sim f'$，$g \sim g'$，且 $\lim\limits_{x \to \beta} \dfrac{g'}{f'}$ 存在，则 $\lim\limits_{x \to \beta} \dfrac{g}{f} = \lim\limits_{x \to \beta} \dfrac{g'}{f'}$.

注意　在求极限的过程中，可对分子或分母的一个或多个因子做等价无穷小替换，此时，极限不变．通过等价无穷小替换，可以化简极限的计算．

例 1.3.9　求下列极限：

(1) $\lim\limits_{x \to 0} \dfrac{e^x - 1}{2x}$;

(2) $\lim\limits_{x \to 0} \dfrac{\arcsin 3x}{\arctan 7x}$;

(3) $\lim\limits_{x \to 0} \dfrac{1 - \cos x}{\sqrt{1 - x^2} - 1}$;

(4) $\lim\limits_{x \to 0} \dfrac{\tan x - \sin x}{x^3}$.

解　(1) 当 $x \to 0$ 时，$e^x - 1 \sim x$，所以

$$原式 = \lim_{x \to 0} \frac{x}{2x} = \frac{1}{2}.$$

(2) 当 $x \to 0$ 时，$\arcsin x \sim \arctan x \sim x$，所以

$$原式 = \lim_{x \to 0} \frac{3x}{7x} = \frac{3}{7}.$$

(3) 当 $x \to 0$ 时，$1 - \cos x \sim \dfrac{1}{2}x^2$，$\sqrt{1 - x^2} - 1 \sim -\dfrac{1}{2}x^2$，所以

$$原式 = \lim_{x \to 0} \frac{\dfrac{1}{2}x^2}{-\dfrac{1}{2}x^2} = -1.$$

(4) 当 $x \to 0$ 时，$1 - \cos x \sim \dfrac{1}{2}x^2$，$\tan x \sim x$，所以

$$原式 = \lim_{x \to 0} \frac{(1 - \cos x)\tan x}{x^3} = \lim_{x \to 0} \frac{\dfrac{1}{2}x^2 \cdot x}{x^3} = \frac{1}{2}.$$

习 题 1.3

1. 求下列极限：

(1) $\lim\limits_{x \to 1} \dfrac{3x + 5}{x^3 + 3}$;

(2) $\lim\limits_{x \to 2} \dfrac{x^2 - 4}{x^2 - x + 2}$;

(3) $\lim\limits_{x \to 4} \dfrac{\sqrt{x} - 2}{x^2 - 16}$;

(4) $\lim\limits_{x \to \infty} \dfrac{99x}{x^{99} + 1}$;

(5) $\lim\limits_{x \to \infty} \dfrac{3x^2 - 2x}{7x^2 + 5x - 1}$;

(6) $\lim\limits_{x \to 1} \left(3 - \dfrac{2x + 1}{x^2 - 2}\right)$;

(7) $\lim\limits_{x \to \infty} \left(3 - \dfrac{2x - 3}{x^2 + 1}\right)\left(1 + \dfrac{3x^3 + 2x - 5}{5x^3 + 2}\right)$;

(8) $\lim\limits_{x \to \infty} \dfrac{(3x + 1)^{20}(x - 2)^{10}}{(5x + 3)^{30}}$.

2.求下列极限:

(1) $\lim\limits_{x \to 0^+} \dfrac{x}{\sqrt{1-\cos x}}$;

(2) $\lim\limits_{x \to \infty}\left(1+\dfrac{1}{x}\right)^{3x}$;

(3) $\lim\limits_{x \to \infty}\left(\dfrac{x}{x+3}\right)^{2x}$;

(4) $\lim\limits_{x \to 0}(1-2x)^{\frac{1}{x}}$.

3.求下列极限:

(1) $\lim\limits_{x \to 0} \dfrac{\sin 3x}{\arcsin 7x}$;

(2) $\lim\limits_{x \to 0} \dfrac{\ln(1-2x)}{e^x-1}$;

(3) $\lim\limits_{x \to 0} \dfrac{\tan x - \sin x}{\sqrt{x^3+1}-1}$;

(4) $\lim\limits_{x \to 0} \dfrac{\ln \cos x}{\sin x^2}$;

(5) $\lim\limits_{x \to 0} \dfrac{e^{\sin x}-1}{\ln(1-3x)}$;

(6) $\lim\limits_{x \to 0} \dfrac{\sin x - \sin 3x}{\sin x}$.

4.求下列极限:

(1) $\lim\limits_{x \to 0^+} e^{\frac{1}{x}}$;

(2) $\lim\limits_{x \to 0^-} e^{\frac{1}{x}}$;

(3) $\lim\limits_{x \to \infty} e^x$;

(4) $\lim\limits_{x \to +\infty} e^x$;

(5) $\lim\limits_{x \to +\infty} e^{-x}$;

(6) $\lim\limits_{x \to -\infty} e^{-x}$.

5.设 $\lim\limits_{x \to \infty}\left(\dfrac{x^2+1}{x+1}+ax+b\right)=0$,求 a,b 的值.

§1.4　连续函数的概念与性质

在微积分中,与极限概念密切相关的另外一个概念即连续性,是函数的重要性质之一.在现实生活中也有许多连续变化的现象,例如,作物的连续生长、气温的连续变化等.本节将学习函数连续性的概念,并讨论连续函数的性质和初等函数的连续性.

一、函数的增量

下面先引入增量的概念.

设变量 u 从它的一个初值 u_0 变到终值 u_1,则 u_1 与 u_0 的差 u_1-u_0 就称为变量 u 在 u_0 处的**增量**(亦称**改变量**),记为 Δu,即 $\Delta u=u_1-u_0$.

增量 Δu 可以是正值,也可以是负值.当 Δu 为正值时,变量 u 从 u_0 变化到 $u_1=u_0+\Delta u$ 是增大的;当 Δu 为负值时,变量 u 是减小的.

设函数 $y=f(x)$ 在点 x_0 的某邻域 $U(x_0)$ 内有定义.在 $U(x_0)$ 内,当自变量 x 从 x_0 变化到 $x_0+\Delta x$(或 x 在点 x_0 处的增量为 Δx)时,函数 $f(x)$ 相应地从 $f(x_0)$ 变化到 $f(x_0+\Delta x)$,因此函数 y 的对应增量为

$$\Delta y=f(x_0+\Delta x)-f(x_0).$$

这里的 Δy 可能是正值,可能是负值,也可能是零.这个关系式的几何解释如图 1.4.1 所示.

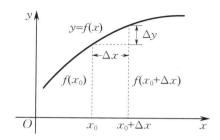

图 1.4.1　增量的几何解释

例 1.4.1　设函数 $y=f(x)=3x^2+1$，在 $x_0=2$ 处，分别求当 $\Delta x=-0.1$ 和 $\Delta x=0.02$ 时函数的增量 Δy.

解　由题可知，
$$\Delta y=f(x_0+\Delta x)-f(x_0)=[3(x_0+\Delta x)^2+1]-(3x_0^2+1)$$
$$=6x_0\Delta x+3(\Delta x)^2.$$

当 $x_0=2,\Delta x=-0.1$ 时，
$$\Delta y=6\times 2\times(-0.1)+3\times(-0.1)^2=-1.17.$$

当 $x_0=2,\Delta x=0.02$ 时，
$$\Delta y=6\times 2\times 0.02+3\times 0.02^2=0.2412.$$

二、函数的连续性

由图 1.4.2(a) 可知，函数 $y=f(x)$ 是一条连续的曲线，$\forall x_0 \in \mathbf{R}$ 处的增量 Δx 变动时，函数的对应增量 Δy 也要随之变动，且当 Δx 趋于零时，Δy 也趋于零. 而图 1.4.2(b) 中的函数 $y=f(x)$ 在点 x_0 处是断开的，此时，当 Δx 趋于零时，Δy 并没有趋于零. 一般地，设函数 $y=f(x)$ 在点 x_0 的某邻域 $U(x_0)$ 内有定义，当自变量 x 在点 x_0 处的增量 Δx 变动时，函数的对应增量 Δy 也要随之变动. 所谓函数 $y=f(x)$ 在点 x_0 处连续，是指当自变量的增量 Δx 很微小时，函数 y 的对应增量 Δy 也很微小. 特别地，当 Δx 趋于零时，Δy 也趋于零. 下面给出函数 $y=f(x)$ 在点 x_0 处连续的定义.

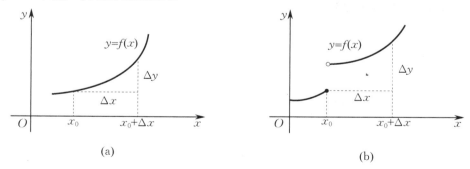

(a)　　　　　　　　　　　　(b)

图 1.4.2　函数的连续性

定义 1.4.1　设函数 $y=f(x)$ 在点 x_0 的某邻域 $U(x_0)$ 内有定义. 在 $U(x_0)$ 内，若当自变量 x 在点 x_0 处的增量 Δx 趋于零时，函数 y 的相应增量 Δy 也趋于零，即
$$\lim_{\Delta x\to 0}\Delta y=\lim_{\Delta x\to 0}[f(x_0+\Delta x)-f(x_0)]=0, \tag{1.4.1}$$

则称函数 $y=f(x)$ 在点 x_0 处**连续**,x_0 称为函数 $y=f(x)$ 的**连续点**.

在定义 1.4.1 中,若令 $x_0+\Delta x=x$,则当 $\Delta x \to 0$ 时,$x \to x_0$.又由于

$$\Delta y = f(x_0+\Delta x) - f(x_0) = f(x) - f(x_0),$$

即 $f(x) = f(x_0) + \Delta y$,可见 $\Delta y \to 0$ 就是 $\lim\limits_{x \to x_0} f(x) = f(x_0)$,因此式(1.4.1)又可以写成

$$\lim\limits_{x \to x_0} f(x) = f(x_0). \tag{1.4.2}$$

反之,若式(1.4.2)成立,则式(1.4.1)也成立.因此函数 $f(x)$ 在点 x_0 处连续的定义又可叙述如下:

定义 1.4.2 若函数 $f(x)$ 在点 x_0 的某邻域内有定义,且 $\lim\limits_{x \to x_0} f(x) = f(x_0)$,则称函数 $f(x)$ 在点 x_0 处**连续**,x_0 称为函数 $f(x)$ 的**连续点**.

若函数 $f(x)$ 在 (a,b) 内的每一点处均连续,则称函数 $f(x)$ 在 (a,b) 内连续.若函数 $f(x)$ 在 (a,b) 内连续,且 $\lim\limits_{x \to a^+} f(x) = f(a)$,$\lim\limits_{x \to b^-} f(x) = f(b)$,则称函数 $f(x)$ 在 $[a,b]$ 上连续.

定理 1.4.1 函数 $f(x)$ 在点 x_0 处连续的充要条件是

$$\lim\limits_{x \to x_0^-} f(x) = \lim\limits_{x \to x_0^+} f(x) = f(x_0) \quad (f(x_0-0) = f(x_0+0) = f(x_0)).$$

定义 1.4.3 设函数 $f(x)$ 在点 x_0 的某左邻域 $U(x_0^-)$ 内有定义,且

$$\lim\limits_{x \to x_0^-} f(x) = f(x_0) \quad (f(x_0-0) = f(x_0)),$$

则称函数 $f(x)$ 在点 x_0 处**左连续**.设函数 $f(x)$ 在点 x_0 的某右邻域 $U(x_0^+)$ 内有定义,且

$$\lim\limits_{x \to x_0^+} f(x) = f(x_0) \quad (f(x_0+0) = f(x_0)),$$

则称函数 $f(x)$ 在点 x_0 处**右连续**.

推论 1 函数 $f(x)$ 在点 x_0 处连续的充要条件是函数 $f(x)$ 在点 x_0 处既左连续也右连续.

例 1.4.2 讨论函数 $f(x) = \begin{cases} 1+\cos x, & x < \dfrac{\pi}{2}, \\ \sin x, & x \geqslant \dfrac{\pi}{2} \end{cases}$ 在点 $x = \dfrac{\pi}{2}$ 处的连续性.

解 由题可知,函数 $f(x)$ 在点 $x = \dfrac{\pi}{2}$ 处有定义,且 $f\left(\dfrac{\pi}{2}\right) = 1$.又因为

$$\lim\limits_{x \to \frac{\pi}{2}^-} f(x) = \lim\limits_{x \to \frac{\pi}{2}^-} (1+\cos x) = 1, \quad \lim\limits_{x \to \frac{\pi}{2}^+} f(x) = \lim\limits_{x \to \frac{\pi}{2}^+} \sin x = 1,$$

即

$$\lim\limits_{x \to \frac{\pi}{2}^-} f(x) = \lim\limits_{x \to \frac{\pi}{2}^+} f(x) = 1,$$

所以

$$\lim\limits_{x \to \frac{\pi}{2}} f(x) = f\left(\dfrac{\pi}{2}\right) = 1.$$

因此函数 $f(x)$ 在点 $x = \dfrac{\pi}{2}$ 处连续.

例 1.4.3 设某城市出租车白天的收费 y（单位：元）与路程 x（单位：km）之间满足

$$y = f(x) = \begin{cases} 7 + 1.2x, & 0 < x < 3, \\ 10.6 + 2.1(x-3), & x \geqslant 3. \end{cases}$$

问：函数 $f(x)$ 在点 $x=3$ 处连续吗？

解 由题可知，函数 $f(x)$ 在点 $x=3$ 处有定义，且 $f(3) = 10.6$. 又因为

$$\lim_{x \to 3^-} f(x) = \lim_{x \to 3^-}(7 + 1.2x) = 10.6, \quad \lim_{x \to 3^+} f(x) = \lim_{x \to 3^+}[10.6 + 2.1(x-3)] = 10.6,$$

即

$$\lim_{x \to 3^-} f(x) = \lim_{x \to 3^+} f(x) = 10.6,$$

所以

$$\lim_{x \to 3} f(x) = f(3) = 10.6.$$

因此函数 $f(x)$ 在点 $x=3$ 处连续.

定理 1.4.2（连续函数的四则运算） （1）若函数 $f(x)$ 与 $g(x)$ 在点 x_0 处均连续，则

$$Cf(x)（C 为常数），\quad f(x) \pm g(x), \quad f(x)g(x), \quad \frac{f(x)}{g(x)} \quad (g(x_0) \neq 0)$$

在点 x_0 处也连续.

（2）若函数 $f(x)$ 与 $g(x)$ 在区间 I 上连续，则

$$Cf(x)（C 为常数），\quad f(x) \pm g(x), \quad f(x)g(x), \quad \frac{f(x)}{g(x)} \quad (g(x) \neq 0, x \in I)$$

在区间 I 上也连续.

定理 1.4.3（复合函数的连续性） 若函数 $f(x)$ 在点 $x=A$ 处连续，且 $\lim\limits_{x \to X} g(x) = A$，则 $\lim\limits_{x \to X} f[g(x)] = f(A)$. 特别地，若函数 $g(x)$ 在点 x_0 处连续，且 $f(x)$ 在点 $A = g(x_0)$ 处连续，则 $f[g(x)]$ 在点 x_0 处连续.

定理 1.4.4 基本初等函数在其定义域内连续，初等函数在其定义区间内连续.

所谓定义区间，是指包含在定义域内的区间.

例 1.4.4 求下列极限：

（1）$\lim\limits_{x \to 2} \cos x$；

（2）$\lim\limits_{x \to 1} 2x$；

（3）$\lim\limits_{x \to 0} 2^x$；

（4）$\lim\limits_{x \to \frac{\pi}{4}} \arctan x$.

解 根据初等函数的连续性及连续的定义，有：

（1）$\lim\limits_{x \to 2} \cos x = \cos 2$.

（2）$\lim\limits_{x \to 1} 2x = 2 \times 1 = 2$.

（3）$\lim\limits_{x \to 0} 2^x = 2^0 = 1$.

（4）$\lim\limits_{x \to \frac{\pi}{4}} \arctan x = \arctan \frac{\pi}{4}$.

三、函数的间断点及其类型

定义 1.4.4　设函数 $f(x)$ 在点 x_0 的某去心邻域(或左邻域、右邻域)内有定义. 若函数 $f(x)$ 在点 x_0 处不连续,则称函数 $f(x)$ 在点 x_0 处**间断**,x_0 称为函数 $f(x)$ 的**间断点**.

若函数 $f(x)$ 在点 x_0 处有下列三种情形之一,则其在点 x_0 处间断:

(1) 函数 $f(x)$ 在点 x_0 处无定义;

(2) 函数 $f(x)$ 虽然在点 x_0 处有定义,但 $\lim\limits_{x \to x_0} f(x)$ 不存在;

(3) 函数 $f(x)$ 虽然在点 x_0 处有定义,且 $\lim\limits_{x \to x_0} f(x)$ 存在,但 $\lim\limits_{x \to x_0} f(x) \neq f(x_0)$.

根据间断点出现的不同情形,可对其进行如下分类:

(1) 若函数 $f(x)$ 在点 x_0 处的左、右极限都存在,则称 x_0 为其**第一类间断点**,其中,左、右极限相等的间断点称为**可去间断点**,左、右极限不相等的间断点称为**跳跃间断点**.

(2) 若函数 $f(x)$ 在点 x_0 处的左、右极限至少有一个不存在,则称 x_0 为其**第二类间断点**.

例 1.4.5　求函数 $f(x) = \begin{cases} \dfrac{1}{x^2}, & x < 1, x \neq 0, \\ 2x+1, & 1 \leqslant x < 2, \\ x+3, & x > 2 \end{cases}$ 的间断点并判断其类型.

解　因为

$$\lim_{x \to 0} f(x) = \lim_{x \to 0} \frac{1}{x^2} = \infty,$$

所以 $x = 0$ 是函数 $f(x)$ 的第二类间断点.

因为

$$\lim_{x \to 1^-} f(x) = \lim_{x \to 1^-} \frac{1}{x^2} = 1, \quad \lim_{x \to 1^+} f(x) = \lim_{x \to 1^+} (2x+1) = 3,$$

所以 $x = 1$ 是函数 $f(x)$ 的跳跃间断点.

因为 $\lim\limits_{x \to 2} f(x) = 5$,但函数 $f(x)$ 在点 $x = 2$ 处没有定义,所以 $x = 2$ 是函数 $f(x)$ 的可去间断点. 若补充函数 $f(x)$ 在点 $x = 2$ 处的函数值为 $f(2) = 5$,则函数 $f(x)$ 在点 $x = 2$ 处连续.

四、闭区间上连续函数的性质

定理 1.4.5(有界性定理)　若函数 $f(x)$ 在闭区间 $[a, b]$ 上连续,则其在 $[a, b]$ 上有界,即存在两个实数 m 与 M,使得对于 $[a, b]$ 上的任一点 x,恒有

$$m \leqslant f(x) \leqslant M.$$

有界性定理的几何意义是:在闭区间 $[a, b]$ 上连续的曲线,一定存在一对平行直线将其夹在中间,如图 1.4.3 所示.

定理 1.4.6(最大值与最小值定理)　若函数 $f(x)$ 在闭区间 $[a, b]$ 上连续,则其必可在 $[a, b]$ 上取得最大值与最小值,即存在 $x_1, x_2 \in [a, b]$,使得对于 $[a, b]$ 上的任一点 x,恒有

$$f(x_1) \leqslant f(x) \leqslant f(x_2),$$

其中,$m = f(x_1)$ 为函数 $f(x)$ 在 $[a, b]$ 上的最小值,$M = f(x_2)$ 为函数 $f(x)$ 在 $[a, b]$ 上的最

大值.

最大值与最小值定理的几何意义是:连接点$(a,f(a))$和$(b,f(b))$的连续曲线,一定存在最高点和最低点,如图 1.4.4 所示.

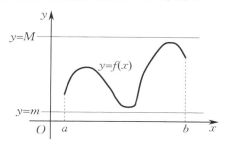

图 1.4.3 有界性定理

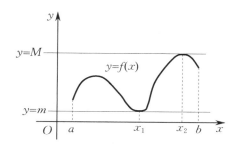

图 1.4.4 最大值与最小值定理

定理 1.4.7(零点定理) 设函数 $f(x)$ 在闭区间 $[a,b]$ 上连续,且 $f(a)f(b)<0$,则在开区间 (a,b) 内至少存在一点 ξ,使得 $f(\xi)=0$.

满足 $f(x)=0$ 的点 x 称为函数 $f(x)$ 的**零点**.

零点定理的几何意义是:连接位于 x 轴两侧的点 $(a,f(a))$ 和 $(b,f(b))$ 的连续曲线,一定与 x 轴至少有一个交点,如图 1.4.5 所示.

定理 1.4.8(介值定理) 设函数 $f(x)$ 在闭区间 $[a,b]$ 上连续,m,M 分别为其在 $[a,b]$ 上的最小值与最大值,则对于闭区间 $[m,M]$ 上的任一实数 c,在闭区间 $[a,b]$ 上至少存在一点 ξ,使得 $f(\xi)=c$.

介值定理的几何意义是:过连接点 $(a,f(a))$ 和 $(b,f(b))$ 的连续曲线 $y=f(x)$ 的最高点和最低点分别作平行于 x 轴的直线,夹在这两条直线之间的任一条平行于 x 轴的直线至少与曲线 $y=f(x)$ 有一个交点,如图 1.4.6 所示.

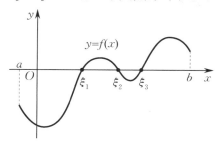

图 1.4.5 零点定理

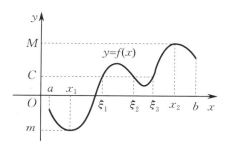

图 1.4.6 介值定理

例 1.4.6 求证:在开区间 $(0,2)$ 内至少有一点 x_0,使得 $e^{x_0}-2=x_0$.

证明 记函数 $f(x)=e^x-2-x$,则函数 $f(x)$ 在闭区间 $[0,2]$ 上连续,且有
$$f(0)=-1<0, \quad f(2)=e^2-4>0,$$
即函数 $f(x)$ 在 $[0,2]$ 上满足零点定理,从而其在 $(0,2)$ 内至少有一个零点,即在 $(0,2)$ 内至少有一点 x_0,使得 $e^{x_0}-2=x_0$.

例 1.4.7 证明:方程 $4x=2^x$ 在开区间 $\left(0,\dfrac{1}{2}\right)$ 内必有实根.

证明 记函数 $f(x)=4x-2^x$，则函数 $f(x)$ 在闭区间 $\left[0,\dfrac{1}{2}\right]$ 上连续，且有

$$f(0)=-1<0,\quad f\left(\dfrac{1}{2}\right)=2-\sqrt{2}>0.$$

因此，由零点定理可知，函数 $f(x)$ 在 $\left(0,\dfrac{1}{2}\right)$ 内必有零点，即方程 $4x=2^x$ 在 $\left(0,\dfrac{1}{2}\right)$ 内必有实根.

习 题 1.4

1. 求下列极限：

(1) $\lim\limits_{x\to0}\sin(2x+1)$；

(2) $\lim\limits_{x\to0}\ln(1-x)^{\frac{1}{2x}}$；

(3) $\lim\limits_{x\to\infty}\log_2\left(2+\dfrac{1}{x}\right)$；

(4) $\lim\limits_{x\to2}e^x(x^2-1)$.

2. 设函数 $f(x)=\begin{cases}\dfrac{\ln(1+2x)}{x},&x<0,\\ x^3+2k,&x\geqslant0,\end{cases}$ 问：当 k 为何值时，函数 $f(x)$ 在其定义域内连续？

3. 判断下列函数在点 $x=0$ 处的连续性并说明理由：

(1) $f(x)=\begin{cases}(1+2x)^2,&x\leqslant0,\\ \dfrac{x}{\sin2x},&x>0；\end{cases}$

(2) $f(x)=\begin{cases}\dfrac{1}{e^{\frac{1}{x^2}}},&x\neq0,\\ 0,&x=0.\end{cases}$

4. 求下列函数的间断点并判断其类型：

(1) $y=f(x)=\dfrac{x^2-4}{x^2-3x+2}$；

(2) $y=f(x)=\dfrac{x}{\cot x}$.

5. 证明：方程 $x^5-3x+1=0$ 至少有一个大于 1 且小于 2 的实根.

6. 证明：方程 $xe^x=1$ 至少有一个小于 1 的非负实根.

§1.5　函数与极限的应用案例

极限思想是社会实践的产物. 用极限思想解决问题的一般步骤可概括如下：对于被考察的未知量，先设法构造一个与它相关的变量，再确认这个变量通过无限变化过程的结果就是所求的未知量，最后用极限计算来得到这个结果. 本节将用极限思想解决生活中的应用问题.

一、连续复利问题

利息是指借款者向贷款者支付的报酬，它是根据本金的数额和借款期限的长短按一定比例计算出来的. 通常有单利、复利和连续复利等多种不同的支付方式，不同的支付方式下本息和的计算公式也是不同的.

（1）**单利计算公式**：设初始本金为 p 元，年利率为 r，则 t 年末本息和（单位：元）为

$$A_t = p(1 + tr).$$

（2）**复利计算公式**：设初始本金为 p 元，年利率为 r，则 t 年末本息和（单位：元）为

$$A_t = p(1 + r)^t.$$

（3）**连续复利计算公式**：连续复利是指计息的时间间隔可以任意短，前期的利息计入本期的本金进行重复计算。设初始本金为 p 元，年利率为 r，每年付息 n 次，每次利率为 $\dfrac{r}{n}$，则 t 年末本息和（单位：元）为

$$A_t = p\left(1 + \frac{r}{n}\right)^{tn}.$$

当计息的时间间隔任意短时，则令 $n \to \infty$ 对上式取极限，可得

$$A = \lim_{n\to\infty} A_t = \lim_{n\to\infty} p\left(1 + \frac{r}{n}\right)^{tn} = \lim_{n\to\infty} p\left(1 + \frac{r}{n}\right)^{\frac{n}{r}\cdot rt} = p\mathrm{e}^{rt}.$$

例 1.5.1　某投资者将 10 000 元存入银行，存期 5 年。设年利率为 3%，试分别按单利、复利和连续复利计算，到第 5 年末，该投资者应得的本息和 A_5。

解　按单利计算：$A_5 = 10\,000(1 + 5 \times 0.03) = 11\,500$（元）。

按复利计算：$A_5 = 10\,000(1 + 0.03)^5 \approx 11\,592.74$（元）。

按连续复利计算：$A_5 = 10\,000 \cdot \mathrm{e}^{0.03 \times 5} \approx 11\,618.34$（元）。

二、二氧化碳的吸收

例 1.5.2　空气通过盛有二氧化碳吸收剂的圆柱形器皿，已知它吸收二氧化碳的量与二氧化碳的百分浓度及吸收层的厚度成正比。现有二氧化碳含量为 8% 的空气，通过厚度为 10 cm 的吸收层后，其二氧化碳含量为 2%，问：

（1）若通过的吸收层厚度为 20 cm，则出口处空气中的二氧化碳含量为多少？

（2）若要使出口处空气中的二氧化碳含量为 0.125%，则吸收层的厚度应为多少？

解　设吸收层的厚度为 d cm，现将吸收层分为 n 小段，则每小段吸收层的厚度为 $\dfrac{d}{n}$ cm，已知吸收二氧化碳的量与二氧化碳的百分浓度及吸收层的厚度成正比。现有二氧化碳含量为 8% 的空气，通过第一小段吸收层后，吸收二氧化碳的量为 $0.08k \cdot \dfrac{d}{n}$（$k > 0$ 为比例常数），此时，空气中的二氧化碳含量为

$$0.08 - 0.08k \cdot \frac{d}{n} = 0.08\left(1 - \frac{kd}{n}\right).$$

通过第二小段吸收层后，吸收二氧化碳的量为 $k \cdot 0.08\left(1 - \dfrac{kd}{n}\right)\dfrac{d}{n}$，此时，空气中的二氧化碳含量为

$$0.08\left(1 - \frac{kd}{n}\right) - k \cdot 0.08\left(1 - \frac{kd}{n}\right)\frac{d}{n} = 0.08\left(1 - \frac{kd}{n}\right)^2.$$

以此类推，通过第 n 小段吸收层后，空气中的二氧化碳含量为

$$0.08\left(1-\frac{kd}{n}\right)^n.$$

当将吸收层无限细分,即令 $n \to \infty$ 时,通过厚度为 d cm 的吸收层后,空气中的二氧化碳含量为

$$y(d) = \lim_{n \to \infty} 0.08\left(1-\frac{kd}{n}\right)^n = 0.08e^{-kd}.$$

已知通过厚度为 10 cm 的吸收层后,空气中的二氧化碳含量为 2%,即 $0.08e^{-10k} = 0.02$,解得

$$k = \frac{\ln 2}{5}.$$

(1) 若通过的吸收层厚度为 20 cm,则出口处空气中的二氧化碳含量为

$$0.08e^{-\frac{\ln 2}{5} \times 20} = \frac{0.08}{2^4} = 0.5\%.$$

(2) 若要使出口处空气中的二氧化碳含量为 0.125%,则

$$0.08e^{-\frac{\ln 2}{5}d} = 0.125\%, \quad 即 \quad d = 30.$$

故吸收层的厚度为 30 cm.

三、垃圾填埋场废弃物的管理

例 1.5.3 据资料显示,某垃圾填埋场在2016年末已积攒废弃物500 t.通过大数据信息及预测,从2017年起,该垃圾填埋场还将以每年 10 t 的速度运入新的废弃物.如果从2017年起该垃圾填埋场处理上一年积攒废弃物的30%,那么,按照这样的处理速度进行下去,该垃圾填埋场的废弃物最终是否会被全部处理完?

解 设从 2017 年起该垃圾填埋场的废弃物的数量(单位:t)分别为 $y_1, y_2, \cdots, y_n$,则

$$y_1 = 500 \times 70\% + 10 = 500 \times 0.7 + 10,$$
$$y_2 = 0.7y_1 + 10 = 500 \times 0.7^2 + 10 \times 0.7 + 10,$$
$$y_3 = 0.7y_2 + 10 = 500 \times 0.7^3 + 10 \times 0.7^2 + 10 \times 0.7 + 10,$$
$$\cdots\cdots$$
$$y_n = 0.7y_{n-1} + 10 = 500 \times 0.7^n + 10 \times 0.7^{n-1} + 10 \times 0.7^{n-2} + \cdots + 10 \times 0.7 + 10$$
$$= 500 \times 0.7^n + 10 \times \frac{1-0.7^n}{1-0.7}.$$

当 $n \to \infty$ 时,

$$\lim_{n \to \infty} y_n = \frac{100}{3}.$$

因此,按照设定的方案处理垃圾的话,该垃圾填埋场的废弃物将逐年减少,但不会少于 $\frac{100}{3}$ t.

四、科赫雪花的周长和面积

科赫(Koch)曲线是一种分形,其形态似雪花,故又称科赫雪花、雪花曲线.瑞典数学家科赫于1904年提出了著名的雪花曲线,这种曲线的作法是:从一个正三角形开始,把其每条边三等分,然后以各边的中间部分为底边,分别向外作正三角形,再把底边的线段抹掉,这样就得到

一个六角形,它共有十二条边.继续把六角形的每条边三等分,然后以各边的中间部分为底边,分别向外作正三角形后,再把底边的线段抹掉.反复进行这一过程,就会得到一个雪花样子的曲线.

科赫雪花可以由以下步骤生成:

(1) 作正三角形,如图 1.5.1(a) 所示;

(2) 把正三角形的每条边三等分,然后以各边的中间部分为底边,分别向外作正三角形,再把底边的线段抹掉,以此类推,如图 1.5.1(b) ～ 图 1.5.1(d) 所示.

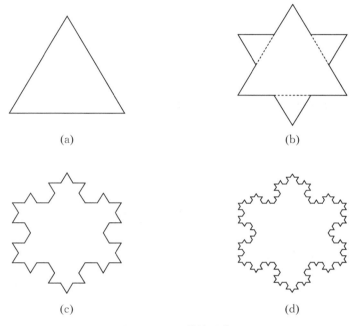

图 1.5.1　科赫雪花

设图 1.5.1(a) 的正三角形边长为 1,此时,正三角形的周长为 $L_0 = 3$,面积为 $S_0 = \dfrac{\sqrt{3}}{4}$. 现在来计算科赫雪花的周长和面积.

第一次向外作正三角形得到的科赫雪花的周长为

$$L_1 = L_0 + \frac{1}{3}L_0 = \frac{4}{3}L_0,$$

面积为

$$S_1 = S_0 + 3 \cdot \frac{1}{9}S_0 = \left(1 + 3 \cdot \frac{1}{9}\right)S_0.$$

第二次向外作正三角形得到的科赫雪花的周长为

$$L_2 = \frac{4}{3}L_1 = \left(\frac{4}{3}\right)^2 L_0,$$

面积为

$$S_2 = S_1 + 3 \cdot 4\left(\frac{1}{9}\right)^2 S_0 = \left[1 + 3 \cdot \frac{1}{9} + 3 \cdot 4\left(\frac{1}{9}\right)^2\right]S_0.$$

第三次向外作正三角形得到的科赫雪花的周长为

$$L_3 = \frac{4}{3}L_2 = \left(\frac{4}{3}\right)^3 L_0,$$

面积为

$$S_3 = S_2 + 3 \cdot 4^2 \left(\frac{1}{9}\right)^3 S_0 = \left[1 + 3 \cdot \frac{1}{9} + 3 \cdot 4\left(\frac{1}{9}\right)^2 + 3 \cdot 4^2 \cdot \left(\frac{1}{9}\right)^3\right] S_0.$$

以此类推,第 n 次向外作正三角形得到的科赫雪花的周长为

$$L_n = \frac{4}{3}L_{n-1} = \left(\frac{4}{3}\right)^n L_0,$$

面积为

$$S_n = S_{n-1} + 3 \cdot 4^{n-1}\left(\frac{1}{9}\right)^n S_0 = \left[1 + 3 \cdot \frac{1}{9} + 3 \cdot 4\left(\frac{1}{9}\right)^2 + \cdots + 3 \cdot 4^{n-1} \cdot \left(\frac{1}{9}\right)^n\right] S_0.$$

由等比数列极限的结论可知,科赫雪花的周长为

$$\lim_{n \to \infty} L_n = +\infty,$$

面积为

$$\lim_{n \to \infty} S_n = \frac{8}{5}S_0 = \frac{2\sqrt{3}}{5}.$$

由此可知,科赫雪花的周长是无限大的,面积却是有限值. 这说明了一个悖论:"无限长度包围着有限面积."

而中国古代也有很多描述下雪场景的诗句,例如,宋代诗人卢梅坡在《雪梅》一诗中提到:"梅须逊雪三分白,雪却输梅一段香." 此诗借雪梅的争春,告诫人各有所长,也各有所短,要取人之长,补己之短.

习 题 1.5

1. 用极限的方法求由曲线 $y = x^2$ 与 x 轴及直线 $x = 1$ 所围成的曲边三角形的面积.

2. 一只皮球从 $30\ \mathrm{m}$ 的高处自由落向地面,如果每次触地后均反弹至前一次下落高度的 $\frac{2}{3}$ 处,问:当皮球趋于静止时时总共经过了多少路程?

3. 许多药物进入人体后其药量 q 随时间 t 按指数规律减少,关系式为 $q(t) = q_0 \mathrm{e}^{-kt}$,其中,$k(k > 0)$ 为由具体药物确定的常数,t 为服药后经过的时间,q_0 为服药的剂量. 因此,若每次服药的剂量均为 q_0,两次服药之间的时间间隔为 T,则刚第 $n+1$ 次服下药物后人体内留存的药物总量为

$$Q_n = q_0 + q_0 \mathrm{e}^{-kT} + q_0 \mathrm{e}^{-2kT} + \cdots + q_0 \mathrm{e}^{-nkT}.$$

(1) 假如病人无次数限制地按上述方式服药,那么最终人体内所含的药物总量可达到多少?

(2) 假设某药物进入人体 $6\ \mathrm{h}$ 后药量减少为原来的一半,求常数 k 的值.

§1.6 MATLAB 在极限中的应用

一、MATLAB 基础知识

MATLAB 即矩阵实验室（matrix laboratory）的简称，是由美国数学家莫勒尔（Moler）于 20 世纪 70 年代中后期开发的，设计者的初衷是为了解决"线性代数"课程中的矩阵运算问题. 它是一种集数值计算、符号计算、可视化建模、仿真和图形处理等多种功能于一体的优秀图形化软件. 该软件具有简单易学、功能强大、使用方便、编程高效、界面友好等特点，已被广泛应用于数学、物理、化学、电子信息科学、工程力学及经济学等领域.

MATLAB 将高性能的数值计算和可视化集成在一起，提供大量内置函数，将数值分析、矩阵计算及非线性动态系统的建模和仿真等诸多强大功能集成在一个简单的视窗环境中，为科学研究、工程设计及其他众多科学领域提供了一种全面的解决方案，并在很大程度上摆脱了程序设计语言（如 C，Fortran）等编辑模式，代表当今国际科学计算软件的先进水平.

MATLAB 将一个优秀软件的易用性与可靠性、通用性与专业性、一般目的的应用与高深的科技应用有机结合. 它是一种直译式的高级语言，比其他程序设计语言容易，对于相关程序，只需修改相应的参数便会得出不同的结论. 现如今，在大学数学课程中引入计算机模拟技术的提议正日益受到重视，与 Visual Basic，C 和 Fortran 相比，用 MATLAB 软件做实验的模拟，只需要用数学方式表达和描述，省去了大量烦琐的编程过程，使得解决问题变得简单. 同时，MATLAB 在动画设计和音乐制作方面也有广阔的应用前景.

1. MATLAB 的操作界面

MATLAB 启动后，会出现如图 1.6.1 所示的操作界面.

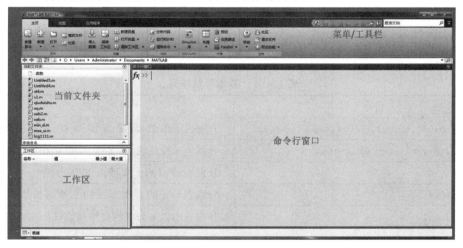

图 1.6.1 MATLAB 的操作界面

在 MATLAB 命令行窗口直接输入命令并回车即可运行并显示相应的结果,其中:

(1) 命令行的开头为"≫",是 MATLAB 命令输入提示符;

(2) "ans"是系统自动给出的运行结果变量,是 answer 的简称;

(3) 当不需要显示结果时,需要在命令语句后面加分号;

(4) clear,clc 命令可以清除工作区和命令行窗口的内容.

2. MATLAB 的运算符

MATLAB 的运算符可以分为算术运算符、关系运算符和逻辑运算符,分别如表 1.6.1、表 1.6.2 和表 1.6.3 所示.

表 1.6.1　算术运算符

运算符	功能	运算符	功能	运算符	功能
+	加	*	乘	\	左除
−	减	^	乘方	/	右除

表 1.6.2　关系运算符

运算符	含义	运算符	含义	运算符	含义
>	大于	>=	大于等于	==	等于
<	小于	<=	小于等于	~=	不等于

表 1.6.3　逻辑运算符

运算符	含义	运算符	含义	运算符	含义	运算符	含义
&	与、和	|	或	~	非、否	xor	异或

3. MATLAB 的符号计算

使用 syms 命令定义基本符号对象,例如,

```
syms x y z
```

MATLAB 中提供了大量数学函数,此处仅对"微积分"课程教学中的一些常用函数符号进行说明,如表 1.6.4 所示.

表 1.6.4　基本函数符号

符号	含义
$\sin(x),\cos(x),\tan(x),\cot(x),\sec(x),\csc(x)$	分别表示正弦、余弦、正切、余切、正割和余割函数
$\mathrm{asin}(x),\mathrm{acos}(x),\mathrm{atan}(x),\mathrm{acot}(x)$	分别表示反正弦、反余弦、反正切和反余切函数
$x^{\wedge}a,\mathrm{sqrt}(x)$	分别表示 x 的 a 次幂、x 的平方根
$a^{\wedge}x,\exp(x)$	分别表示 a 的 x 次幂、e 的 x 次幂
$\log(x),\mathrm{log}a(x)$	分别表示以 e 为底的自然对数、以 a 为底的对数
$\mathrm{abs}(x)$	表示 x 的绝对值

例 **1.6.1**　　计算 $\dfrac{3.42^5-5.23^3}{2\pi}$.

解　［MATLAB 操作命令］

```
(3.42^5-5.23^3)/(2*pi)
```

［MATLAB 输出结果］

```
ans =
  51.6967
```

> **注意**
>
> （1）MATLAB 计算中的优先顺序为：乘方运算具有最高优先级，乘、除运算具有相同的次优先级，加、减运算具有相同的最低优先级，相同优先级的按照从左到右的顺序运算，小括号可以用来改变优先顺序.
>
> （2）乘运算的 $*$ 号不能省略.

4. MATLAB 的绘图功能

函数的图形对我们了解函数的性质很有帮助，而计算与绘图正是 MATLAB 所"擅长"的项目. 常用的绘图命令如表 1.6.5 所示. 其他绘图命令参阅 MATLAB 使用手册.

表 1.6.5　常用的绘图命令

命令	功能
plot(x,y)	绘制 y 关于 x 的显函数的图形
fplot(f)	在默认区间绘制 f 的图形
fplot(f,lims)	在 lims 指定区间上绘制 f 的图形
ezplot(f)	在默认区间绘制 f 的图形
fimplicit(f)	在 x 和 y 的默认区间上绘制由 $f(x,y)=0$ 定义的隐函数的图形

例 **1.6.2**　　绘制函数 $y=\cos x$，$x\in[-\pi,\pi]$ 的图形.

解　［MATLAB 操作命令］

```
syms x y
x=-1*pi:0.1:pi;
y=cos(x);
plot(x,y,'.')
```

［MATLAB 输出结果］

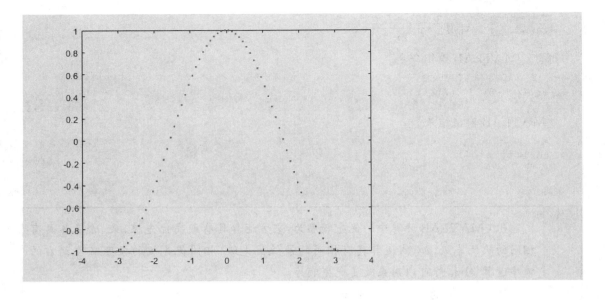

二、MATLAB 在极限中的应用

MATLAB 提供了 limit 命令来求函数的极限,其调用格式如表 1.6.6 所示.

表 1.6.6　利用 limit 命令求极限

命令	功能
limit(f)	计算 $\lim\limits_{x\to 0}f(x)$
limit(f,x,a) 或 limit(f,a)	计算 $\lim\limits_{x\to a}f(x)$
limit(f,x,inf)	计算 $\lim\limits_{x\to\infty}f(x)$
limit(f,x,$+$inf)	计算 $\lim\limits_{x\to +\infty}f(x)$
limit(f,x,$-$inf)	计算 $\lim\limits_{x\to -\infty}f(x)$
limit(f,x,a,'right')	计算 $\lim\limits_{x\to a^+}f(x)$
limit(f,x,a,'left')	计算 $\lim\limits_{x\to a^-}f(x)$

例 1.6.3　求下列极限:

(1) $\lim\limits_{x\to 1}\dfrac{1+\cos \pi x}{(x-1)^2}$;　　　　　　　(2) $\lim\limits_{x\to +\infty}x(\sqrt{x^2+1}-x)$.

解　(1)[MATLAB 操作命令]

```
syms x
f = (1+cos(pi* x))/(x-1)^2;
a1 = limit(f,x,1)
```

［MATLAB 输出结果］

```
a1 =
  pi^2/2
```

（2）［MATLAB 操作命令］

```
syms x
g = x* (sqrt(x^2+1) -x);
a2 = limit(g, x, +inf)
```

［MATLAB 输出结果］

```
a2 =
  1/2
```

习　题　1.6

1. 利用 MATLAB 绘制下列函数的图形：

（1）$y = \ln(1+ \sqrt{1+x^2}) +x$；

（2）$y = \dfrac{x^2}{x^3+1} \sin \dfrac{2}{x}$.

2. 利用 MATLAB 求下列极限：

（1）$\lim\limits_{x \to 0}(1+ \tan x)^{\cot x}$；

（2）$\lim\limits_{x \to \infty} \dfrac{2x^2 -1}{3x +1} \sin \dfrac{1}{x}$；

（3）$\lim\limits_{x \to 0} \dfrac{\sin 3x}{\tan 5x}$；

（4）$\lim\limits_{x \to 0} \dfrac{x -\sin x}{x +\sin x}$；

（5）$\lim\limits_{x \to 0} \dfrac{\sqrt{1+x} -1}{\sin 4x}$；

（6）$\lim\limits_{x \to 0^+} \dfrac{x}{\sqrt{1-\cos x}}$；

（7）$\lim\limits_{x \to \infty} \dfrac{3x^2 +5}{5x +3} \sin \dfrac{2}{x}$；

（8）$\lim\limits_{x \to 0} x \sin \dfrac{2x}{x^2 +1}$；

（9）$\lim\limits_{x \to 0} \sqrt[x]{1+ \sin 3x}$；

（10）$\lim\limits_{x \to 0}(\sin x + \cos x)^{\frac{1}{x}}$；

（11）$\lim\limits_{x \to 0}(\cos x)^{\frac{1}{1-\cos x}}$；

（12）$\lim\limits_{x \to 0}(\sec^2 x)^{\cot^2 x}$；

（13）$\lim\limits_{x \to \infty} \dfrac{\sqrt[3]{x} \cos x}{x +1}$；

（14）$\lim\limits_{x \to 0} \dfrac{\sin x \tan 2x}{\sqrt{1-\cos x^2}}$；

（15）$\lim\limits_{x \to 0} \dfrac{x^2 \cos \dfrac{1}{x}}{\sin x}$；

（16）$\lim\limits_{x \to +\infty} (\sin \sqrt{x +1} - \sin \sqrt{x})$.

 数学文化欣赏

极限思想的产生与发展

极限思想是一种将极限概念引入问题研究的数学思维,它是人类文明中闪烁着璀璨光芒的珍珠,是微积分的理论基础,也是研究微积分的重要工具.极限思想是随着社会的发展而产生并发展的.

极限思想可以追溯到公元前,庄子的《逍遥游》中有"上下四方有极乎""无极之外,复无极也",可见庄子在宏观上阐述了极限思维.公元后,刘徽提出的割圆术就是一种原始极限思想的直观应用;古希腊人将极限思想引入数学,提出了穷竭法,但出于"对无限的恐惧",在运用时他们借助归谬法这种间接法来完成相关的数学证明,避免直接"取极限";16世纪,荷兰数学家斯蒂文(Stevin)在研究三角形质心的过程中改进了穷竭法,他利用几何直观,将极限思想引入问题,避开了归谬法的证明,提出把极限方法发展成实用概念的方向.

极限思想的发展与微积分有着重要的联系.在欧洲资本主义萌芽时期,生产力快速发展的过程中遇到了许多问题,用初等数学的方法无法解答,要求数学的研究范围不应局限于常量,而应扩展到变量,利用变量描述和研究物体运动的过程,从而促进了极限的发展.极限思想体现了常量与变量的对立统一规律,是唯物辩证法在数学中的应用.

总习题 1

一、单选题

1. 函数 $y = \sqrt{1-x} + \arccos \dfrac{x+1}{2}$ 的定义域是( ).

A. $(-\infty, 1]$ B. $[-1, 1]$ C. $[-3, 1]$ D. $(-3, 1)$

2. 函数 $f(x) = \dfrac{1}{3} e^{x-2}$ 在 $(-\infty, +\infty)$ 上是( ).

A. 单调增加函数   B. 单调减少函数

C. 非单调函数   D. 有界函数

3. 下列函数中( )为奇函数.

A. $f(x) = x^4 - x^2$ B. $f(x) = \sin\left(x - \dfrac{\pi}{2}\right)$

C. $f(x) = x + \cos x$ D. $f(x) = 2^x - 2^{-x}$

4. 下列变量在给定变化过程中( )为无穷小.

A. $\sin \dfrac{1}{x} \ (x \to 0)$ B. $e^{\frac{1}{x}} \ (x \to 0)$

C. $\ln(1+x^2)(x \to 0)$ 　　　　　　　　　　　　　　D. $\dfrac{x-3}{x^2-9}(x \to 3)$

5. 函数 $f(x)$ 在点 x_0 处有定义是其在点 x_0 处连续的(　　　).

A. 必要条件　　　　　　B. 充分条件　　　　　　C. 充要条件　　　　　　D. 无关条件

6. 方程 $x^3-x+1=0$ 至少有一个实根的区间是(　　　).

A. $\left(0,\dfrac{1}{2}\right)$ 　　　　　　B. $\left(\dfrac{1}{2},1\right)$ 　　　　　　C. $(-1,0)$ 　　　　　　D. $(-2,-1)$

二、填空题

1. 函数 $y=x^3$ 的反函数为 _____.

2. 当 $x \to \infty$ 时,函数 $f(x)$ 与 $\dfrac{1}{x^2}$ 是等价无穷小,则 $\lim\limits_{x \to \infty} 3x^2 f(x)=$ _____.

3. $\lim\limits_{x \to \infty}\left(\dfrac{x-2}{x}\right)^x=$ _____.

4. $\lim\limits_{x \to 0}\dfrac{1-\cos x}{x^2}=$ _____.

5. 设函数 $f(x)=\begin{cases}\dfrac{\sin x}{x}, & x \neq 0, \\ k+2, & x=0\end{cases}$ 在 $(-\infty,+\infty)$ 上连续,则 $k=$ _____.

三、计算题

1. 求下列函数的定义域:

(1) $y=\sqrt{1-x}$；　　　　　　　　　　　　(2) $y=\dfrac{1}{1-x}$；

(3) $y=\ln(2-x)+\sqrt{x^2-9}$；　　　　　　(4) $y=\arcsin\dfrac{x+1}{2}$.

2. 将下列函数分解成基本初等函数的复合:

(1) $y=\arctan \mathrm{e}^{\sqrt{x}}$；　　　　　　　　　(2) $y=\mathrm{e}^{\arctan\sqrt{x}}$；

(3) $y=\sqrt[3]{\cos\sqrt{x}}$.

3. 求下列极限:

(1) $\lim\limits_{x \to \infty}\dfrac{2x^2+1}{x^2-4}$；　　　　　　　　　(2) $\lim\limits_{x \to +\infty}\sqrt{x}(\sqrt{x+1}-\sqrt{x})$；

(3) $\lim\limits_{x \to 8}\dfrac{\sqrt{1-x}-3}{2+\sqrt[3]{x}}$；　　　　　　　　(4) $\lim\limits_{x \to 1}(x^2+2x-\sqrt{x}+3)$；

(5) $\lim\limits_{x \to 1}\dfrac{x-2\sqrt{x}-3}{x-1}$；　　　　　　　(6) $\lim\limits_{h \to 0}\dfrac{(x-h)^3-x^3}{h}$；

(7) $\lim\limits_{x\to a}\dfrac{\tan(x^2-a^2)}{x-a}$;

(8) $\lim\limits_{x\to\infty}\left(\dfrac{2\sin x}{x}-3x\sin\dfrac{1}{x}\right)$;

(9) $\lim\limits_{x\to 0}\dfrac{2x^3\sin\dfrac{1}{x}}{1-\cos x}$;

(10) $\lim\limits_{x\to\infty}\left(\dfrac{x-1}{x+2}\right)^{2x+3}$;

(11) $\lim\limits_{x\to\infty}\left(1+\dfrac{5}{x+2}\right)^{3x-1}$;

(12) $\lim\limits_{x\to 0}(1+\tan x)^{\frac{5}{x}}$.

四、应用题

1. 某商场以 a 元／件的价格出售某种商品,若顾客一次购买 50 件以上,则超过 50 件的商品以每件 $0.8a$ 元的优惠价出售. 试将一次性成交的销售收益 R 表示为销售量 x 的函数.

2. 证明:方程 $x^5-3x=1$ 至少有一个根介于 1 和 2 之间.

3. 证明:方程 $x=2+\sin x$ 至少有一个不超过 3 的正根.

4. 设某工厂生产某种产品的产量(单位:t)为 x. 已知固定成本为 20 万元,每生产 1 t 产品,成本增加 100 元,每吨产品的售价为 450 元,试将总利润(单位:元)L 表示为年产量 x 的函数.

5. 目前,我国对民用电实施阶梯电价. 某地区的具体方案如下:第一档是月度用电量为 170 kW·h 以内,电价是 0.528 3 元/(kW·h);第二档是月度用电量为 170 kW·h～270 kW·h,电价是 0.578 3 元/(kW·h);第三档是月度用电量大于 270 kW·h,电价是 0.828 3 元/(kW·h). 以一个年度为计量周期,月度滚动使用,以 y 表示应缴电费(单位:元),x 表示月度用电量(单位:kW·h),试建立 y 与 x 的函数关系.

第2章　导数与微分

第1章介绍的极限理论，是研究微积分学的理论工具，但极限不是微积分学的主要研究对象. 微分学主要研究函数的导数、微分，以及其应用. 本章将介绍微分学的基本概念——导数与微分，并讨论它们的计算方法，以及它们在经济学中的简单应用.

一门科学，只有当它成功地运用数学时，才能达到真正完善的地步.

——马克思（Marx）

§2.1 导数的概念

一、引例

1. 切线问题

为了更好地理解微分学中导数的概念,我们先讨论与导数密切相关的问题:切线问题.切线是什么?在中学数学教材中,将平面几何中和圆只有一个公共交点的直线叫作圆的切线.这种定义方法并不能涵盖切线的全部意义.切线的概念起源于古人研究任意曲线运动的瞬时方向问题.假设物体的运动曲线表示为函数 $y=f(x)$, x 为时间变量.在任意时刻,对物体撤销所有外力后,其一直保持的运动方向就是其瞬时方向,可定义为曲线 $y=f(x)$ 在该处的切线方向.这就是切线的最初来源.由此定义可知,任一连续曲线在某一点处最多只可能有一条切线.为具普遍性,下面对切线进行重新定义.

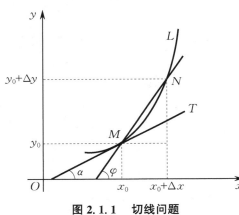

图 2.1.1 切线问题

设曲线 $L:y=f(x)$ 的图形如图 2.1.1 所示, $M(x_0, y_0)$ 是曲线上的一个定点, $N(x_0+\Delta x, y_0+\Delta y)$ 是曲线上的一个动点,则
$$y_0=f(x_0), \quad y_0+\Delta y=f(x_0+\Delta x).$$
作割线 MN,易知此割线的斜率为
$$\tan\varphi=\frac{\Delta y}{\Delta x}=\frac{f(x_0+\Delta x)-f(x_0)}{\Delta x},$$
其中, φ 为割线 MN 的倾角.

当 $\Delta x \to 0$ 时,动点 N 将沿曲线趋于定点 M,割线 MN 也随之变动并趋于极限位置 MT,直线 MT 称为**曲线 $y=f(x)$ 在点 M 处的切线**.对上式取 $\Delta x \to 0$ 时的极限,若极限 $\lim\limits_{\Delta x \to 0}\dfrac{\Delta y}{\Delta x}$ 存在,则此极限值就是切线 MT 的斜率,即

$$\tan\alpha=\lim_{\Delta x \to 0}\frac{\Delta y}{\Delta x}=\lim_{\Delta x \to 0}\frac{f(x_0+\Delta x)-f(x_0)}{\Delta x},$$

其中, α 为切线 MT 的倾角.

2. 速度问题

设物体沿 x 轴做变速直线运动, t 时刻,物体在 x 轴上的位置为 $s(t)$,求物体在某一时刻 t_0 的速度 $v(t_0)$.

当 t 从 t_0 变到 $t_0+\Delta t$ 时,物体的位置从 $s(t_0)$ 移动到 $s(t_0+\Delta t)$,即物体的位移为
$$\Delta s=s(t_0+\Delta t)-s(t_0),$$
于是这段时间内物体的平均速度为
$$\bar{v}=\frac{\Delta s}{\Delta t}=\frac{s(t_0+\Delta t)-s(t_0)}{\Delta t}.$$

当 Δt 很小时,$\bar{v}$ 可以近似表示物体在 t_0 时刻的速度 $v(t_0)$,且 Δt 越小,它们的近似程度就越高. 当 $\Delta t \to 0$ 时,$\dfrac{\Delta s}{\Delta t}$ 就是 $v(t_0)$ 的精确值. 因此,若极限 $\lim\limits_{\Delta t \to 0} \dfrac{\Delta s}{\Delta t}$ 存在,则此极限值就是物体在 t_0 时刻的速度 $v(t_0)$,即

$$v(t_0) = \lim_{\Delta t \to 0} \frac{\Delta s}{\Delta t} = \lim_{\Delta t \to 0} \frac{s(t_0 + \Delta t) - s(t_0)}{\Delta t}.$$

上面讨论的切线问题和速度问题,虽然具体含义不同,但是从数量关系上看,它们都可以归结为以下形式的极限:

$$\lim_{\Delta x \to 0} \frac{\Delta y}{\Delta x} = \lim_{\Delta x \to 0} \frac{f(x_0 + \Delta x) - f(x_0)}{\Delta x}.$$

导数就是用这个特殊的极限来定义的.

二、导数的定义

定义 2.1.1 设函数 $y = f(x)$ 在 D 上有定义,$x_0, x \in D$. 当自变量 x 在点 x_0 处取得增量 Δx 时,相应地,函数 $y = f(x)$ 有增量 $\Delta y = f(x_0 + \Delta x) - f(x_0) \xlongequal{x_0 + \Delta x = x} f(x) - f(x_0)$. 若极限

$$\lim_{\Delta x \to 0} \frac{\Delta y}{\Delta x} = \lim_{\Delta x \to 0} \frac{f(x_0 + \Delta x) - f(x_0)}{\Delta x} = \lim_{x \to x_0} \frac{f(x) - f(x_0)}{x - x_0} \tag{2.1.1}$$

存在,则称**函数** $y = f(x)$ **在点** x_0 **处可导**,x_0 称为函数 $y = f(x)$ 的**可导点**,该极限值称为函数 $y = f(x)$ 在点 x_0 处的**导数**,记为

$$f'(x_0), \quad y'\big|_{x = x_0}, \quad \frac{\mathrm{d}y}{\mathrm{d}x}\bigg|_{x = x_0} \quad \text{或} \quad \frac{\mathrm{d}f(x)}{\mathrm{d}x}\bigg|_{x = x_0}.$$

若极限 $\lim\limits_{\Delta x \to 0} \dfrac{\Delta y}{\Delta x}$ 不存在,则称函数 $y = f(x)$ 在点 x_0 处**不可导**或**没有导数**,x_0 称为函数 $y = f(x)$ 的**不可导点**.

> **注意**
>
> (1) 导数 $f'(x_0)$ 是因变量 y 在点 x_0 处的变化率,其大小反映了因变量随自变量的变化而变化的快慢程度.
>
> (2) 导数是对函数变化率的精确描述,导数的本质是函数变化率的极限.

例 2.1.1 用导数的定义求函数 $f(x) = x^2$ 在点 $x = 1$ 处的导数.

解 $f'(1) = \lim\limits_{x \to 1} \dfrac{f(x) - f(1)}{x - 1} = \lim\limits_{x \to 1} \dfrac{x^2 - 1}{x - 1} = \lim\limits_{x \to 1}(x + 1) = 2.$

考虑到式(2.1.1)的左、右极限,下面给出左、右导数的定义.

定义 2.1.2 设函数 $y = f(x)$ 在点 x_0 的某左邻域(或右邻域)内有定义. 若 $\lim\limits_{\Delta x \to 0^-} \dfrac{\Delta y}{\Delta x}$ $\left(\text{或} \lim\limits_{\Delta x \to 0^+} \dfrac{\Delta y}{\Delta x}\right)$ 存在,则称此极限值为函数 $y = f(x)$ 在点 x_0 处的**左导数**(或**右导数**),记为 $f'_-(x_0)$(或 $f'_+(x_0)$),即

$$f'_-(x_0) = \lim_{\Delta x \to 0^-} \frac{f(x_0 + \Delta x) - f(x_0)}{\Delta x} = \lim_{x \to x_0^-} \frac{f(x) - f(x_0)}{x - x_0} \qquad (2.1.2)$$

$$\left(f'_+(x_0) = \lim_{\Delta x \to 0^+} \frac{f(x_0 + \Delta x) - f(x_0)}{\Delta x} = \lim_{x \to x_0^+} \frac{f(x) - f(x_0)}{x - x_0} \right). \qquad (2.1.3)$$

由于极限存在的充要条件是左、右极限都存在且相等，因此函数 $y = f(x)$ 在点 x_0 处可导的充要条件是其在点 x_0 处的左、右导数都存在且相等，即 $f'_-(x_0) = f'_+(x_0)$.

例 2.1.2 讨论函数 $f(x) = |x|$ 在点 $x = 0$ 处的可导性.

解 因 $f(x) = |x| = \begin{cases} -x, & x < 0, \\ x, & x \geqslant 0, \end{cases}$ 则

$$f'_-(0) = \lim_{x \to 0^-} \frac{f(x) - f(0)}{x - 0} = \lim_{x \to 0^-} \frac{-x - 0}{x} = -1,$$

$$f'_+(0) = \lim_{x \to 0^+} \frac{f(x) - f(0)}{x - 0} = \lim_{x \to 0^+} \frac{x - 0}{x} = 1,$$

即 $f'_-(0) \neq f'_+(0)$，故函数 $f(x)$ 在点 $x = 0$ 处不可导.

定义 2.1.1 给出了函数在某一点处可导的概念，下面给出函数在某一区间上可导的概念.

定义 2.1.3 若函数 $y = f(x)$ 在开区间 (a, b) 内的每一点处都可导，则称其在 (a, b) 内可导. 此时，对于每一个 $x \in (a, b)$，都有唯一的导数值 $f'(x)$ 与之对应，这样就确定了一个新函数 $f'(x)$，称 $f'(x)$ 为函数 $y = f(x)$ 的**导函数**，简称**导数**，记作

$$f'(x), \quad y', \quad \frac{\mathrm{d}y}{\mathrm{d}x} \quad \text{或} \quad \frac{\mathrm{d}f(x)}{\mathrm{d}x}.$$

将式 (2.1.1) 中的 x_0 换成 x，即可得到函数 $y = f(x)$ 的导数的定义式：

$$f'(x) = \lim_{\Delta x \to 0} \frac{f(x + \Delta x) - f(x)}{\Delta x}. \qquad (2.1.4)$$

注 意	(1) 在取极限过程中，式 (2.1.4) 中的 x 是常量，Δx 是变量. (2) 函数 $f(x)$ 在点 x_0 处的导数 $f'(x_0)$ 为导函数 $f'(x)$ 在点 x_0 处的函数值，即 $$f'(x_0) = f'(x) \Big|_{x = x_0}.$$

由上述导数的定义，可概括出用定义求函数 $y = f(x)$ 的导数的步骤：

(1) 求函数增量 $\Delta y = f(x + \Delta x) - f(x)$；

(2) 计算比值 $\dfrac{\Delta y}{\Delta x} = \dfrac{f(x + \Delta x) - f(x)}{\Delta x}$；

(3) 求出极限 $y' = f'(x) = \lim\limits_{\Delta x \to 0} \dfrac{\Delta y}{\Delta x}$，可得导数.

例 2.1.3 用导数的定义求下列函数的导数：

(1) $y = C$ （C 为常数）； (2) $y = x^n$ （$n \in \mathbf{N}_+$）.

解 (1) 因

$$\Delta y = f(x + \Delta x) - f(x) = C - C = 0,$$

故 $(C)' = \lim\limits_{\Delta x \to 0} \dfrac{\Delta y}{\Delta x} = 0$. 因此常数函数的导数为

$$(C)' = 0.$$

（2）因

$$\Delta y = f(x + \Delta x) - f(x) = (x + \Delta x)^n - x^n$$

$$= x^n \left[\frac{(x + \Delta x)^n}{x^n} - 1 \right] = x^n \left[\left(1 + \frac{\Delta x}{x} \right)^n - 1 \right],$$

故利用等价无穷小替换,可得

$$(x^n)' = \lim_{\Delta x \to 0} \frac{\Delta y}{\Delta x} = \lim_{\Delta x \to 0} \frac{x^n \left[\left(1 + \frac{\Delta x}{x} \right)^n - 1 \right]}{\Delta x} = \lim_{\Delta x \to 0} \frac{x^n \cdot n \frac{\Delta x}{x}}{\Delta x} = nx^{n-1}.$$

一般地,对于幂函数 $y = x^\alpha$ ($\alpha \neq 0$ 为常数),有

$$(x^\alpha)' = \alpha x^{\alpha-1}.$$

利用导数的定义还可以推导出下列基本初等函数的导数公式:

（1）$(a^x)' = a^x \ln a$　($a > 0$ 且 $a \neq 1$);　　　　（2）$(e^x)' = e^x$;

（3）$(\log_a x)' = \dfrac{1}{x \ln a}$　($a > 0$ 且 $a \neq 1$);　　　（4）$(\ln x)' = \dfrac{1}{x}$;

（5）$(\sin x)' = \cos x$;　　　　　　　　　　　　　（6）$(\cos x)' = -\sin x$.

三、导数的几何意义

如图 2.1.2 所示,函数 $y = f(x)$ 在点 x_0 处可导,其导数 $f'(x_0)$ 的几何意义是曲线 $y = f(x)$ 在点 $M(x_0, f(x_0))$ 处的切线 MT 的斜率,即 $f'(x_0) = \tan \alpha$. 于是,由直线的点斜式方程可知,曲线 $y = f(x)$ 在点 $M(x_0, f(x_0))$ 处的切线方程为

$$y - f(x_0) = f'(x_0)(x - x_0).$$

另外,过切点 $M(x_0, f(x_0))$ 且与切线垂直的直线叫作曲线 $y = f(x)$ 在点 $M(x_0, f(x_0))$ 处的法线,故曲线 $y = f(x)$ 在点 $M(x_0, f(x_0))$ 处的法线方程为

$$y - f(x_0) = -\frac{1}{f'(x_0)}(x - x_0).$$

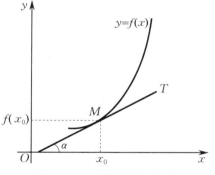

图 2.1.2　导数的几何意义

例 2.1.4　求曲线 $y = x^2 + 1$ 在点 $(1, 2)$ 处的切线方程与法线方程.

解　由导数的几何意义可知,所求切线的斜率为 $k_1 = y' \big|_{x=1} = 2x \big|_{x=1} = 2$,法线的斜率为 $k_2 = -\dfrac{1}{k_1} = -\dfrac{1}{2}$. 因此切线方程为

$$y - 2 = 2(x - 1), \quad 即 \quad 2x - y = 0,$$

法线方程为

$$y - 2 = -\frac{1}{2}(x - 1), \quad 即 \quad x + 2y - 5 = 0.$$

四、导数的经济意义

由于函数 $y = f(x)$ 的增量 Δy 与自变量 x 的增量 Δx 之比

$$\frac{\Delta y}{\Delta x} = \frac{f(x_0 + \Delta x) - f(x_0)}{\Delta x}$$

就是函数 $y = f(x)$ 在开区间 $(x_0, x_0 + \Delta x)$ 或 $(x_0 + \Delta x, x_0)$ 内的平均变化率,因此

$$\lim_{\Delta x \to 0} \frac{\Delta y}{\Delta x} = \lim_{\Delta x \to 0} \frac{f(x_0 + \Delta x) - f(x_0)}{\Delta x} = f'(x_0)$$

称为函数 $y = f(x)$ 在点 x_0 处的**瞬时变化率**,简称**变化率**. 设在点 x_0 处 x 变动一个单位,即 $\Delta x = 1$,则函数 $y = f(x)$ 的相应增量 $\Delta y = f(x_0 + 1) - f(x_0)$ 的近似值为 $f'(x_0)$. 在经济分析中解释边际函数值的具体意义时,往往省略"近似"二字.

五、可导与连续的关系

设函数 $y = f(x)$ 在点 x_0 处可导,则 $f'(x_0) = \lim\limits_{\Delta x \to 0} \dfrac{\Delta y}{\Delta x}$ 存在. 因此

$$\lim_{\Delta x \to 0} \Delta y = \lim_{\Delta x \to 0} \left(\frac{\Delta y}{\Delta x} \cdot \Delta x \right) = \lim_{\Delta x \to 0} \frac{\Delta y}{\Delta x} \cdot \lim_{\Delta x \to 0} \Delta x = f'(x_0) \cdot 0 = 0,$$

即函数 $y = f(x)$ 在点 x_0 处连续. 这说明,若函数 $y = f(x)$ 在点 x_0 处可导,则其在点 x_0 处连续. 反之不一定成立,即若函数 $y = f(x)$ 在点 x_0 处连续,但其在该点处不一定可导. 例如,函数 $f(x) = |x|$ 在点 $x = 0$ 处连续,但其在点 $x = 0$ 处不可导. 简而言之,**可导一定连续,连续不一定可导**.

习 题 2.1

1. 设函数 $f(x)$ 在点 x_0 处可导,且 $\lim\limits_{\Delta x \to 0} \dfrac{f(x_0 + \Delta x) - f(x_0 - \Delta x)}{\Delta x} = 1$,求 $f'(x_0)$.

2. 用导数的定义求下列函数在点 $x = 1$ 处的导数:

(1) $f(x) = 2x + 5$;   (2) $f(x) = x^2 + 3x - 2$.

3. 求曲线 $y = x^3 - 4x + 3$ 在点 $(2, 3)$ 处的切线方程与法线方程.

4. 求曲线 $y = e^x + 3$ 在点 $(0, 4)$ 处的切线方程与法线方程.

5. 讨论函数 $f(x) = |x + 1|$ 在点 $x = -1$ 处的可导性.

6. 讨论函数 $f(x) = x|x|$ 在点 $x = 0$ 处的可导性.

---

§2.2 基本求导法则

前面根据导数的定义,我们求出了一些简单函数的导数. 但是,对于比较复杂的函数,用定义的方法求其导数往往是很烦琐的. 为便于求出初等函数的导数,本节将介绍几个常用的基本求导法则.

一、导数的四则运算法则

定理 2.2.1 设函数 $u=u(x)$ 和 $v=v(x)$ 在点 x 处可导,那么它们的和、差、积、商(分母为零的点除外)在点 x 处都可导,且有:

(1) $[u(x) \pm v(x)]' = u'(x) \pm v'(x)$;

(2) $[u(x)v(x)]' = u'(x)v(x) + u(x)v'(x)$;

(3) $\left[\dfrac{u(x)}{v(x)}\right]' = \dfrac{u'(x)v(x) - u(x)v'(x)}{v^2(x)} (v(x) \neq 0)$.

特别地,在法则(2)中,当 $u(x)=C$(C 为常数)时,有 $[Cv(x)]' = Cv'(x)$. 在法则(3)中,当 $u(x)=1$ 时,$\left[\dfrac{1}{v(x)}\right]' = -\dfrac{v'(x)}{v^2(x)} (v(x) \neq 0)$. 法则(1)和(2)可推广到有限个函数的情形.

例 2.2.1 求下列函数的导数:

(1) $y = 2\sqrt[3]{x} + 5\sin x - 3\cos x$;   (2) $y = 4\log_2 x - 2\ln 3 + 5^x$;

(3) $y = x^2 \sin x$;   (4) $y = \dfrac{e^x}{x^3}$;

(5) $y = \tan x$.

解 (1) $y' = (2\sqrt[3]{x})' + (5\sin x)' - (3\cos x)' = 2(\sqrt[3]{x})' + 5(\sin x)' - 3(\cos x)'$

$\qquad = \dfrac{2}{3}x^{-\frac{2}{3}} + 5\cos x + 3\sin x$.

(2) $y' = (4\log_2 x)' - (2\ln 3)' + (5^x)' = \dfrac{4}{x\ln 2} + 5^x \ln 5$.

(3) $y' = (x^2)'\sin x + x^2(\sin x)' = 2x\sin x + x^2\cos x$.

(4) $y' = \dfrac{(e^x)'x^3 - e^x(x^3)'}{(x^3)^2} = \dfrac{e^x x^3 - 3e^x x^2}{x^6} = \dfrac{e^x(x-3)}{x^4}$.

(5) $y' = (\tan x)' = \left(\dfrac{\sin x}{\cos x}\right)' = \dfrac{(\sin x)'\cos x - \sin x(\cos x)'}{\cos^2 x}$

$\qquad = \dfrac{\cos^2 x + \sin^2 x}{\cos^2 x} = \dfrac{1}{\cos^2 x} = \sec^2 x$.

类似地,还可以得到下列求导公式:

$$(\cot x)' = -\csc^2 x, \quad (\sec x)' = \sec x \tan x, \quad (\csc x)' = -\csc x \cot x.$$

二、复合函数的求导法则

定理 2.2.2 若函数 $u=g(x)$ 在点 x 处可导,函数 $y=f(u)$ 在对应点 $u=g(x)$ 处可导,则复合函数 $y=f[g(x)]$ 在点 x 处可导,且其导数为

$$\{f[g(x)]\}' = f'(u)g'(x) \quad \text{或} \quad \frac{\mathrm{d}y}{\mathrm{d}x} = \frac{\mathrm{d}y}{\mathrm{d}u} \cdot \frac{\mathrm{d}u}{\mathrm{d}x}, \qquad (2.2.1)$$

简记为

$$y'_x = y'_u u'_x.$$

式(2.2.1)表明,复合函数对自变量的导数等于复合函数对中间变量的导数与中间变量

对自变量的导数的乘积,这种从外向内逐层求导数的方法称为**链式法则**.

链式法则可以推广到有限个中间变量的情形,若函数 $y=f(u)$,$u=g(v)$,$v=h(x)$ 都可导,则复合函数 $y=f\{g[h(x)]\}$ 也可导,且有

$$y'=f'(u)g'(v)h'(x) \quad \text{或} \quad \frac{\mathrm{d}y}{\mathrm{d}x}=\frac{\mathrm{d}y}{\mathrm{d}u}\cdot\frac{\mathrm{d}u}{\mathrm{d}v}\cdot\frac{\mathrm{d}v}{\mathrm{d}x}.$$

例 2.2.2 求下列函数的导数:

(1) $y=\ln(x^3+4)$; (2) $y=\cos(2x+5)$;

(3) $y=\mathrm{e}^{\sin\sqrt{x}}$; (4) $y=\ln\tan x^2$.

解 (1) $y=\ln(x^3+4)$ 可看成由 $y=\ln u$,$u=x^3+4$ 复合而成,由链式法则有

$$\frac{\mathrm{d}y}{\mathrm{d}x}=\frac{\mathrm{d}y}{\mathrm{d}u}\cdot\frac{\mathrm{d}u}{\mathrm{d}x}=(\ln u)'\cdot(x^3+4)'=\frac{1}{u}\cdot 3x^2=\frac{3x^2}{x^3+4}.$$

(2) $y=\cos(2x+5)$ 可看成由 $y=\cos u$,$u=2x+5$ 复合而成,由链式法则有

$$\frac{\mathrm{d}y}{\mathrm{d}x}=\frac{\mathrm{d}y}{\mathrm{d}u}\cdot\frac{\mathrm{d}u}{\mathrm{d}x}=(\cos u)'\cdot(2x+5)'=(-\sin u)\cdot 2=-2\sin(2x+5).$$

(3) $y=\mathrm{e}^{\sin\sqrt{x}}$ 可看成由 $y=\mathrm{e}^u$,$u=\sin v$,$v=\sqrt{x}$ 复合而成,由链式法则有

$$\frac{\mathrm{d}y}{\mathrm{d}x}=\frac{\mathrm{d}y}{\mathrm{d}u}\cdot\frac{\mathrm{d}u}{\mathrm{d}v}\cdot\frac{\mathrm{d}v}{\mathrm{d}x}=(\mathrm{e}^u)'\cdot(\sin v)'\cdot(\sqrt{x})'=\mathrm{e}^u\cdot\cos v\cdot\frac{1}{2\sqrt{x}}=\frac{\mathrm{e}^{\sin\sqrt{x}}\cos\sqrt{x}}{2\sqrt{x}}.$$

(4) $y=\ln\tan x^2$ 可看成由 $y=\ln u$,$u=\tan v$,$v=x^2$ 复合而成,由链式法则有

$$\frac{\mathrm{d}y}{\mathrm{d}x}=\frac{\mathrm{d}y}{\mathrm{d}u}\cdot\frac{\mathrm{d}u}{\mathrm{d}v}\cdot\frac{\mathrm{d}v}{\mathrm{d}x}=(\ln u)'\cdot(\tan v)'\cdot(x^2)'=\frac{1}{u}\cdot\sec^2 v\cdot 2x$$

$$=\frac{2x\sec^2 x^2}{\tan x^2}=\frac{2x}{\sin x^2\cos x^2}.$$

一般在熟练掌握链式法则后,在计算过程中可以不用写出中间变量,只要分清哪个是自变量、哪个是中间变量即可. 当函数的结构较为复杂,求导数需要同时运用四则运算法则和链式法则时,只需由外向内逐层求导数即可.

例 2.2.3 求下列函数的导数:

(1) $y=\sin 2x\cdot\ln(3x+1)$; (2) $y=\dfrac{\tan 5x}{2x+1}$;

(3) $y=\sin\dfrac{x^2+1}{2x+3}$; (4) $y=\mathrm{e}^{x^2\sin x}$.

解 (1) $y'=(\sin 2x)'\cdot\ln(3x+1)+\sin 2x\cdot[\ln(3x+1)]'$

$$=2\cos 2x\cdot\ln(3x+1)+\frac{3\sin 2x}{3x+1}.$$

(2) $y'=\dfrac{(\tan 5x)'(2x+1)-\tan 5x\cdot(2x+1)'}{(2x+1)^2}$

$$=\frac{5(2x+1)\sec^2 5x-2\tan 5x}{(2x+1)^2}.$$

(3) $y'=\cos\dfrac{x^2+1}{2x+3}\cdot\left(\dfrac{x^2+1}{2x+3}\right)'$

$$= \cos \frac{x^2+1}{2x+3} \cdot \frac{(x^2+1)'(2x+3) - (x^2+1)(2x+3)'}{(2x+3)^2}$$

$$= \cos \frac{x^2+1}{2x+3} \cdot \frac{2x(2x+3) - 2(x^2+1)}{(2x+3)^2}$$

$$= \frac{2(x^2+3x-1)}{(2x+3)^2} \cos \frac{x^2+1}{2x+3}.$$

(4) $y' = e^{x^2 \sin x} \cdot (x^2 \sin x)'$

$$= e^{x^2 \sin x} \cdot \left[(x^2)' \sin x + x^2 (\sin x)' \right]$$

$$= e^{x^2 \sin x} (2x \sin x + x^2 \cos x).$$

三、反函数的求导法则

定理 2.2.3　若函数 $x = f(y)$ 在区间 I_y 内单调、可导,且 $f'(y) \neq 0 (y \in I_y)$,则其反函数 $y = f^{-1}(x)$ 在区间 $I_x = \{x \mid x = f(y), y \in I_y\}$ 内也可导,且

$$[f^{-1}(x)]' = \frac{1}{f'(y)}, \quad 即 \quad x'_y = \frac{1}{y'_x}.$$

此法则可简述为:**反函数的导数等于直接函数导数的倒数**.

例 2.2.4　求函数 $y = \arcsin x$ 的导数.

解　由于 $y = \arcsin x (x \in [-1, 1])$ 是 $x = \sin y \left(y \in \left[-\frac{\pi}{2}, \frac{\pi}{2} \right] \right)$ 的反函数,且 $\cos y > 0$,因此按照反函数的求导法则有

$$(\arcsin x)' = \frac{1}{(\sin y)'} = \frac{1}{\cos y} = \frac{1}{\sqrt{1 - \sin^2 y}} = \frac{1}{\sqrt{1 - x^2}} \quad (-1 < x < 1).$$

类似地,还可以求出下列反三角函数的导数:

$$(\arccos x)' = -\frac{1}{\sqrt{1 - x^2}}, \quad (\arctan x)' = \frac{1}{1 + x^2}, \quad (\text{arccot } x)' = -\frac{1}{1 + x^2}.$$

在求初等函数的导数时,熟悉基本初等函数的导数公式是十分必要的,现把导数公式归纳如下:

(1) $(C)' = 0$　(C 为常数);

(2) $(x^\alpha)' = \alpha x^{\alpha - 1} (\alpha \neq 0$ 且为常数);

(3) $(a^x)' = a^x \ln a$　($a > 0$ 且 $a \neq 1$);

(4) $(e^x)' = e^x$;

(5) $(\log_a x)' = \frac{1}{x \ln a}$　($a > 0$ 且 $a \neq 1$);

(6) $(\ln x)' = \frac{1}{x}$;

(7) $(\sin x)' = \cos x$;

(8) $(\cos x)' = -\sin x$;

(9) $(\tan x)' = \sec^2 x$;

(10) $(\cot x)' = -\csc^2 x$;

(11) $(\sec x)' = \sec x \tan x$;

(12) $(\csc x)' = -\csc x \cot x$;

(13) $(\arcsin x)' = \frac{1}{\sqrt{1 - x^2}}$;

(14) $(\arccos x)' = -\frac{1}{\sqrt{1 - x^2}}$;

对数求导法

(15) $(\arctan x)' = \dfrac{1}{1+x^2}$;

(16) $(\operatorname{arccot} x)' = -\dfrac{1}{1+x^2}$.

习 题 2.2

1. 求下列函数的导数:

(1) $y = 5x^{\frac{2}{5}} + \sec x - \tan \dfrac{\pi}{4}$;

(2) $y = 7\log_3 x - \dfrac{2}{x^3} + e^2$;

(3) $y = x^3 \cos x$;

(4) $y = \sqrt{x}\, e^x$;

(5) $y = x^2 \arcsin x$;

(6) $y = x^3 \arctan x$;

(7) $y = e^x \tan x$;

(8) $y = \dfrac{2\cos x}{1 + \sin x}$;

(9) $y = \dfrac{\ln x}{\sqrt{x}}$.

2. 求下列函数的导数:

(1) $y = \sin(3x + 1)$;

(2) $y = e^{2x+3}$;

(3) $y = \tan(x^2 + 3)$;

(4) $y = \ln \cos x$;

(5) $y = e^{\cos x}$;

(6) $y = \tan^2 x$;

(7) $y = \arctan \sqrt{x}$;

(8) $y = (3x + 2)e^{5x}$;

(9) $y = \dfrac{(2x+1)^3}{\sin x}$;

(10) $y = \dfrac{e^{3x}}{\cos 2x}$;

(11) $y = e^{3x} \cos x$;

(12) $y = \arctan \dfrac{e^x}{x}$;

(13) $y = \ln \dfrac{\sin x}{x}$;

(14) $y = e^{\sin(2x+1)}$;

(15) $y = \ln \sin e^x$.

§2.3 高 阶 导 数

在实际生活中,经常会遇到求一个导函数的导数问题,这就涉及多次求导数的问题. 本节主要讨论高阶导数的定义及计算方法.

考虑给定的函数

$$y = f(x) = x^5 - x^3 + x^2,$$

很容易求出它的导数

$$y' = f'(x) = 5x^4 - 3x^2 + 2x.$$

我们发现 y' 仍然是可导的,用记号 y'' 表示它的导数 $(y')'$,并称 y'' 为 y 的二阶导数,则
$$y''=f''(x)=20x^3-6x+2.$$

定义 2.3.1 若函数 $y=f(x)$ 的导数 $f'(x)$ 在点 x 处可导,则称导数 $f'(x)$ 在点 x 处的导数为函数 $y=f(x)$ 在点 x 处的**二阶导数**,记作
$$y'', \quad f''(x), \quad \frac{\mathrm{d}^2y}{\mathrm{d}x^2} \quad 或 \quad \frac{\mathrm{d}^2f}{\mathrm{d}x^2}.$$

类似地,可定义三阶、四阶,直至 n 阶导数.若函数 $y=f(x)$ 的 $n-1$ 阶导数存在且可导,则称其 $n-1$ **阶导数**的导数为其 n **阶导数**,记作
$$y^{(n)}, \quad f^{(n)}(x), \quad \frac{\mathrm{d}^ny}{\mathrm{d}x^n} \quad 或 \quad \frac{\mathrm{d}^nf}{\mathrm{d}x^n}.$$

n 阶导数 $(n=1,2,\cdots)$ 在点 x_0 处的值记作
$$y^{(n)}\big|_{x=x_0}, \quad f^{(n)}(x_0), \quad \frac{\mathrm{d}^ny}{\mathrm{d}x^n}\bigg|_{x=x_0} \quad 或 \quad \frac{\mathrm{d}^nf(x_0)}{\mathrm{d}x^n}.$$

二阶及二阶以上的导数统称为**高阶导数**.若函数 $y=f(x)$ 的 n 阶导数存在,则称其 n **阶可导**.

例 2.3.1 求下列函数的二阶导数:

(1) $y=x\sin x$; (2) $y=\mathrm{e}^{2x+1}$.

解 (1) 由于 $y'=\sin x+x\cos x$,因此
$$y''=\cos x+\cos x+x\cdot(-\sin x)=2\cos x-x\sin x.$$
(2) 由于 $y'=\mathrm{e}^{2x+1}(2x+1)'=2\mathrm{e}^{2x+1}$,因此
$$y''=2(\mathrm{e}^{2x+1})'=4\mathrm{e}^{2x+1}.$$

例 2.3.2 求函数 $y=\sin x$ 的 n 阶导数.

解
$$y'=\cos x=\sin\left(x+\frac{\pi}{2}\right),$$
$$y''=-\sin x=\cos\left(x+\frac{\pi}{2}\right)=\sin\left(x+2\cdot\frac{\pi}{2}\right),$$
$$y'''=-\cos x=\cos\left(x+2\cdot\frac{\pi}{2}\right)=\sin\left(x+3\cdot\frac{\pi}{2}\right),$$
$$y^{(4)}=\sin x=\cos\left(x+3\cdot\frac{\pi}{2}\right)=\sin\left(x+4\cdot\frac{\pi}{2}\right).$$

一般地,可得
$$y^{(n)}=\sin\left(x+n\cdot\frac{\pi}{2}\right),$$

即
$$(\sin x)^{(n)}=\sin\left(x+n\cdot\frac{\pi}{2}\right) \quad (n=1,2,\cdots).$$

类似地,可得函数 $y=\cos x$ 的 n 阶导数公式
$$(\cos x)^{(n)}=\cos\left(x+n\cdot\frac{\pi}{2}\right) \quad (n=1,2,\cdots).$$

习 题 2.3

求下列函数的二阶导数:

(1) $y = \sin x^2$;

(2) $y = \cos(2x + 3)$;

(3) $y = \ln(x - 1)$;

(4) $y = e^{\cos x}$.

---

§2.4 函数的微分

微分是微分学的另一个重要的基本概念,它与导数密切相关,但又有本质的差别. 导数反映函数的变化率,而微分反映函数的变化量.

一、微分的定义

已知当自变量取得微小增量 Δx 时,函数也取得相应增量 Δy,但往往 Δy 不易计算. 而在许多实际问题中,我们不需要求 Δy 的精确值,只需要求 Δy 的近似值,因此引入微分的概念.

现考虑如下问题:已知正方形的边长为 x_0,当其边长由 x_0 变到 $x_0 + \Delta x$ 时,正方形的面积 S 改变了多少?

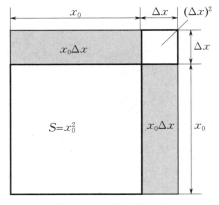

图 2.4.1　微分的定义

当边长为 x_0 时,$S = x_0^2$,故面积 S 的增量为

$$\Delta S = (x_0 + \Delta x)^2 - x_0^2 = 2x_0 \Delta x + (\Delta x)^2,$$

即面积增量可表示为两部分之和:第一部分为 $2x_0 \Delta x$,即图 2.4.1 中两个矩形的面积之和,它是 Δx 的线性函数,当 $|\Delta x|$ 很微小时,它是 ΔS 的主要部分;第二部分为 $(\Delta x)^2$,即图 2.4.1 中小正方形的面积,当 $\Delta x \to 0$ 时,它是 Δx 的高阶无穷小 $\left(\text{因为} \lim\limits_{\Delta x \to 0} \dfrac{(\Delta x)^2}{\Delta x} = 0\right)$. 因此,当 $|\Delta x|$ 很微小时,ΔS 可由 $2x_0 \Delta x$ 近似代替,即

$$\Delta S \approx 2x_0 \Delta x.$$

对于一般的函数 $y = f(x)$,如果将上述过程抽象成数学语言,就得到了微分的概念.

定义 2.4.1　设函数 $y = f(x)$ 在某区间 I 内有定义,当自变量 x 在点 x_0 处取得增量 $\Delta x (x_0 + \Delta x \in I, \Delta x \neq 0)$ 时,函数 y 有相应增量 $\Delta y = f(x_0 + \Delta x) - f(x_0)$. 若当 $\Delta x \to 0$ 时,Δy 可表示为

$$\Delta y = A \Delta x + o(\Delta x),$$

其中,A 是不依赖于 Δx 的常数,$o(\Delta x)$ 是当 $\Delta x \to 0$ 时 Δx 的高阶无穷小,则称函数 $y = f(x)$ 在点 x_0 处**可微**,并称 $A \Delta x$ 为函数 $y = f(x)$ 在点 x_0 处的**微分**,记为 $\mathrm{d}y \Big|_{x = x_0}$,即

$$\mathrm{d}y\ \Big|_{x=x_0} = A\Delta x. \tag{2.4.1}$$

直接从微分的定义来判断函数是否可微是比较困难的,下面给出函数可微的条件.

定理 2.4.1　　**函数 $y=f(x)$ 在点 x_0 处可微的充要条件是函数 $y=f(x)$ 在点 x_0 处可导.**

定理 2.4.1 表明,函数 $y=f(x)$ 在点 x_0 处可微与可导是等价的,且有 $A=f'(x_0)$.因此式(2.4.1)也可表示为

$$\mathrm{d}y\ \Big|_{x=x_0} = f'(x_0)\Delta x. \tag{2.4.2}$$

定理 2.4.1
的证明

若函数 $y=f(x)$ 在任意点 x 处都是可微的,则称其在任意点 x 处的微分为其微分,记作 $\mathrm{d}y$ 或 $\mathrm{d}f(x)$,即

$$\mathrm{d}y = f'(x)\Delta x.$$

当 $y=x$ 时,有

$$\mathrm{d}y = \mathrm{d}x = x'\Delta x = \Delta x,$$

即自变量的增量 Δx 等于自变量的微分 $\mathrm{d}x$.因此函数 $y=f(x)$ 的微分可写成

$$\mathrm{d}y = f'(x)\mathrm{d}x, \tag{2.4.3}$$

即函数的微分就是函数的导数与自变量的微分的乘积.将式(2.4.3)等号两边同时除以 $\mathrm{d}x$,得

$$\frac{\mathrm{d}y}{\mathrm{d}x} = f'(x),$$

即函数的导数等于函数的微分 $\mathrm{d}y$ 与自变量的微分 $\mathrm{d}x$ 之商,故导数也称为**微商**.

综上可知,虽然微分和导数的概念不同,但它们却密切相关,因此常把函数的导数与微分的运算统称为**微分法**,把研究导数和微分的有关内容称为**微分学**,而求微分的问题可归结为求导数的问题.对于一元函数,导数和微分是等价的,求微分实质上是求导数.

例 2.4.1　　求函数 $y=x^2$ 在点 $x=10$ 处当 $\Delta x=0.01$ 时的微分.

解　　因 $\mathrm{d}y = (x^2)'\mathrm{d}x = 2x\mathrm{d}x$,故

$$\mathrm{d}y\ \Big|_{\substack{x=10 \\ \Delta x=0.01}} = 2x\Delta x\ \Big|_{\substack{x=10 \\ \Delta x=0.01}} = 2 \times 10 \times 0.01 = 0.2.$$

例 2.4.2　　求函数 $y=\cos x$ 在点 $x=\dfrac{\pi}{6}$ 处的微分.

解　　因 $\mathrm{d}y = (\cos x)'\mathrm{d}x = -\sin x\mathrm{d}x$,故

$$\mathrm{d}y\ \Big|_{x=\frac{\pi}{6}} = -\sin\frac{\pi}{6}\mathrm{d}x = -\frac{1}{2}\mathrm{d}x.$$

例 2.4.3　　求下列函数的微分:

(1) $y=\mathrm{e}^{2x+5}$;　　　　　　　　　　　　　　(2) $y=(2x+1)^3$.

解　　(1) 因

$$y' = \mathrm{e}^{2x+5} \cdot (2x+5)' = 2\mathrm{e}^{2x+5},$$

故

$$\mathrm{d}y = 2\mathrm{e}^{2x+5}\mathrm{d}x.$$

(2) 因

$$y' = 3(2x+1)^2 \cdot (2x+1)' = 6(2x+1)^2,$$

故

$$dy = 6(2x + 1)^2 dx.$$

二、微分的几何意义

如图 2.4.2 所示,在曲线 $y = f(x)$ 上,过点 $M(x_0, f(x_0))$ 的切线 MT 的倾角为 α,当 x_0 有微小增量 Δx 时,得到曲线上的另一点 $N(x_0 + \Delta x, f(x_0 + \Delta x))$. 易知,$MQ = \Delta x$,$NQ = \Delta y$,$\tan \alpha = f'(x_0)$. 在直角三角形 MQP 中,有

$$QP = MQ \cdot \tan \alpha = \Delta x \cdot f'(x_0) = f'(x_0)\Delta x, \quad 即 \quad QP = dy.$$

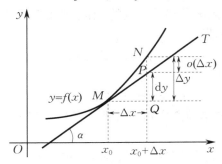

图 2.4.2 微分的几何意义

由此可以得到微分的几何意义是:函数 $y = f(x)$ 在点 x_0 处的微分 dy 等于曲线 $y = f(x)$ 在点 $(x_0, f(x_0))$ 处切线纵坐标的相应增量,而 Δy 是曲线 $y = f(x)$ 在点 $(x_0, f(x_0))$ 处纵坐标的相应增量,$|\Delta x|$ 越小,dy 和 Δy 相差就越小. 当 $|\Delta x|$ 很微小时,$dy \approx \Delta y$,这在几何上表示,在点 $M(x_0, f(x_0))$ 附近可以用切线 MP 近似代替曲线 MN,由此产生的误差是 Δx 的高阶无穷小 $o(\Delta x)$."以直代曲"是微分学的重要思想之一.

三、微分在近似计算中的应用

设函数 $y = f(x)$ 在点 x_0 处可微,由微分的定义可知,当 $f'(x_0) \neq 0$,且 $|\Delta x|$ 很小时,有

$$\Delta y = f(x_0 + \Delta x) - f(x_0) \approx dy = f'(x_0)\Delta x, \tag{2.4.4}$$

即

$$f(x_0 + \Delta x) \approx f(x_0) + f'(x_0)\Delta x. \tag{2.4.5}$$

在式(2.4.4)中,令 $x = x_0 + \Delta x$,即 $\Delta x = x - x_0$,则有

$$f(x) \approx f(x_0) + f'(x_0)(x - x_0). \tag{2.4.6}$$

若 $f(x_0)$ 与 $f'(x_0)$ 容易求得,则可用式(2.4.4)计算函数增量的近似值,用式(2.4.6)计算函数值的近似值.

例 2.4.4 有一个平面圆环,如图 2.4.3 所示,已知其内圆半径为 10 cm,圆环宽为 0.2 cm,求圆环面积的精确值与近似值.

解 已知圆的面积公式为 $S(r) = \pi r^2$. 对于此圆环,外圆面积为 $S(10.2) = 10.2^2 \pi \text{ cm}^2$,内圆面积为 $S(10) = 10^2 \pi \text{ cm}^2$,故圆环面积的精确值为

$$\Delta S = (10.2^2 - 10^2)\pi \text{ cm}^2 = 4.04\pi \text{ cm}^2.$$

圆环面积的近似值可以看成当圆的面积函数 $S(r) = \pi r^2$ 在点 $r_0 = 10 \text{ cm}$ 处取得增量 $\Delta r = 0.2 \text{ cm}$ 时的近似值,即 $\Delta S \approx S'(r_0) \cdot \Delta r$. 由于 $S'(r) = 2\pi r$,因此

$$\Delta S \approx S'(10) \times 0.2 \text{ cm}^2 = 2\pi \times 10 \times 0.2 \text{ cm}^2 = 4\pi \text{ cm}^2.$$

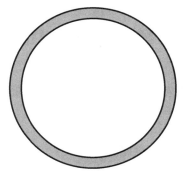

图 2.4.3 平面圆环

例 2.4.5 利用微分求 $e^{0.02}$ 的近似值.

解 将此问题看成求函数 $f(x) = e^x$ 在点 $x = 0.02$ 处的函数值的近似值,即求 $f(0.02)$ 的近似值. 令 $x_0 = 0, \Delta x = 0.02$,则

$$e^{0.02} = f(0.02) = f(0 + 0.02)$$
$$\approx f(0) + f'(0) \times 0.02$$
$$= 1 + 1 \times 0.02 = 1.02.$$

例 2.4.6 利用微分求 $\cos 58°$ 的近似值.

解 令函数 $f(x) = \cos x$,取 $x_0 = 60° = \dfrac{\pi}{3}, \Delta x = -2° = -\dfrac{\pi}{90}$,则

$$\cos 58° = \cos(60° - 2°) = \cos\left(\frac{\pi}{3} - \frac{\pi}{90}\right)$$

$$= f\left(\frac{\pi}{3} - \frac{\pi}{90}\right) \approx f\left(\frac{\pi}{3}\right) + f'\left(\frac{\pi}{3}\right) \cdot \left(-\frac{\pi}{90}\right)$$

$$= \frac{1}{2} + \left(-\frac{\sqrt{3}}{2}\right) \cdot \left(-\frac{\pi}{90}\right) \approx 0.53.$$

习 题 2.4

1. 求下列函数的微分:

(1) $y = \tan(3x + 4)$;

(2) $y = \cos(2x + 1)$;

(3) $y = \ln(5x + 2)$;

(4) $y = x^2 \cos x$;

(5) $y = (3x + 1)^2$;

(6) $y = \dfrac{e^x}{x + 1}$.

2. 利用微分求下列各式的近似值:

(1) $\sqrt{1.04}$;

(2) $\ln 0.98$;

(3) $\sqrt[3]{0.99}$;

(4) $\sin 32°$.

3. 已知一个平面圆环的内圆半径为 100 cm,圆环宽为 5 cm,求该圆环面积的精确值与近似值.

4. 有一个半径为 10 cm 的球,当其半径增加 0.1 cm 时,问:球的体积大约增加多少?

§2.5 导数在经济学中的简单应用

导数和微分在经济学中有许多应用,下面主要介绍经济学中的边际分析和弹性分析.

一、边际分析

边际分析就是利用导数来分析经济现象.由§2.1可知,函数 $y=f(x)$ 的函数值的增量与自变量的增量之比 $\dfrac{\Delta y}{\Delta x}$ 就是函数 $y=f(x)$ 在开区间 $(x_0,x_0+\Delta x)$ 或 $(x_0+\Delta x,x_0)$ 内的**平均变化率**,它表示函数 $y=f(x)$ 在开区间 $(x_0,x_0+\Delta x)$ 或 $(x_0+\Delta x,x_0)$ 内的平均变化速度.若函数 $y=f(x)$ 在点 x_0 处可导,则

$$f'(x_0)=\lim_{\Delta x\to 0}\frac{\Delta y}{\Delta x}=\lim_{\Delta x\to 0}\frac{f(x_0+\Delta x)-f(x_0)}{\Delta x}$$

称为函数 $y=f(x)$ 在点 x_0 处的**瞬时变化率**,它表示函数 $y=f(x)$ 在点 x_0 处的变化速度.

由微分的应用可知,设在点 x_0 处 x 从 x_0 增加 1 单位,即 $\Delta x=1$,则函数 $y=f(x)$ 相应的增量 Δy 的近似值为

$$\Delta y\Big|_{\substack{x=x_0\\\Delta x=1}}\approx \mathrm{d}y\Big|_{\substack{x=x_0\\\Delta x=1}}=f'(x)\Delta x\Big|_{\substack{x=x_0\\\Delta x=1}}=f'(x_0).$$

这说明在点 x_0 处,当 x 改变 1 单位时,y 近似改变 $f'(x_0)$ 单位.在经济分析中解释边际函数值的具体意义时,"近似"二字常可略去.因此,有如下定义.

定义 2.5.1 设函数 $y=f(x)$ 是一个经济函数且可导,则称导数 $f'(x)$ 为函数 $f(x)$ 的**边际函数**,而导数 $f'(x)$ 在点 x_0 处的值 $f'(x_0)$ 称为函数 $f(x)$ 在点 x_0 处的**边际函数值**.

经济学中常用的边际函数有边际成本、边际需求、边际收益和边际利润等.

1. 边际成本

设产品的总成本 C 是产量 x 的函数,即 $C=C(x)$.若 $C(x)$ 可导,则称 $C'(x)$ 为**边际成本**.

一般情况下,总成本 C 等于固定成本 C_0 与可变成本 $C_1(x)$ 之和,即 $C(x)=C_0+C_1(x)$,则边际成本为 $C'(x)=C_0'+C_1'(x)=C_1'(x)$.显然,边际成本与固定成本 C_0 无关.

边际成本的经济意义是:当产量为 x 时,再增产(或减产)1 单位所增加(或减少)的成本.

例 2.5.1 设生产某产品 x 单位的总成本函数为 $C(x)=50+\dfrac{3x^2}{2}$,求生产 10 单位该产品的边际成本,并说明其经济意义.

解 由题意得,边际成本为

$$C'(x)=3x.$$

当 $x=10$ 时,边际成本为 $C'(10)=30$.它表示当产量为 10 单位时,再增产(或减产)1 单位,需增加(或减少)总成本 30 单位.

2. 边际需求

设产品的需求函数为 $Q=Q(p)$,其中,Q 表示需求量,p 表示价格,则称 $Q'(p)$ 为**边际**

需求.

边际需求的经济意义是:当价格为 p 时,价格再上涨(或下跌)1 单位所减少(或增加)的需求量.

例 2.5.2 某产品的需求函数为 $Q = Q(p) = 100 - \dfrac{p^2}{4}$,求 $p = 10$ 时的边际需求,并说明其经济意义.

解 由题意得,边际需求为

$$Q'(p) = -\frac{p}{2}.$$

当 $p = 10$ 时,边际需求为 $Q'(10) = -5$. 它表示当价格为 10 时,价格再上涨 1 单位,需求量将减少 5 单位.

3. 边际收益

设总收益函数为 $R = R(x)$,其中,x 为销售量(需求量),则称 $R'(x)$ 为**边际收益**.

边际收益的经济意义是:当销售量为 x 时,再销售 1 单位产品所增加(或减少)的收入.

若价格 p 是销售量 x 的函数,即 $p = p(x)$,则 $R(x) = px = xp(x)$;若销售量 x 是价格 p 的函数,即 $x = x(p)$,则 $R(p) = px = px(p)$.

例 2.5.3 设某产品的需求函数为 $x = x(p) = 100 - 2p$,求当需求量 $x = 10$ 时的总收益和边际收益,并说明其经济意义.

解 销售 x 单位价格为 p 的该产品的总收益为 $R(x) = px = xp(x)$. 由 $x(p) = 100 - 2p$,可得 $p(x) = 50 - \dfrac{x}{2}$,从而总收益为

$$R(x) = x\left(50 - \frac{x}{2}\right) = 50x - \frac{x^2}{2},$$

边际收益为

$$R'(x) = 50 - x.$$

当 $x = 10$ 时,总收益 $R(10) = 450$,边际收益 $R'(10) = 40$. 它表示当需求量为 10 单位时,需求量再增加 1 单位,总收益将增加 40 单位.

4. 边际利润

设总利润函数为 $L = L(x)$,其中,x 为产量,则称 $L'(x)$ 为**边际利润**.

边际利润的经济意义是:当产量为 x 时,再销售 1 单位产品所增加(或减少)的利润.

一般情况下,总利润函数 $L(x)$ 等于总收益函数 $R(x)$ 与总成本函数 $C(x)$ 之差,即

$$L(x) = R(x) - C(x),$$

则边际利润为 $L'(x) = R'(x) - C'(x)$. 显然,边际利润由边际收益和边际成本决定,且有:

(1) 当 $R'(x) > C'(x)$ 时,$L'(x) > 0$,其经济意义是:若产量已达到 x,则再多生产 1 单位产品,所增加的总收益大于所增加的总成本,从而总利润将有所增加;

(2) 当 $R'(x) = C'(x)$ 时,$L'(x) = 0$,其经济意义是:若产量已达到 x,则再多生产 1 单位产品,所增加的总收益等于所增加的总成本,从而总利润没有变化,此时总利润达到最大;

（3）当 $R'(x)<C'(x)$ 时，$L'(x)<0$，其经济意义是：若产量已达到 x，则再多生产 1 单位产品，所增加的总收益小于所增加的总成本，从而总利润将有所减少.

例 2.5.4 某产品的需求量 x 与价格 p 的关系为 $x+5p=250$，总成本函数为 $C(x)=1\,000+10x$，分别求需求量为 $x=50$，$x=100$ 和 $x=200$ 时的边际利润，并说明其经济意义.

解 由需求量与价格的关系可知，$p=50-0.2x$，从而总收益为

$$R(x)=px=(50-0.2x)x=-0.2x^2+50x,$$

总利润为

$$L(x)=R(x)-C(x)=-0.2x^2+40x-1\,000,$$

边际利润为

$$L'(x)=-0.4x+40.$$

当 $x=50$ 时，边际利润为 $L'(50)=20$. 它表示当需求量为 50 单位时，需求量再增加 1 单位，总利润将增加 20 单位.

当 $x=100$ 时，边际利润为 $L'(100)=0$. 它表示当需求量为 100 单位时，需求量再增加 1 单位，总利润没有变化，此时总利润达到最大.

当 $x=200$ 时，边际利润为 $L'(200)=-40$. 它表示当需求量为 200 单位时，需求量再增加 1 单位，总利润将减少 40 单位.

二、弹性分析

边际分析中所研究的是函数增量与变化率为绝对增量与绝对变化率的情况，但是在实际问题中，仅仅用绝对数的概念是不足以深入分析问题的. 例如，甲产品的价格为每单位 10 元，涨价 1 元；乙产品的价格为每单位 100 元，也涨价 1 元，两种产品价格的绝对增量都是 1 元，但与其原价相比，两种产品涨价的幅度却有很大的不同，即甲产品涨了 10%，而乙产品涨了 1%. 因此，有必要研究函数的相对增量与相对变化率.

定义 2.5.2 设函数 $y=f(x)$ 在点 x_0 处可导，函数 $y=f(x)$ 的相对增量

$$\frac{\Delta y}{y_0}=\frac{f(x_0+\Delta x)-f(x_0)}{f(x_0)}\quad(f(x_0)\neq 0)$$

与自变量的相对增量 $\dfrac{\Delta x}{x_0}(x_0\neq 0)$ 之比 $\dfrac{\Delta y/y_0}{\Delta x/x_0}$ 称为函数 $y=f(x)$ 从 x_0 到 $x_0+\Delta x$ **两点间的平均相对变化率**（或**两点间的弹性**）.

当 $\Delta x\to 0$ 时，$\dfrac{\Delta y/y_0}{\Delta x/x_0}$ 的极限值称为函数 $y=f(x)$ 在点 x_0 处的**相对变化率**（或**弹性**），记作

$$\left.\frac{E_y}{E_x}\right|_{x=x_0}\quad \text{或}\quad \eta\,\Big|_{x=x_0},$$

即

$$\left.\frac{E_y}{E_x}\right|_{x=x_0}=\lim_{\Delta x\to 0}\frac{\Delta y/y_0}{\Delta x/x_0}=\frac{x_0}{y_0}\lim_{\Delta x\to 0}\frac{\Delta y}{\Delta x}=\frac{x_0}{f(x_0)}f'(x_0).$$

若函数 $y=f(x)$ 在开区间 (a,b) 内可导,且 $f'(x)\neq 0$,则称 $\eta=\dfrac{E_y}{E_x}=\dfrac{x}{y}\lim\limits_{\Delta x\to 0}\dfrac{\Delta y}{\Delta x}=\dfrac{x}{y}y'$ 为函数 $y=f(x)$ 在开区间 (a,b) 内的**弹性函数**.

函数 $y=f(x)$ 的弹性 η 反映的是随着 x 的变化,$f(x)$ 变化幅度的大小,即函数 $y=f(x)$ 对 x 变化的反应强烈程度或灵敏度. $\eta\Big|_{x=x_0}$ 表示在点 x_0 处,当 x 变化 1% 时,函数 $y=f(x)$ 近似地变化 $\left|\eta\Big|_{x=x_0}\right|\%$. 在实际问题中,解释弹性的含义时也常略去"近似"二字.

在经济活动中,经常需要讨论需求对价格的弹性,因需求函数通常是价格的减函数,故需求函数的弹性一般为负值,这表明当某产品的价格上涨(或下跌)1% 时,其需求量将减少(或增加)$|\eta|\%$.

"弹性"是从物理学中类比而来的. 如果一个物体受到一个力的作用而发生变形,在这个作用力撤去后又恢复原状,那么就说该物体的特性是弹性的.影响产品需求量的"力"之一,就是它的价格,较高的价格会将需求量压到较低的数量,较低的价格又会将需求量弹回较高的数量.因此需求价格弹性可用来度量作为"力"的价格使需求量"变形"的程度.

在经济学中有如下定义:若某产品的需求价格弹性 $|\eta|>1$,则称该产品的需求量对价格**富有弹性**,即价格变化将引起需求量的较大变化;若 $|\eta|=1$,则称该产品具有**单位弹性**,即价格上涨的百分数与需求量下降的百分数相同;若 $|\eta|<1$,则称该产品的需求量对价格**缺乏弹性**,即价格变化只会引起需求量的微小变化.

例 2.5.5 某产品的需求量 Q 关于价格 p 的函数为 $Q=10-2p$,求 $p=3$ 时的需求价格弹性,并说明其经济意义.

解 由题意得

$$\eta=\frac{\mathrm{d}Q}{\mathrm{d}p}\cdot\frac{p}{Q}=-2\cdot\frac{p}{10-2p}=\frac{p}{p-5}.$$

当 $p=3$ 时,$\eta=-1.5$. 它表示当 $p=3$ 时,若价格上涨(或下跌)1%,则需求量将增加(或减少)1.5%.

习 题 2.5

1. 设生产某产品 x 单位的总成本函数为 $C(x)=100+\dfrac{x^3}{3}$,求生产 50 单位该产品的边际成本,并说明其经济意义.

2. 设某产品的需求函数为 $Q=Q(p)=1\,000-\dfrac{2}{3}p^2$,求 $p=15$ 时的边际需求,并说明其经济意义.

3. 设某产品的需求函数为 $x=x(p)=2\,000-5p$,求 $x=100$ 时的总收益和边际收益,并说明其经济意义.

4. 设某产品的需求量 x 与价格 p 的关系为 $p=2\,000-\dfrac{x^2}{100}$,总成本函数为 $C(x)=100+5x^2$,分别求需求量为 $x=100$ 和 $x=200$ 时的边际利润,并说明其经济意义.

5. 设某产品的需求量 Q 与价格 p 的关系为 $Q=200-5p$,求 $p=30$ 时的需求价格弹性 η,并说明其经济意义.

§2.6　MATLAB 在导数运算中的应用

在 MATLAB 中,求导是通过调用函数 diff() 来进行的,调用格式为

```
diff(f,x,n)
```

它表示对函数 f 求关于变量 x 的 n 阶导数.

> **注意**　f 与 x 两个变量均应该为符号变量,若省略 n,则将自动求一阶导数,若 f 为一元函数,则可省略 x.

例 2.6.1　求函数 $y = \dfrac{\sin x}{x^2 + 3x + 2}$ 的一阶导数与二阶导数.

解　[MATLAB 操作命令]

```
syms x                          %定义符号变量 x
y = sin(x)/(x^2+3* x+2);        %定义函数表达式
y1 = diff(y)                    %求函数的一阶导数
y2 = diff(y,2)                  %求函数的二阶导数
```

[MATLAB 输出结果]

```
y1 =
cos(x)/(x^2+3* x+2) -(sin(x)* (2* x+3))/(x^2+3* x+2)^2
y2 =
(2* sin(x)* (2* x+3)^2)/(x^2+3* x+2)^3-(2* sin(x))/(x^2+3* x+2)^2-
sin(x)/(x^2+3* x+2) -(2* cos(x)* (2* x+3))/(x^2+3* x+2)^2
```

习　题　2.6

1. 利用 MATLAB 求下列函数的导数:

(1) $y = \dfrac{\sqrt{x+3}}{\sqrt[3]{x-1}}$;

(2) $y = x^{\cos x}$;

(3) $y = (\sin x)^x$;

(4) $y = (x+2)^x$;

(5) $y = \dfrac{x(x-1)^2}{\sqrt{x+1}}$;

(6) $y = \dfrac{(x-1)(x+2)}{(x-3)^2}$;

(7) $y = \left(\dfrac{x+1}{x+2}\right)^x$;

(8) $y = \dfrac{\sqrt[3]{x+1}(x-2)^3}{(x+3)^2}$;

(9) $y = e^{\sin\frac{2x}{1+x^2}}$.

2.利用 MATLAB 求函数 $y = \sin^3 x$ 的三阶导数.

3.利用 MATLAB 求函数 $y = \ln(1+x)$ 的四阶导数.

4.已知函数 $y = (x^2+1)^{10}(x^9+x^3+1)$,利用 MATLAB 求 $y^{(29)}$.

数学文化欣赏

微积分的产生

微积分的产生源于一种实践需求 ——"近似代替",即以直代曲.以直代曲是指在很小的自变量范围内用直线段来近似代替曲线段.研究发现,用内接正四边形的周长代替圆的周长,误差非常大,用内接正八边形的周长代替圆的周长,误差小一些,用内接正十六边形的周长代替圆的周长,误差再小一些,用内接正三十二边形的周长代替圆的周长,误差更小,而用内接正六十四边形的周长代替圆的周长,就相当接近圆的周长了.那么,近似代替应该细分到什么程度才是理想的呢? 当然是让误差无限接近于零的状态才是最好的.微积分就是源于解决这类问题而产生的,其主要思想是要使近似代替的误差无限接近于零且计算能尽量简单.关于求任意曲线的切线问题也是微分学思想的经典起源之一.许多数学家都给出了各种用微分思想求切线的方法,只有莱布尼茨(Leibniz)明确提到了切线的斜率.

历史上,微积分学曾经是两门分开的学科,分别独立为微分学和积分学,人们在很长一段时期内并没有把它们联系起来.17 世纪下半叶,牛顿(Newton)和莱布尼茨才发现微分与积分是两个互逆的运算过程,并提出著名的牛顿-莱布尼茨公式,使得微分学和积分学统一为微积分学.此后,微积分在很长一段历史时期里仍然存在着理论上的缺陷,在某些问题上甚至达到无法自圆其说的地步.19 世纪初,先是以柯西(Cauchy)为首的数学家们为微积分理论建立了极限理论基础,后来又经过数学家魏尔斯特拉斯(Weierstrass)等人进一步严格化,微积分才发展为今天成熟的无懈可击的理论体系.由此可见,微积分学是众多数学家的成果合集.

总习题 2

一、单选题

1.设 $f(0) = 0$,且极限 $\lim\limits_{x \to 0} \dfrac{f(x)}{x}$ 存在,则 $\lim\limits_{x \to 0} \dfrac{f(x)}{x} = ($　　$)$.

A. $f'(x)$　　　　B. $f'(0)$　　　　C. $f(0)$　　　　D. $\dfrac{1}{2}f'(0)$

2.设函数 $f(x)$ 在点 $x = 1$ 处可导,且 $\lim\limits_{\Delta x \to 0} \dfrac{f(1+\Delta x) - f(1)}{\Delta x} = \dfrac{1}{2}$,则 $f'(1) = ($　　　$)$.

A. $-\dfrac{1}{2}$ B. $-\dfrac{1}{4}$ C. $\dfrac{1}{4}$ D. $\dfrac{1}{2}$

3. 设函数 $f(x)$ 在点 x_0 处可导,且 $f(x_0)=1$,则 $\lim\limits_{x\to x_0}f(x)=($).

A. 1 B. x_0 C. $f'(x_0)$ D. 不存在

4. 函数 $f(x)$ 在点 x_0 处连续是其在点 x_0 处可导的( ).

A. 必要条件 B. 充分条件 C. 充要条件 D. 无关条件

5. 设函数 $f(x)=x\ln 2x$,且 $f'(x_0)=2$,则 $f(x_0)=($).

A. $2e^{-1}$ B. 1 C. $\dfrac{1}{2}e$ D. e

6. 若函数 $f(u)$ 可导,且 $y=f(e^x)$,则有( ).

A. $dy=f'(e^x)\,dx$ B. $dy=f'(e^x)\,d(e^x)$

C. $dy=[f(e^x)]'\,d(e^x)$ D. $dy=f(e^x)e^x\,dx$

7. 设对于任意的 x 都有 $f(-x)=-f(x)$. 若 $f'(-x_0)=k\neq0$,则 $f'(x_0)=($).

A. k B. $-k$ C. $\dfrac{1}{k}$ D. $-\dfrac{1}{k}$

8. 函数 $f(x)=|x-1|$ 在点 $x=1$ 处( ).

A. 连续 B. 不连续 C. 可导 D. 可微

二、填空题

1. 已知函数 $f(x)$ 在点 $x=1$ 处连续,且 $\lim\limits_{x\to 1}\dfrac{f(x)}{x-1}=2$,则 $f'(1)=$_____.

2. 设函数 $f(x)=(x-1)\varphi(x)$,其中,函数 $\varphi(x)$ 在点 $x=1$ 处可导且 $\varphi(1)=2$,则 $f'(1)=$_____.

3. 设函数 $y=f(x)$ 在点 x_0 处可导,当自变量 x 由 x_0 增加到 $x_0+\Delta x$ 时,记 Δy 为函数 $y=f(x)$ 的增量,dy 为函数 $y=f(x)$ 的微分,则 $\lim\limits_{\Delta x\to 0}\dfrac{\Delta y-dy}{\Delta x}=$_____.

4. 对于任意的 x,都有 $f(1+x)=2f(x)$,且 $f(0)=1$,$f'(0)=a$(a 为常数),则 $f'(1)=$_____.

5. 已知函数 $f(x)=(x-a)(x-b)(x-c)$,且 $f'(x_0)=(c-a)(c-b)$,则必有 $x_0=$_____.

三、计算题

1. 求下列函数的导数:

(1) $y=\cos(3x+5)$; (2) $y=e^{\sqrt[3]{x}-2}$;

(3) $y=\cot(3x+\sqrt{x})$; (4) $y=\ln(\sin x+\cos x)$;

(5) $y=e^{\sin x+\tan x}$; (6) $y=\cot^2 x$;

(7) $y=\arccos\sqrt{x}$; (8) $y=e^{\tan^2 x}$.

(9) $y = \ln \cot(\mathrm{e}^x + \sqrt{x})$；

(10) $y = x^{\frac{3}{2}} \arccos x$；

(11) $y = x^{\frac{4}{3}} \operatorname{arccot} x$；

(12) $y = \dfrac{\mathrm{e}^x + 2x}{3\sin x + 4\cos x}$.

2. 求下列函数的二阶导数：

(1) $y = \cos^2 x$；

(2) $y = \cot(3x + \sqrt{x})$；

(3) $y = \ln(5x + \cos x)$；

(4) $y = \mathrm{e}^{\tan x}$.

3. 利用微分求下列各式的近似值：

(1) $\sqrt[5]{1.02}$；

(2) $\ln 1.05$；

(3) $\cos 58°$；

(4) $\tan 47°$.

四、应用题

1. 讨论函数 $f(x) = \begin{cases} x\sin\dfrac{1}{x}, & x \neq 0, \\ 0, & x = 0 \end{cases}$ 在点 $x = 0$ 处的连续性与可导性.

2. 已知某产品的总成本函数为 $C(x) = 50 + 2x$，销售量 x 与价格 p 的关系为 $x + 5p = 50$，求该产品的边际成本、边际收益和边际利润.

3. 有一个半径为 10 cm 的球，当其半径减少 0.02 cm 时，球的体积大约减少多少？

4. 某音响系统的需求函数为 $p = -0.2x + 5\,000$，求：

(1) 需求价格弹性 $E(p)$；

(2) $E(2\,000)$，并说明其经济意义.

5. 某民航公司根据近几年来 A 市与 B 市之间的航线数据发现，该航线的年总成本近似为航班数的二次函数，该航线的年总收益与航班数近似成正比. 当该航线无航班时，年总成本为 80 万元；当航班为 20 架次时，年总成本为 160 万元；当航班为 40 架次时，年总成本及年总收益都为 400 万元. 现该航线的航班为 25 架次，问：是否需要增加第 26 次航班？

6. 经调查研究发现，某地区的小麦产量 y 与化肥的投入量 x 的函数关系为 $y = -\dfrac{3}{5}x^2 + 60x + 150$，试分别求 $x = 30$ 和 $x = 80$ 时的边际产量.

7. 某公司经过市场调查发现，对产品投入 x 万元广告费之后可以卖出 y 件产品，其中，$y = -x^2 + 300x + 6$. 目前该公司已对产品投入广告费 100 万元，如果再投入 10 万元广告费，可以多卖出多少产品？

8. 某城市的人口 P 随时间 t（单位：年）逐渐增长，且 $P(t) = 0.5t^2 + 50$，求 20 年后该城市的人口增长率.

9. 某产品的供给 S 依赖于其市场价格 p，且 $S(p) = 0.08p^3 + 2p^2 + 10p + 11$（单位：件），当其价格从 20 元／件变到 21 元／件时，卖方将大约多供给多少产品？

10. 已知某药物剂量在人体内的浓度（单位：μg/mL）随时间 t（单位：h）的变化可以用函数 $N(t) = \dfrac{0.8t + 1\,000}{5t + 4}$ 来表示. 当时间从 5 h 变到 5.5 h 时，其在人体内的浓度大约变化了多少？

第3章 导数的应用

　　导数在生活中有着广泛的应用，它作为数学最基本、最主要的工具，维系着函数、极限、积分、概率、几何等数学知识.本章首先介绍微分中值定理，然后介绍导数的应用，包括求未定式极限的重要方法——洛必达（L'Hospital）法则、函数单调性与曲线凹凸性的判断方法、函数的极值与最值的求法及导数在经济学中的应用.

天将降大任于是人也，必先苦其心志……

——《孟子·告子下》

§3.1 预 备 定 理

一、罗尔中值定理

费马(Fermat)引理 设函数 $f(x)$ 在点 x_0 的某邻域 $U(x_0)$ 内有定义,且在点 x_0 处可导.若对于任一 $x \in U(x_0)$,有 $f(x) \leqslant f(x_0)$(或 $f(x) \geqslant f(x_0)$),则 $f'(x_0) = 0$.

通常称导数等于零的点为函数的**驻点**.由费马引理可知,可导函数的局部最值点必为驻点.其几何意义是:可导函数的局部最值点的切线平行于 x 轴.

费马引理的证明

罗尔(Rolle)中值定理 设函数 $f(x)$ 满足条件:

(1) 在闭区间 $[a, b]$ 上连续,

(2) 在开区间 (a, b) 内可导,

(3) $f(a) = f(b)$,

则在开区间 (a, b) 内至少存在一点 ξ,使得 $f'(\xi) = 0$.

罗尔中值定理的几何意义是:若连续函数 $y = f(x)$ 在闭区间 $[a, b]$ 上的图形是一条光滑曲线弧 $\overset{\frown}{AB}$,此曲线弧上的每一点处都存在不垂直于 x 轴的切线,弧段两端点的高度相等,则可发现在曲线弧 $\overset{\frown}{AB}$ 上至少存在一点 C,曲线弧在点 C 处的切线平行于 x 轴,即该点处的切线斜率为 $f'(\xi) = 0$,如图 3.1.1 所示.

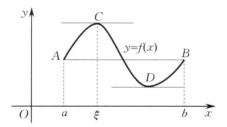

图 3.1.1 罗尔中值定理的几何意义

罗尔中值定理的证明

例 3.1.1 设函数 $f(x) = (x-1)(x-2)(x-3)$,利用罗尔中值定理判断方程 $f'(x) = 0$ 有几个实根,并指出其所在范围.

解 因 $f(x) = (x-1)(x-2)(x-3)$ 是一元三次函数,故 $f'(x) = 0$ 是一元二次方程,最多有两个实根.又函数 $f(x)$ 在闭区间 $[1, 2]$ 上连续,在开区间 $(1, 2)$ 内可导,且 $f(1) = f(2) = 0$,故由罗尔中值定理可知,存在 $\xi_1 \in (1, 2)$,使得 $f'(\xi_1) = 0$,即 ξ_1 是方程 $f'(x) = 0$ 的一个实根.同理可知,方程 $f'(x) = 0$ 还有一个实根 ξ_2 属于开区间 $(2, 3)$.

因此方程 $f'(x) = 0$ 有且仅有两个实根,它们分别属于开区间 $(1, 2)$ 和 $(2, 3)$.

二、拉格朗日中值定理

罗尔中值定理中 $f(a)=f(b)$ 这个条件是相当特殊的,它使罗尔中值定理的应用受到限制. 如果将此条件去掉,并保留其余两个条件,就得到微分学中十分重要的拉格朗日(Lagrange)中值定理.

拉格朗日中值定理 设函数 $f(x)$ 满足条件:

(1) 在闭区间 $[a,b]$ 上连续,

(2) 在开区间 (a,b) 内可导,

则在开区间 (a,b) 内至少存在一点 ξ,使得

$$f'(\xi)=\frac{f(b)-f(a)}{b-a}. \tag{3.1.1}$$

拉格朗日中值定理的几何意义是:若连续曲线弧 $\overset{\frown}{AB}$ 上除端点外,处处有不垂直于 x 轴的切线,则曲线弧上至少存在一点 C,使得过点 C 的切线平行于弦 $\overline{AB}$,如图 3.1.2 所示.

拉格朗日中值
定理的证明

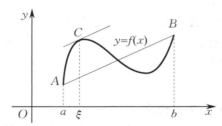

图 3.1.2 拉格朗日中值定理的几何意义

当 $f(a)=f(b)$ 时,就得到了罗尔中值定理,即罗尔中值定理是拉格朗日中值定理的特例.

> **说明**
>
> 由式(3.1.1)可得
> $$f(b)-f(a)=f'(\xi)(b-a),$$
> 一般称之为**拉格朗日中值公式**,此公式对于 $b<a$ 也成立. 拉格朗日中值公式反映了可导函数在闭区间 $[a,b]$ 上的整体平均变化率与在开区间 (a,b) 内的点 ξ 处的局部变化率的关系.

拉格朗日中值定理在微分学中占有重要地位,通常也称为**微分中值定理**. 它给出了函数增量 Δy 与自变量增量 Δx 通过导数建立的一个精确关系式,这就为通过导数来研究函数的性态提供了极大的方便.

由第 2 章我们知道,如果函数 $f(x)$ 在某一区间上是一个常数,那么其在该区间上的导数恒为零. 下面给出它的逆命题.

推论 1 若函数 $f(x)$ 在区间 I 上的导数恒为零,则其在区间 I 上是一个常数.

由推论 1 可得以下结论.

推论 2 若函数 $f(x)$ 与 $g(x)$ 在区间 I 上满足 $f'(x)\equiv g'(x)$,则在区间 I 上,有

$$f(x)=g(x)+C \quad (C \text{ 为常数}).$$

例 3.1.2 利用拉格朗日中值定理证明不等式

$$\frac{b-a}{b} < \ln\frac{b}{a} < \frac{b-a}{a} \quad (0 < a < b).$$

证明 设函数 $f(x) = \ln x$，则其在闭区间 $[a, b]$ 上连续，在开区间 (a, b) 内可导，由拉格朗日中值定理可知

$$f(b) - f(a) = f'(\xi)(b - a) \quad (a < \xi < b),$$

即

$$\ln b - \ln a = \frac{1}{\xi}(b - a) \quad (a < \xi < b).$$

由于 $a < \xi < b$，因此 $\frac{1}{b} < \frac{1}{\xi} < \frac{1}{a}$，从而有

$$\frac{b-a}{b} < \ln b - \ln a < \frac{b-a}{a},$$

即

$$\frac{b-a}{b} < \ln\frac{b}{a} < \frac{b-a}{a}.$$

三、柯西中值定理

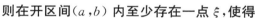**柯西中值定理** 设函数 $f(x)$ 和 $g(x)$ 满足条件：

(1) 在闭区间 $[a, b]$ 上连续，

(2) 在开区间 (a, b) 内可导，

(3) $g'(x)$ 在开区间 (a, b) 内的每一点处均不为零，

则在开区间 (a, b) 内至少存在一点 ξ，使得

柯西中值定理
的证明

$$\frac{f(b) - f(a)}{g(b) - g(a)} = \frac{f'(\xi)}{g'(\xi)}. \tag{3.1.2}$$

特别地，当 $g(x) = x$ 时，式(3.1.2)可化为 $f(b) - f(a) = f'(\xi)(b - a)$，$\xi \in (a, b)$，故拉格朗日中值定理是柯西中值定理的特例.

习 题 3.1

1. 下列函数在所给区间上是否满足罗尔中值定理的条件？若满足，求出定理中的点 ξ：

(1) $f(x) = x^2 - 4x + 3$，$[1, 3]$；

(2) $f(x) = \dfrac{1}{1 + x^2}$，$[-2, 2]$；

(3) $f(x) = x\sqrt{3 - x}$，$[0, 3]$；

(4) $f(x) = \sqrt[3]{x^2}$，$[-1, 1]$.

2. 证明：方程 $x^5 - 5x + 1 = 0$ 有且仅有一个小于1的正根.

3. 应用拉格朗日中值定理证明下列不等式：

(1) $e^x > ex \quad (x > 1)$；

(2) $\dfrac{x}{1 + x} < \ln(1 + x) < x \quad (x > 0)$；

(3) $|\sin b - \sin a| \leqslant |b - a|$.

§3.2　洛必达法则

在 x 的某个变化过程(记为 $x \to \beta$)中,如果函数 $f(x)$ 与 $g(x)$ 都趋于零或都趋于无穷大,那么 $\lim\limits_{x \to \beta} \dfrac{f(x)}{g(x)}$ 可能存在,也可能不存在,通常把这两类极限分别称为 $\dfrac{0}{0}$ 型未定式和 $\dfrac{\infty}{\infty}$ 型未定式.下面介绍求这两类极限的一种简单且重要的方法,即洛必达法则.

一、$\dfrac{0}{0}$ 型和 $\dfrac{\infty}{\infty}$ 型未定式

定理 3.2.1(洛必达法则)　设函数 $f(x)$ 和 $g(x)$ 同时满足条件:

洛必达法则
的证明

(1) 当 $x \to a$ 时,函数 $f(x)$ 和 $g(x)$ 都趋于零(或都趋于 ∞),

(2) 在点 a 的某去心邻域内,$f'(x)$ 和 $g'(x)$ 都存在且 $g'(x) \neq 0$,

(3) $\lim\limits_{x \to a} \dfrac{f'(x)}{g'(x)}$ 存在(或为 ∞),

则

$$\lim_{x \to a} \frac{f(x)}{g(x)} = \lim_{x \to a} \frac{f'(x)}{g'(x)}.$$

注意

(1) 若 $\lim\limits_{x \to a} \dfrac{f'(x)}{g'(x)}$ 仍属于 $\dfrac{0}{0}$ 型未定式 $\left(\text{或} \dfrac{\infty}{\infty} \text{型未定式}\right)$,且 $f'(x)$ 和 $g'(x)$ 都满足洛必达法则的条件,则可继续使用洛必达法则,即

$$\lim_{x \to a} \frac{f(x)}{g(x)} = \lim_{x \to a} \frac{f'(x)}{g'(x)} = \lim_{x \to a} \frac{f''(x)}{g''(x)}.$$

(2) 对于 x 的其他变化过程(如 $x \to a^+$,$x \to a^-$,$x \to \infty$,$x \to +\infty$ 或 $x \to -\infty$)中的 $\dfrac{0}{0}$ 型未定式,以及 x 的各种变化过程中的 $\dfrac{\infty}{\infty}$ 型未定式,也有相应的洛必达法则.

例 3.2.1　求极限 $\lim\limits_{x \to 0} \dfrac{\mathrm{e}^{4x} - 1}{3x}$.

解　此极限为 $\dfrac{0}{0}$ 型未定式,有

$$\lim_{x \to 0} \frac{\mathrm{e}^{4x} - 1}{3x} = \lim_{x \to 0} \frac{(\mathrm{e}^{4x} - 1)'}{(3x)'} = \lim_{x \to 0} \frac{4\mathrm{e}^{4x}}{3} = \frac{4}{3}.$$

例 3.2.2　求极限 $\lim\limits_{x \to 1} \dfrac{x^3 - 3x + 2}{x^3 - x^2 - x + 1}$.

解　此极限为 $\dfrac{0}{0}$ 型未定式,有

$$\lim_{x\to 1}\frac{x^3-3x+2}{x^3-x^2-x+1}=\lim_{x\to 1}\frac{3x^2-3}{3x^2-2x-1}=\lim_{x\to 1}\frac{6x}{6x-2}=\frac{3}{2}.$$

> **注意** 每次使用洛必达法则之前应检查极限是否为 $\frac{0}{0}$ 型未定式或 $\frac{\infty}{\infty}$ 型未定式,若不是,则不能使用洛必达法则.例 3.2.2 中 $\lim\limits_{x\to 1}\frac{6x}{6x-2}$ 已经不是 $\frac{0}{0}$ 型未定式或 $\frac{\infty}{\infty}$ 型未定式,因此不能再用洛必达法则.

例 3.2.3 求极限 $\lim\limits_{x\to+\infty}\dfrac{x}{3^x}$.

解 此极限为 $\frac{\infty}{\infty}$ 型未定式,有

$$\lim_{x\to+\infty}\frac{x}{3^x}=\lim_{x\to+\infty}\frac{1}{3^x\ln 3}=0.$$

例 3.2.4 求极限 $\lim\limits_{x\to+\infty}\dfrac{\ln x}{x^n}(n>0)$.

解 此极限为 $\frac{\infty}{\infty}$ 型未定式,有

$$\lim_{x\to+\infty}\frac{\ln x}{x^n}=\lim_{x\to+\infty}\frac{\frac{1}{x}}{nx^{n-1}}=\lim_{x\to+\infty}\frac{1}{nx^n}=0.$$

例 3.2.5 求极限 $\lim\limits_{x\to 0}\dfrac{\sin x-x}{x^2\tan x}$.

解 当 $x\to 0$ 时,$\tan x\sim x$,则有

$$\lim_{x\to 0}\frac{\sin x-x}{x^2\tan x}=\lim_{x\to 0}\frac{\sin x-x}{x^3}=\lim_{x\to 0}\frac{\cos x-1}{3x^2}\quad\left(1-\cos x\sim\frac{1}{2}x^2\right)$$
$$=\lim_{x\to 0}\frac{-\frac{1}{2}x^2}{3x^2}=-\frac{1}{6}.$$

例 3.2.6 求极限 $\lim\limits_{x\to 0}\dfrac{3x-\sin 3x}{(1-\cos x)\ln(1+2x)}$.

解 当 $x\to 0$ 时,$1-\cos x\sim\frac{1}{2}x^2$,$\ln(1+2x)\sim 2x$,则有

$$\lim_{x\to 0}\frac{3x-\sin 3x}{(1-\cos x)\ln(1+2x)}=\lim_{x\to 0}\frac{3x-\sin 3x}{x^3}=\lim_{x\to 0}\frac{3-3\cos 3x}{3x^2}$$
$$=\lim_{x\to 0}\frac{3\sin 3x}{2x}=\frac{9}{2}.$$

在应用洛必达法则求极限时,可注意化简、应用等价无穷小替换等,以使计算简便.

二、其他类型的未定式

除 $\frac{0}{0}$ 型未定式和 $\frac{\infty}{\infty}$ 型未定式外,还有 $0\cdot\infty,\infty-\infty,0^0,1^\infty,\infty^0$ 等类型的未定式,一般可

先将它们化为 $\dfrac{0}{0}$ 型未定式或 $\dfrac{\infty}{\infty}$ 型未定式,再运用洛必达法则.

(1) $0 \cdot \infty$ 型未定式转化步骤:$0 \cdot \infty$ 型 $\Rightarrow \dfrac{\infty}{\frac{1}{0}}$ 型或 $0 \cdot \infty$ 型 $\Rightarrow \dfrac{0}{\frac{1}{\infty}}$ 型.

例 3.2.7 求极限 $\lim\limits_{x \to 0^+} x \ln x$.

解 此极限为 $0 \cdot \infty$ 型未定式,可化成 $\dfrac{\infty}{\infty}$ 型未定式后再应用洛必达法则,有

$$\lim_{x \to 0^+} x \ln x = \lim_{x \to 0^+} \frac{\ln x}{\frac{1}{x}} = \lim_{x \to 0^+} \frac{\frac{1}{x}}{-\frac{1}{x^2}} = -\lim_{x \to 0^+} x = 0.$$

> **注意** 若将极限 $\lim\limits_{x \to 0^+} x \ln x$ 化成 $\dfrac{0}{0}$ 型未定式,则得不出结果. 由此可知,将 $0 \cdot \infty$ 型未定式化成 $\dfrac{\infty}{\infty}$ 型未定式还是 $\dfrac{0}{0}$ 型未定式应有所选择.

(2) $\infty - \infty$ 型未定式转化步骤:$\infty - \infty$ 型 $\Rightarrow \dfrac{1}{0} - \dfrac{1}{0}$ 型 $\Rightarrow \dfrac{0-0}{0 \cdot 0}$ 型.

例 3.2.8 求极限 $\lim\limits_{x \to 0} \left(\dfrac{1}{\sin x} - \dfrac{1}{x} \right)$.

解 此极限为 $\infty - \infty$ 型未定式,可通分化成 $\dfrac{0}{0}$ 型未定式来计算,有

$$\lim_{x \to 0} \left(\frac{1}{\sin x} - \frac{1}{x} \right) = \lim_{x \to 0} \frac{x - \sin x}{x \sin x} = \lim_{x \to 0} \frac{x - \sin x}{x^2}$$

$$= \lim_{x \to 0} \frac{1 - \cos x}{2x} = \lim_{x \to 0} \frac{\frac{1}{2} x^2}{2x} = 0.$$

(3) $0^0, 1^\infty, \infty^0$ 型未定式转化步骤:$0^0, 1^\infty, \infty^0$ 型 $\Rightarrow 0 \cdot \infty$ 型.

先将 $0^0, 1^\infty, \infty^0$ 型未定式化成以 e 为底的指数函数的极限,再利用指数函数的连续性,转化成求指数函数的指数的极限. 具体做法如下:

$$\lim_{x \to \beta} f(x)^{g(x)} = \lim_{x \to \beta} \mathrm{e}^{\ln f(x)^{g(x)}} = \lim_{x \to \beta} \mathrm{e}^{g(x) \ln f(x)} = \mathrm{e}^{\lim\limits_{x \to \beta} g(x) \ln f(x)} \quad (f(x) > 0).$$

例 3.2.9 求极限 $\lim\limits_{x \to 0^+} x^x$.

解 此极限为 0^0 型未定式,有

$$\lim_{x \to 0^+} x^x = \lim_{x \to 0^+} \mathrm{e}^{x \ln x} = \mathrm{e}^{\lim\limits_{x \to 0^+} x \ln x}.$$

而由例 3.2.7 可知,$\lim\limits_{x \to 0^+} x \ln x = 0$,所以

$$\lim_{x \to 0^+} x^x = \mathrm{e}^0 = 1.$$

例 3.2.10 求极限 $\lim\limits_{x \to 1} x^{\frac{1}{1-x}}$.

解 此极限为 1^{∞} 型未定式,有

$$\lim_{x \to 1} x^{\frac{1}{1-x}} = \lim_{x \to 1} e^{\frac{1}{1-x} \ln x} = e^{\lim\limits_{x \to 1} \frac{\ln x}{1-x}}.$$

而 $\lim\limits_{x \to 1} \dfrac{\ln x}{1-x} = \lim\limits_{x \to 1} \dfrac{\frac{1}{x}}{-1} = -1$,所以

$$\lim_{x \to 1} x^{\frac{1}{1-x}} = e^{-1} = \frac{1}{e}.$$

例 3.2.11 求极限 $\lim\limits_{x \to 0^+} (\cot x)^{\frac{1}{\ln x}}$.

解 此极限为 ∞^0 型未定式,有

$$\lim_{x \to 0^+} (\cot x)^{\frac{1}{\ln x}} = \lim_{x \to 0^+} e^{\frac{1}{\ln x} \ln \cot x} = e^{\lim\limits_{x \to 0^+} \frac{\ln \cot x}{\ln x}}.$$

而 $\lim\limits_{x \to 0^+} \dfrac{\ln \cot x}{\ln x} = \lim\limits_{x \to 0^+} \dfrac{\frac{1}{\cot x} \cdot (-\csc^2 x)}{\frac{1}{x}} = \lim\limits_{x \to 0^+} \dfrac{-x}{\cos x \sin x} = -1$,所以

$$\lim_{x \to 0^+} (\cot x)^{\frac{1}{\ln x}} = e^{-1} = \frac{1}{e}.$$

注意 洛必达法则给出了求未定式的极限的一种方法,当法则条件满足时,所求极限存在(或为 ∞),但当法则条件不满足时,所求极限不一定不存在,即当 $\lim\limits_{x \to \beta} \dfrac{f'(x)}{g'(x)}$ 不存在时(为 ∞ 的情况除外),$\lim\limits_{x \to \beta} \dfrac{f(x)}{g(x)}$ 仍可能存在.

例 3.2.12 求极限 $\lim\limits_{x \to \infty} \dfrac{x + \sin x}{x}$.

解 此极限为 $\dfrac{\infty}{\infty}$ 型未定式.因为 $\lim\limits_{x \to \infty} \dfrac{(x+\sin x)'}{x'} = \lim\limits_{x \to \infty} \dfrac{1 + \cos x}{1}$ 不存在,所以不能使用洛必达法则,但有

$$\lim_{x \to \infty} \frac{x + \sin x}{x} = \lim_{x \to \infty} \left(1 + \frac{1}{x} \sin x\right) = 1 + 0 = 1.$$

习 题 3.2

1.用洛必达法则求下列极限:

(1) $\lim\limits_{x \to 2} \dfrac{\sin x - \sin 2}{x - 2}$;

(2) $\lim\limits_{x \to 1} \dfrac{2x^3 - 3x^2 + 1}{x^3 - 3x + 2}$;

(3) $\lim\limits_{x \to 0} \dfrac{e^x - e^{-x} - 2x}{x - \sin x}$;

(4) $\lim\limits_{x \to 1} \dfrac{\ln x}{(1-x)^2}$;

(5) $\lim_{x \to 0} \dfrac{\tan x - x}{x - \sin x}$;

(6) $\lim_{x \to 0} \dfrac{2^x - 3^x}{x}$;

(7) $\lim_{x \to 0} \left(\dfrac{1}{e^x - 1} - \dfrac{1}{\sin x} \right)$;

(8) $\lim_{x \to 0^+} x^{\sin x}$;

(9) $\lim_{x \to 0^+} \dfrac{\ln \cot x}{\ln x}$;

(10) $\lim_{x \to \infty} x \left(e^{\frac{1}{x}} - 1 \right)$;

(11) $\lim_{x \to +\infty} \left(\dfrac{\pi}{2} - \arctan x \right)^{\frac{1}{x}}$;

(12) $\lim_{x \to 0} \left[\dfrac{1}{x} - \dfrac{1}{\ln(1+x)} \right]$;

(13) $\lim_{x \to 0} (\cos x)^{\frac{1}{x^2}}$;

(14) $\lim_{x \to 0^+} \left(\dfrac{1}{x} \right)^{\tan x}$.

2. 下列极限是否可用洛必达法则求出？试用恰当的方法求下列极限：

(1) $\lim_{x \to \infty} \dfrac{x + \cos x}{x}$;

(2) $\lim_{x \to +\infty} \dfrac{e^x - e^{-x}}{e^x + e^{-x}}$.

3. 若函数 $f(x)$ 有二阶导数，证明：

$$f''(x) = \lim_{h \to 0} \dfrac{f(x+h) - 2f(x) + f(x-h)}{h^2}.$$

§3.3　函数的单调性与曲线的凹凸性

单调性是函数的一个重要性质，一般利用单调性的定义判定函数的单调性是比较烦琐的，同时，曲线的凹凸性对描绘函数的大致图形来说很重要. 因此本节利用函数的导数来判定函数的单调性和曲线的凹凸性.

一、函数的单调性

如图 3.3.1 所示，如果函数 $y = f(x)$ 在闭区间 $[a, b]$ 上单调增加（或单调减少），那么它的图形是一条沿 x 轴正向上升（或下降）的曲线. 这时，曲线上各点处的切线斜率是非负的，即 $y' = f'(x) \geqslant 0$（或非正的，即 $y' = f'(x) \leqslant 0$）.

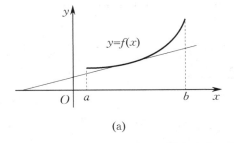
(a)

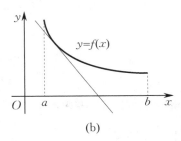
(b)

图 3.3.1　函数的单调性

由此可见，函数的单调性与导数的符号有着密切的关系. 下面给出用导数的符号来判定函

数单调性的结论.

定理 3.3.1 设函数 $f(x)$ 在闭区间 $[a,b]$ 上连续,在开区间 (a,b) 内可导. 若对于任意的 $x \in (a,b)$,恒有

$$f'(x) > 0 \quad (\text{或} f'(x) < 0)$$

成立,则函数 $f(x)$ 在开区间 (a,b) 内是单调增加(或单调减少)的.

由定理 3.3.1 得到判定函数 $f(x)$ 单调性的步骤如下:

(1) 指出函数 $f(x)$ 的定义域,求出 $f'(x)$;

(2) 求出函数 $f(x)$ 的驻点与导数不存在的点;

(3) 利用这些点将定义域划分为若干个子区间,根据 $f'(x)$ 在各个子区间上的符号来判定其单调性.

例 3.3.1 确定下列函数的单调区间:

(1) $y = x^3 - 3x + 1$; (2) $y = \dfrac{3}{2}\sqrt[3]{x^2} - x$;

(3) $y = \dfrac{2x}{(x-1)^2}$.

解 (1) 显然,该函数的定义域为 $(-\infty, +\infty)$. 令

$$y' = 3x^2 - 3 = 0,$$

得 $x_1 = -1, x_2 = 1$. 列表 3.3.1(表中符号"↗"表示函数单调增加,符号"↘"表示函数单调减少),判断如下:

表 3.3.1 讨论单调区间

x	$(-\infty, -1)$	-1	$(-1,1)$	1	$(1, +\infty)$
y'	$+$	0	$-$	0	$+$
y	↗		↘		↗

因此函数 $y = x^3 - 3x + 1$ 的单调增加区间为 $(-\infty, -1)$ 和 $(1, +\infty)$,单调减少区间为 $(-1,1)$.

(2) 显然,该函数的定义域为 $(-\infty, +\infty)$. 令

$$y' = \frac{1}{\sqrt[3]{x}} - 1 = 0,$$

得 $x_1 = 1$,并且其有不可导点 $x_2 = 0$. 列表 3.3.2,判断如下:

表 3.3.2 讨论单调区间

x	$(-\infty, 0)$	0	$(0,1)$	1	$(1, +\infty)$
y'	$-$	不可导	$+$	0	$-$
y	↘		↗		↘

因此函数 $y = \dfrac{3}{2}\sqrt[3]{x^2} - x$ 的单调增加区间为 $(0,1)$,单调减少区间为 $(-\infty, 0)$ 和 $(1, +\infty)$.

(3) 显然,该函数的定义域为 $(-\infty, 1) \bigcup (1, +\infty)$. 令

$$y' = \frac{2(x-1)^2 - 2x \cdot 2(x-1)}{(x-1)^4} = -\frac{2(x+1)}{(x-1)^3} = 0,$$

得 $x = -1$. 列表 3.3.3,判断如下:

表 3.3.3　讨论单调区间

x	$(-\infty, -1)$	-1	$(-1,1)$	$(1,+\infty)$
y'	$-$	0	$+$	$-$
y	↘		↗	↘

因此函数 $y = \dfrac{2x}{(x-1)^2}$ 的单调增加区间为 $(-1,1)$,单调减少区间为 $(-\infty, -1)$ 和 $(1,+\infty)$.

二、曲线的凹凸性与拐点

1. 曲线凹凸性的概念

在函数图形上,函数的单调性反映为曲线的上升或下降,但还不能反映曲线的弯曲方向. 因此,为了更精确地描述函数图形,考察它的弯曲方向及扭转弯曲方向的点是很有必要的. 从几何上看,在某区间内[见图 3.3.2(a)]的曲线 $y = f(x)$ 上任取两点,连接此两点,若弧段位于所张弦的下方,则称**该曲线在这个区间上是凹的**;在图 3.3.2(b) 的曲线 $y = f(x)$ 上任取两点,连接此两点,若弧段位于所张弦的上方,则称**该曲线在这个区间上是凸的**.

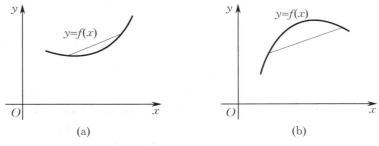

图 3.3.2　曲线的凹凸性

2. 曲线凹凸性的判定

不难看出,对于凹曲线,当自变量 x 从小变大时,其切线的斜率是增加的,即 $f'(x)$ 是单调增加的,若二阶导数存在,则必有 $f''(x) > 0$. 对于凸曲线,显然有相反的结论. 于是有下述判定曲线凹凸性的定理.

定理 3.3.2　设函数 $y = f(x)$ 在闭区间 $[a, b]$ 上连续,在开区间 (a, b) 内具有一阶和二阶导数.

(1) 若在开区间 (a, b) 内恒有 $f''(x) > 0$,则曲线 $y = f(x)$ 在闭区间 $[a, b]$ 上是凹的.

(2) 若在开区间 (a, b) 内恒有 $f''(x) < 0$,则曲线 $y = f(x)$ 在闭区间 $[a, b]$ 上是凸的.

连续曲线 $y = f(x)$ 上的凹弧段与凸弧段的分界点称为曲线的**拐点**.

> **注意**　因为拐点是凹弧段与凸弧段的分界点,所以在拐点的左、右邻近,$f''(x)$ 必然异号. 而在拐点处,若 $f''(x)$ 存在,则 $f''(x) = 0$;或者在拐点处,$f''(x)$ 不存在.

由上述讨论可归纳出判定曲线 $y=f(x)$ 凹凸性并求其拐点的步骤如下：

(1) 指出函数 $y=f(x)$ 的定义域,求出 $f''(x)$;

(2) 求出使 $f''(x)=0$ 的点和 $f''(x)$ 不存在的点;

(3) 利用这些点将函数的定义域划分成若干个子区间,根据 $f''(x)$ 在各个子区间上的符号来判定曲线的凹凸性并求其拐点.

例 3.3.2 求曲线 $y=3x^4-4x^3+1$ 的凹凸区间及拐点.

解 函数 $y=3x^4-4x^3+1$ 的定义域为 $(-\infty,+\infty)$. 因为

$$y'=12x^3-12x^2, \quad y''=36x^2-24x=36x\left(x-\frac{2}{3}\right),$$

所以由 $y''=0$ 可得, $x_1=0, x_2=\frac{2}{3}$. 列表 3.3.4(表中符号"$\cup$"表示曲线是凹的,符号"$\cap$"表示曲线是凸的),判断如下:

表 3.3.4　讨论凹凸区间

x	$(-\infty,0)$	0	$\left(0,\frac{2}{3}\right)$	$\frac{2}{3}$	$\left(\frac{2}{3},+\infty\right)$
y''	$+$	0	$-$	0	$+$
$y=3x^4-4x^3+1$	$\cup$	$(0,1)$	$\cap$	$\left(\frac{2}{3},\frac{11}{27}\right)$	$\cup$

因此曲线 $y=3x^4-4x^3+1$ 的凸区间为 $\left(0,\frac{2}{3}\right)$,凹区间为 $(-\infty,0)$ 和 $\left(\frac{2}{3},+\infty\right)$,拐点为 $(0,1)$ 和 $\left(\frac{2}{3},\frac{11}{27}\right)$.

例 3.3.3 求曲线 $y=(x-2)^{\frac{5}{3}}-\frac{5}{9}x^2$ 的凹凸区间及拐点.

解 函数 $y=(x-2)^{\frac{5}{3}}-\frac{5}{9}x^2$ 的定义域为 $(-\infty,+\infty)$. 因为

$$y'=\frac{5}{3}(x-2)^{\frac{2}{3}}-\frac{10}{9}x, \quad y''=\frac{10}{9}(x-2)^{-\frac{1}{3}}-\frac{10}{9},$$

所以由 $y''=0$ 可得, $x=3$. 当 $x=2$ 时, y'' 不存在. 列表 3.3.5,判断如下:

表 3.3.5　讨论凹凸区间

x	$(-\infty,2)$	2	$(2,3)$	3	$(3,+\infty)$
y''	$-$	不存在	$+$	0	$-$
$y=(x-2)^{\frac{5}{3}}-\frac{5}{9}x^2$	$\cap$	$\left(2,-\frac{20}{9}\right)$	$\cup$	$(3,-4)$	$\cap$

因此曲线 $y=(x-2)^{\frac{5}{3}}-\frac{5}{9}x^2$ 的凸区间为 $(-\infty,2)$ 和 $(3,+\infty)$,凹区间为 $(2,3)$,拐点为 $\left(2,-\frac{20}{9}\right)$ 和 $(3,-4)$.

习 题 3.3

1. 判定下列函数的单调性：

(1) $y = \arctan x - x$；

(2) $y = \ln(x + \sqrt{1 + x^2})$；

(3) $y = x + \cos x$.

2. 确定下列函数的单调区间：

(1) $y = 3x^2 + 6x + 5$；

(2) $y = 2x^3 - 4x^2$；

(3) $y = 2x^3 - 6x^2 - 18x - 7$；

(4) $y = 2x^3 - 9x^2 + 12x - 3$；

(5) $y = x - \ln(1 + x^2)$；

(6) $y = 2x + \dfrac{8}{x}$ $(x > 0)$；

(7) $y = x e^{-x}$；

(8) $y = \dfrac{2}{3} x - \sqrt[3]{x^2}$.

3. 证明：方程 $\sin x = x$ 有唯一实根.

4. 证明：当 $0 < x < \dfrac{\pi}{2}$ 时，$\tan x + \sin x > 2x$.

5. 求下列曲线的凹凸区间及拐点：

(1) $y = 2x^3 + 3x^2 - 12x + 14$；

(2) $y = x^2 - x^3$；

(3) $y = 2x^3 - 9x^2 + 12x - 3$；

(4) $y = \ln(1 + x^2)$；

(5) $y = x e^{-x}$；

(6) $y = (x - 1) x^{\frac{2}{3}}$.

§3.4 函数的极值、最大值与最小值

在生产、工程设计、科学研究与经营管理等领域，常常遇到这样一类问题：在一定条件下，怎样使"产量最高""利润最大""容积最大""用料最省""成本最低""路程最短" 等. 这类问题有时可归结为求某个函数 $f(x)$（通常称为目标函数）的最大值或最小值问题. 本节主要介绍函数的极值、最大值与最小值的概念及求法.

一、函数的极值

定义 3.4.1 设函数 $f(x)$ 在点 x_0 的某邻域内有定义. 若对于该邻域内的任一异于 x_0 的点 x，恒有

$$f(x) < f(x_0) \quad (\text{或 } f(x) > f(x_0)),$$

则称点 x_0 为函数 $f(x)$ 的一个**极大值点**（或**极小值点**），并称 $f(x_0)$ 为函数 $f(x)$ 的**极大值**（或**极小值**）.

函数的极小值点与极大值点统称为**极值点**，函数的极小值与极大值统称为**极值**.

注意	极值是一个局部概念，即极大（小）值只是局部最大（小）值，而不是整体最大（小）值.

下面讨论函数取得极值的必要条件和充分条件.

定理 3.4.1（必要条件）　设函数 $f(x)$ 在点 x_0 处可导且在点 x_0 处取得极值,则
$$f'(x_0)=0.$$

可导函数 $f(x)$ 的极值点必定是其驻点.但反之则不成立,即函数 $f(x)$ 的驻点不一定是其极值点.例如,考察函数 $f(x)=x^3$ 在点 $x=0$ 处的情况,显然,$x=0$ 是其驻点,但 $x=0$ 不是其极值点.另外,函数的极值点也可能是导数不存在的点.

定理 3.4.2（第一充分条件）　设函数 $f(x)$ 在点 x_0 处连续,在点 x_0 的某去心邻域 $\overset{\circ}{U}(x_0,\delta)$ 内可导.

（1）当 $x\in(x_0-\delta,x_0)$ 时,$f'(x)>0$,而当 $x\in(x_0,x_0+\delta)$ 时,$f'(x)<0$,则函数 $f(x)$ 在点 x_0 处取得极大值.

（2）当 $x\in(x_0-\delta,x_0)$ 时,$f'(x)<0$,而当 $x\in(x_0,x_0+\delta)$ 时,$f'(x)>0$,则函数 $f(x)$ 在点 x_0 处取得极小值.

（3）当 $x\in\overset{\circ}{U}(x_0,\delta)$ 时,$f'(x)$ 不改变符号,则函数 $f(x)$ 在点 x_0 处无极值.

根据定理 3.4.1 和定理 3.4.2,可得确定函数 $f(x)$ 的极值点和极值的步骤如下:

（1）指出函数 $f(x)$ 的定义域,求出 $f'(x)$;

（2）求出 $f'(x)$ 的全部驻点,并找出函数 $f(x)$ 的不可导点;

（3）利用这些点将函数的定义域划分成若干个子区间,根据 $f'(x)$ 在各个子区间上的符号,确定函数的极值点,求出每个极值点的函数值,即得函数的全部极值.

例 3.4.1　求函数 $f(x)=x^3-3x^2-9x+5$ 的极值.

解　函数 $f(x)$ 的定义域为 $(-\infty,+\infty)$.令
$$f'(x)=3x^2-6x-9=3(x+1)(x-3)=0,$$
得 $x_1=-1,x_2=3$.列表 3.4.1,判断如下:

表 3.4.1　讨论极值

x	$(-\infty,-1)$	-1	$(-1,3)$	3	$(3,+\infty)$
$f'(x)$	$+$	0	$-$	0	$+$
$f(x)$	↗	极大值	↘	极小值	↗

因此函数 $f(x)$ 的极大值为 $f(-1)=10$,极小值为 $f(3)=-22$.

例 3.4.2　求函数 $f(x)=x-\dfrac{3}{2}x^{\frac{2}{3}}$ 的极值.

解　函数 $f(x)$ 的定义域为 $(-\infty,+\infty)$.令
$$f'(x)=1-x^{-\frac{1}{3}}=1-\frac{1}{\sqrt[3]{x}}=0,$$
得 $x_1=1$,并且其有不可导点 $x_2=0$.列表 3.4.2,判断如下:

表 3.4.2　讨论极值

x	$(-\infty,0)$	0	$(0,1)$	1	$(1,+\infty)$
$f'(x)$	$+$	不可导	$-$	0	$+$
$f(x)$	↗	极大值	↘	极小值	↗

因此函数 $f(x)$ 的极大值为 $f(0)=0$,极小值为 $f(1)=-\dfrac{1}{2}$.

例 3.4.3 求函数 $f(x)=\sqrt[3]{x(1-x)^2}$ 的极值.

解 函数 $f(x)$ 的定义域为 $(-\infty,+\infty)$.令

$$f'(x)=\frac{1-3x}{3\sqrt[3]{x^2(1-x)}}=0,$$

得 $x_1=\dfrac{1}{3}$,并且其有不可导点 $x_2=0,x_3=1$.列表 3.4.3,判断如下:

表 3.4.3　讨论极值

x	$(-\infty,0)$	0	$\left(0,\dfrac{1}{3}\right)$	$\dfrac{1}{3}$	$\left(\dfrac{1}{3},1\right)$	1	$(1,+\infty)$
$f'(x)$	$+$	不可导	$+$	0	$-$	不可导	$+$
$f(x)$	↗	无极值	↗	极大值	↘	极小值	↗

因此函数 $f(x)$ 的极大值为 $f\left(\dfrac{1}{3}\right)=\dfrac{\sqrt[3]{4}}{3}$,极小值为 $f(1)=0$.

定理 3.4.3(第二充分条件) 设函数 $f(x)$ 在点 x_0 处具有二阶导数,且 $f'(x_0)=0$, $f''(x_0)\neq 0$,则

(1) 当 $f''(x_0)<0$ 时,函数 $f(x)$ 在点 x_0 处取得极大值;

(2) 当 $f''(x_0)>0$ 时,函数 $f(x)$ 在点 x_0 处取得极小值.

> **注意** 当 $f''(x_0)=0$ 时,点 x_0 可能是函数 $f(x)$ 的极值点,也可能不是. 一般地,当 $f''(x_0)=0$ 或 $f''(x_0)$ 不存在时,不能用定理 3.4.3 来判定,而应该用定理 3.4.2 来判定.

例 3.4.4 求函数 $f(x)=x^3-3x$ 的极值.

解 函数 $f(x)$ 的定义域为 $(-\infty,+\infty)$,且

$$f'(x)=3x^2-3=3(x-1)(x+1),\quad f''(x)=6x.$$

令 $f'(x)=0$,得驻点 $x_1=-1,x_2=1$.另外,函数 $f(x)$ 在定义域内无不可导点.

因为 $f''(-1)=-6<0$,所以函数 $f(x)$ 的极大值为 $f(-1)=6$.

因为 $f''(1)=6>0$,所以函数 $f(x)$ 的极小值为 $f(1)=-2$.

二、函数的最大值与最小值

设函数 $f(x)$ 在闭区间 $[a,b]$ 上连续,则其在闭区间 $[a,b]$ 上必有最大值和最小值. 最大值和最小值统称为最值. 显然,若函数 $f(x)$ 在开区间 (a,b) 内取得最值,则这个最值一定是其极值. 另外,函数的最值也有可能在区间端点处取得. 因此,求连续函数 $f(x)$ 在闭区间 $[a,b]$ 上的最值的步骤如下:

(1) 求出函数 $f(x)$ 在开区间 (a,b) 内的驻点和不可导点 $x_1,x_2,\cdots,x_n$;

(2) 计算并比较函数值 $f(a),f(x_1),f(x_2),\cdots,f(x_n),f(b)$ 的大小,其中,最大(小)者就是函数 $f(x)$ 在闭区间 $[a,b]$ 上的最大(小)值.

注意	若函数 $f(x)$ 在任意区间内都可导,且只有一个极值点 x_0,则当 $f(x_0)$ 是极大 (小)值时,$f(x_0)$ 就是函数 $f(x)$ 在该区间上的最大(小)值.

例 3.4.5　求函数 $f(x)=2x^3+3x^2-12x+14$ 在闭区间 $[-3,4]$ 上的最值.

解　令 $f'(x)=6x^2+6x-12=0$,得 $x_1=-2,x_2=1$. 由于

$$f(-3)=23, \quad f(-2)=34, \quad f(1)=7, \quad f(4)=142,$$

因此函数 $f(x)$ 在闭区间 $[-3,4]$ 上的最大值为 $f(4)=142$,最小值为 $f(1)=7$.

例 3.4.6　设某产品的价格函数为 $P(Q)=60-\dfrac{Q}{1\,000}$,其中,$Q$ 是产品的销售量(单位:件),P 是产品的价格(单位:元/件),总成本 C(单位:元)与销售量 Q 的关系为 $C(Q)=60\,000+20Q$,试问:当销售量为多少时利润最大？ 最大利润为多少？

解　依题意可知,总成本函数为

$$C(Q)=60\,000+20Q,$$

总收益函数为

$$R(Q)=P(Q)Q=\left(60-\frac{Q}{1\,000}\right)Q=60Q-\frac{Q^2}{1\,000},$$

总利润函数为

$$L(Q)=R(Q)-C(Q)=40Q-\frac{Q^2}{1\,000}-60\,000,$$

故

$$L'(Q)=40-\frac{Q}{500}.$$

令 $L'(Q)=0$,得 $Q=20\,000$. 由于驻点唯一,且 $L''(Q)=-\dfrac{1}{500}<0$,因此当销售量为 20 000 件时利润最大,最大利润为 $L(20\,000)=340\,000$(元).

例 3.4.7　有一块等腰直角三角形钢板,斜边长为 40 cm,欲从这块钢板中割下一块矩形,要求以斜边为矩形的一条边,问:如何截取才能使其面积最大？

解　设矩形在等腰直角三角形斜边上的一条边长为 x(单位:cm),则另一条边长为 $\dfrac{1}{2}(40-x)$,故矩形的面积为

$$S=\frac{1}{2}x(40-x)=20x-\frac{1}{2}x^2,$$

从而

$$\frac{\mathrm{d}S}{\mathrm{d}x}=20-x.$$

令 $\dfrac{\mathrm{d}S}{\mathrm{d}x}=0$,得 $x=20$. 由于驻点唯一,且 $\dfrac{\mathrm{d}^2S}{\mathrm{d}x^2}=-1<0$,因此 $x=20$ 为最大值点,即当截取的矩形在等腰直角三角形斜边上的一条边长为三角形斜边长的一半时,矩形的面积最大.

习 题 3.4

1. 求下列函数的极值：

(1) $y = 2x^2 - 2x + 3$；

(2) $y = 2x^3 - 9x^2 + 12x - 3$；

(3) $y = x^3 - 3x^2 + 7$；

(4) $y = 2x^3 - 6x^2 - 18x + 7$；

(5) $y = e^x + e^{-x}$；

(6) $y = x + \cos x$；

(7) $y = \dfrac{1}{5}x^5 - \dfrac{1}{3}x^3$；

(8) $y = 1 - (x-2)^{\frac{2}{3}}$.

2. 求下列函数的最值：

(1) $y = 2x^3 - 3x^2$，$-1 \leqslant x \leqslant 4$；

(2) $y = x - \sin x$，$0 \leqslant x \leqslant 2\pi$；

(3) $y = x + \dfrac{3}{2}x^{\frac{2}{3}}$，$-8 \leqslant x \leqslant \dfrac{1}{8}$.

3. 问：函数 $y = x^2 - \dfrac{54}{x}$ $(x < 0)$ 在何处取得最小值？并求出其最小值.

4. 设某产品的总成本函数和价格函数分别为

$$C(x) = 3\,800 + 5x - \frac{x^2}{1\,000}, \quad P(x) = 50 - \frac{x}{100},$$

试确定该产品的产量 x，以使利润达到最大.

5. 已知某厂生产 x 件产品的总成本为 $C = 25\,000 + 200x + \dfrac{1}{40}x^2$（单位：元），试问：若产品以 500 元／件售出，要使利润最大，应生产多少件产品？

6. 设某厂在一个周期内产品的产量 x 与其总成本 C 的关系为

$$C = C(x) = 1\,000 + 6x - 0.003x^2 + 0.000\,001x^3（单位：元），$$

根据市场调研得知，每单位产品的价格为 6 元，且全部能够售出，试求使利润最大的产量.

7. 将一块边长为 a 的正方形铁皮的四角各截去大小相同的小正方形，然后将四边折起做成一个无盖的方盒. 问：截掉的小正方形边长 x 为多大时，所得方盒容积最大？

8. 欲做一个容积为 V 的无盖圆柱形蓄水池，已知池底单位造价为周围单位造价的两倍，问：蓄水池的尺寸应怎样设计才能使总造价最低？

§3.5 MATLAB 在导数中的应用

本节主要介绍 MATLAB 在导数中的应用，主要利用函数极值的第二充分条件，以及 diff，solve 和 subs 三个命令计算函数的极值. 首先利用 diff 命令计算函数的一阶导数和二阶导数，接着利用 solve 命令求出驻点，再利用 subs 命令求二阶导数在驻点处的值，最后利用函数极值的第二充分条件判定极值. 同时，也可以利用 MATLAB 求连续函数 $f(x)$ 在闭区间 $[a,b]$ 上的最大值和最小值，即先利用 diff 和 solve 命令求出驻点，再利用 max 和 min 命令比较驻点和端点处的函数值大小，便可得到最大值和最小值.

求函数极值和最值的基本命令如表 3.5.1 所示.

表 3.5.1　求函数极值和最值的基本命令

命令	功能
syms x y	定义符号变量 x,y
diff(f,x)	求函数 f 的一阶导数
diff(f,x,2)	求函数 f 的二阶导数
solve(eq)	求方程 eq $=0$ 的根
subs(f,x,x0)	求函数值 $f(x_0)$
max(A)	求数组 A 中最大的元素
min(A)	求数组 A 中最小的元素

例 3.5.1　求函数 $y = x^3 - 3x^2 - 9x + 5$ 的极值.

解　[MATLAB 操作命令]

```
syms x                              %定义符号变量 x
y = x^3 - 3* x^2 - 9* x + 5;        %定义函数表达式
dy = diff(y);                       %求函数的一阶导数
xz = solve(dy)                      %求 dy = 0 的解
```

[MATLAB 输出结果]

```
xz =
  -1
   3                                %驻点有两处,x =-1 和 x =3
```

[MATLAB 操作命令]

```
d2y = diff(y,x,2);                  %求函数的二阶导数
g1 = subs(d2y,x,-1);               %求二阶导数在驻点 x =-1 处的值
if g1 > 0
    fprintf('驻点 x =-1 是极小值点.');
else
    fprintf('驻点 x =-1 是极大值点.');
end
```

[MATLAB 输出结果]

```
驻点 x =-1 是极大值点.
```

[MATLAB 操作命令]

```
g2 = subs(d2y,x,3);                %求二阶导数在驻点 x =3 处的值
if g2 > 0
    fprintf('驻点 x =3 是极小值点.');
```

```
else
    fprintf(' 驻点 x = 3 是极大值点.');
end
```

[MATLAB 输出结果]

驻点 x = 3 是极小值点.

[MATLAB 操作命令]

```
JDZ = subs(y,x,-1)                %求函数的极大值
```

[MATLAB 输出结果]

```
JDZ =
  10
```

[MATLAB 操作命令]

```
JXZ = subs(y,x,3)                 %求函数的极小值
```

[MATLAB 输出结果]

```
JXZ =
  -22
```

例 3.5.2 求函数 $y = 2x^3 + 3x^2 - 12x + 14$ 在闭区间 $[-3,4]$ 上的最值.

解 [MATLAB 操作命令]

```
syms x                            %定义符号变量 x
y = 2* x^3+3* x^2-12* x+14;        %定义函数表达式
dy = diff(y);                     %求函数的一阶导数
xz = solve(dy)                    %求 dy = 0 的解
```

[MATLAB 输出结果]

```
xz =
  -2
   1                              %驻点有两处,x =-2 和 x = 1
```

[MATLAB 操作命令]

```
g1 = subs(y,x,-2);                %计算函数 y 在驻点 x =-2 处的值
g2 = subs(y,x,1);                 %计算函数 y 在驻点 x = 1 处的值
g3 = subs(y,x,-3);                %计算函数 y 在区间端点 x =-3 处的值
g4 = subs(y,x,4);                 %计算函数 y 在区间端点 x = 4 处的值
A = [g1,g2,g3,g4];                %组成数组 A
```

```
y_max = max(A)              %求给定数组内的最大值
y_min = min(A)              %求给定数组内的最小值
```

[MATLAB 输出结果]

```
y_max =
   142
y_min =
   7
```

习 题 3.5

1.利用 MATLAB 求下列函数的极值：

(1) $y = 2x^2 - 2x + 3$；

(2) $y = 2x^3 - 9x^2 + 12x - 3$；

(3) $y = x^3 - 3x^2 + 7$；

(4) $y = 2x^3 - 6x^2 - 18x + 7$；

(5) $y = x^2 e^{-x}$；

(6) $y = 2x^3 + 3x^2 - 12x + 2$.

2.利用 MATLAB 求下列函数的最值：

(1) $y = 2x^3 - 3x^2, -1 \leqslant x \leqslant 4$；

(2) $y = x - \sin x, 0 \leqslant x \leqslant 2\pi$；

(3) $y = 2x^3 - 3x^2 - 12x + 25, -2 \leqslant x \leqslant 4$；

(4) $y = x^4 - 2x^2 + 5, -2 \leqslant x \leqslant 2$.

 数学文化欣赏

刘徽 —— 中国古典数学理论的奠基人

刘徽是我国魏晋时期著名的数学家,也是世界上最先提出十进小数概念并用来表示立方根的人.他的《海岛算经》和《九章算术注》是我国最宝贵的数学遗产.

刘徽在数学上做出了很多的贡献,主要成就可以概括为两方面:其一,他的《九章算术注》系统地整理了中国古代数学体系,从而使之成为古代数学的理论基础,主要包括数系理论和面积与体积理论.例如,通分、约分、化简、四则运算、开方、筹式演算、勾股理论、面积和体积的计算问题等.《九章算术注》占据我国数学史上非常重要的地位,对我国数学的发展乃至世界数学的发展做出了杰出的贡献,直至今日,它的理论价值仍然闪烁着余晖.其二,他在前人的基础上精益钻研,给出了自己的创见,主要包括割圆术与圆周率、刘徽原理,例如,"牟合方盖"说、方程新术、重差术.他从"割之弥细,所失弥少,割之又割,以至于不可割,则与圆周合体而无所失矣"的角度提出计算圆周率的科学方法更是奠定了千余年来我国圆周率计算位于世界的领先地位.

刘徽的一生都在为数学刻苦探索,他的数学成果遍及数学各个方面,在算术、代数、几何等方面贡献尤为突出,微积分中的极限、导数和定积分等概念都能看出他的经典数学思想.他的

工作推进了我国古代数学的发展,影响了诸多热爱数学的学者,在世界数学史上享有崇高的历史地位.由于在数学上的杰出贡献,他也常被人们称为"中国数学史上的牛顿".

我国古代数学成就是辉煌的,刘徽在数学上的贡献就是其中的体现.我国古代还有很多著名的数学家,例如,祖冲之、祖暅、张衡、贾宪、杨辉、秦九韶、朱世杰等.祖冲之的"祖率"堪称数学史上的创举,他和他的儿子祖暅提出的著名的"祖暅原理"比意大利数学家卡瓦列里(Cavalieri)提出的原理早1 100余年.贾宪的"增乘开方法"比英国数学家霍纳(Horner)早700余年,他的算术三角形也比法国数学家帕斯卡(Pascal)的算术三角形早600余年.杨辉三角形比帕斯卡三角形早400余年.秦九韶的"正负开方术"和"大衍求一术"更是达到了当时全球数学的最高水平,其中,"大衍求一术"中求解一次同余组的剩余定理在西方数学史著上称为"中国剩余定理"(我国称为"孙子定理"),可见其影响力非同一般.然而,中国在近代数学的发展上明显落后.以数学史为镜,我们在学习的过程中,要明事理、知荣辱、担责任,在学习和工作的道路上努力奋斗、精益钻研,为祖国的事业发展添砖加瓦.

总习题 3

一、单选题

1. 在闭区间 $[-1,1]$ 上,满足罗尔中值定理条件的函数为(   ).

A. $y=x-1$ B. $y=1-x^2$ C. $y=\dfrac{1}{x}$ D. $y=|x|$

2. 函数 $y=1-x^2$ 在闭区间 $[-1,3]$ 上满足拉格朗日中值定理条件的 ξ 为(   ).

A. 0   B. 1   C. -1 D. 2

3. 在区间 $(-\infty,+\infty)$ 上,函数 $y=\arctan x-x$ 是(   )的.

A. 单调减少   B. 单调增加   C. 非单调   D. 有界

4. 下列结论中正确的是(   ).

A. 函数 $f(x)$ 的不可导点一定不是其极值点

B. 函数 $f(x)$ 的驻点一定是其极值点

C. 函数 $f(x)$ 的极值点一定是其驻点

D. x_0 为函数 $f(x)$ 的极值点且 $f'(x_0)$ 存在,则必有 $f'(x_0)=0$

5. 设 $f''(x_0)$ 存在且 x_0 是函数 $f(x)$ 的极大值点,则必有(   ).

A. $f'(x_0)=0,f''(x_0)>0$ B. $f'(x_0)=0,f''(x_0)=0$

C. $f'(x_0)=0,f''(x_0)<0$ D. 以上都不对

二、填空题

1. 设函数 $f(x)=(x-1)(x-2)(x-3)$,则方程 $f'(x)=0$ 的实根个数为_____.

2. 函数 $f(x) = 2x^3 + 3x^2 - 12x + 2$ 的单调减少区间为 _____.

3. 函数 $f(x) = x^2 - 2x + 2$ 的极小值为 _____.

4. 曲线 $y = x^3 - 3x + 1$ 的拐点为 _____.

5. 曲线 $y = (x-1)^3$ 的凸区间为 _____.

三、计算题

1. 求下列极限：

(1) $\displaystyle\lim_{x \to 0} \frac{\arctan x - x}{\ln(1 + 2x^3)}$；

(2) $\displaystyle\lim_{x \to 1^-} \frac{\ln \tan \frac{\pi}{2} x}{\ln(1-x)}$；

(3) $\displaystyle\lim_{x \to \frac{\pi}{2}} \frac{\ln \sin x}{(\pi - 2x)^2}$；

(4) $\displaystyle\lim_{x \to 0} \left(\frac{\sin x}{x}\right)^{\frac{1}{1 - \cos x}}$；

(5) $\displaystyle\lim_{x \to 1} \frac{e^{x^2} - e}{\ln x}$；

(6) $\displaystyle\lim_{x \to 0} \left(\cot x - \frac{1}{x}\right)$；

(7) $\displaystyle\lim_{x \to 0} (1 + \sin x)^{\frac{1}{x}}$；

(8) $\displaystyle\lim_{x \to 0^+} \left(1 + \frac{1}{x}\right)^x$；

(9) $\displaystyle\lim_{x \to 0} \left(\frac{1}{x^2} - \frac{1}{x \sin x}\right)$；

(10) $\displaystyle\lim_{x \to \infty} (x + \sqrt{1 + x^2})^{\frac{1}{x}}$.

四、应用题

1. 设函数 $f(x)$ 在点 $x = 0$ 处具有二阶连续导数，且 $f(0) = 0, f'(0) = 1, f''(0) = -2$，求 $\displaystyle\lim_{x \to 0} \frac{f(x) - x}{x^2}$.

2. 设曲线 $y = k(x^2 - 3)^2$ 在拐点处的法线通过坐标原点，求常数 k.

3. 若函数 $f(x)$ 在开区间 (a, b) 内具有二阶导数，且 $f(x_1) = f(x_2) = f(x_3)$，其中，$a < x_1 < x_2 < x_3 < b$，证明：至少存在一点 $\xi \in (a, b)$，使得 $f''(\xi) = 0$.

4. 某隧道的截面拟建成矩形加半圆(矩形的上底边与半圆的直径重合)，截面面积为 5 m^2，问：底边宽度 x 为多少时截面的周长最小，从而使建造时所用的材料最省？

5. 一病人服用一剂药，当药剂量为 D 时，病人体温所产生的变化为

$$T = \left(\frac{C}{2} - \frac{D}{3}\right) D^2,$$

其中，C 是正常数.

(1) 问：多大药剂量使体温变化最大？

(2) 在药剂量为 D 时，身体对药的敏感度定义为 $\dfrac{\mathrm{d}T}{\mathrm{d}D}$，问：当药剂量为多大时，身体对药的敏感度最大？

6. 已知某产品的需求函数为 $2Q + P = 12$，总成本函数为 $C(Q) = 100 + 4Q - Q^2 + \dfrac{1}{3}Q^3$，其中，$Q$ 是需求量，P 是价格，求：

(1) 使总收益 $R(Q)$ 最大的 Q 值;

(2) 使总利润 $L(Q)$ 最大的 Q 值.

7. 某商场每年销售某商品 a 件,分为 x 批采购进货. 已知每批采购费用为 b 元,而未售商品的库存费用为 c 元 /(年·件),设销售商品是均匀的,问:分多少批进货时,才能使以上两种费用的总和最小?

8. 某产品的平均成本函数为 $\overline{C}(Q) = 1 + 120Q^3 - 6Q^2$.

(1) 求平均成本的极小值;

(2) 求总成本曲线的拐点;

(3) 说明总成本曲线的拐点为边际成本曲线的最低点.

第4章 不 定 积 分

　　前面主要介绍了一元函数的微分学，如果一个函数可导（或可微），那么我们可以求出该函数的导数（或微分）．但在实际应用中，经常会遇到相反的问题，即已知函数的导数，求函数本身，这就是本章要研究的积分学问题——不定积分．本章主要介绍不定积分的概念、性质和积分方法，以及如何用MATLAB求解不定积分．

道虽迩，不行不至；事虽小，不为不成．

——《荀子·修身》

§4.1 不定积分的概念与性质

一、原函数与不定积分的概念

定义 4.1.1 设函数 $f(x)$ 在区间 I 上有定义. 若对于区间 I 上的任一点 x, 函数 $F(x)$ 都满足

$$F'(x) = f(x) \quad \text{或} \quad \mathrm{d}[F(x)] = f(x)\mathrm{d}x,$$

则称 $F(x)$ 是 $f(x)$ 在区间 I 上的一个**原函数**.

例如, 因 $(\sin x)' = \cos x$, 故 $\sin x$ 是 $\cos x$ 的一个原函数. 又因 $(\sin x + 1)' = \cos x$, 故 $\sin x + 1$ 也是 $\cos x$ 的一个原函数. 不难得出, $\sin x + C$(C 为任意常数) 均为 $\cos x$ 的原函数. 一般地, 若 $F(x)$ 是 $f(x)$ 的一个原函数, 则 $F(x) + C$(C 为任意常数) 也是 $f(x)$ 的原函数.

什么样的函数一定有原函数呢? 这里先给出原函数存在定理.

定理 4.1.1(原函数存在定理) 若函数 $f(x)$ 在区间 I 上连续, 则其在区间 I 上的原函数必存在, 即在区间 I 上存在可导函数 $F(x)$, 使得对于任意 $x \in I$, 都有

$$F'(x) = f(x).$$

简单地说, 连续函数的原函数必存在. 因为初等函数在其定义区间内连续, 所以初等函数在其定义区间内一定有原函数.

若 $F(x)$ 是函数 $f(x)$ 的一个原函数, 则 $F(x) + C$(C 为任意常数) 是函数 $f(x)$ 的全体原函数. 函数 $f(x)$ 的任意两个原函数之差为常数.

定义 4.1.2 若 $F'(x) = f(x)$, 则称 $F(x) + C$(C 为任意常数) 为函数 $f(x)$ 的**不定积分**, 记为 $\int f(x)\mathrm{d}x$, 即

$$\int f(x)\mathrm{d}x = F(x) + C,$$

其中, $\int$ 称为**积分号**, $f(x)$ 称为**被积函数**, $f(x)\mathrm{d}x$ 称为**被积表达式**, x 称为**积分变量**, C 称为**积分常数**.

例 4.1.1 求不定积分 $\int \cos x \, \mathrm{d}x$.

解 因为 $(\sin x)' = \cos x$, 即 $\sin x$ 是 $\cos x$ 的一个原函数, 所以

$$\int \cos x \, \mathrm{d}x = \sin x + C.$$

例 4.1.2 求不定积分 $\int x^3 \mathrm{d}x$.

解 因为 $\left(\dfrac{x^4}{4}\right)' = x^3$, 即 $\dfrac{x^4}{4}$ 是 x^3 的一个原函数, 所以

$$\int x^3 \mathrm{d}x = \frac{x^4}{4} + C.$$

例 4.1.3　求不定积分 $\displaystyle\int \frac{\mathrm{d}x}{1+x^2}$.

解　因为 $(\arctan x)' = \dfrac{1}{1+x^2}$，即 $\arctan x$ 是 $\dfrac{1}{1+x^2}$ 的一个原函数，所以

$$\int \frac{\mathrm{d}x}{1+x^2} = \arctan x + C.$$

例 4.1.4　求不定积分 $\displaystyle\int \frac{\mathrm{d}x}{x}$.

解　当 $x > 0$ 时，$(\ln x)' = \dfrac{1}{x}$，所以

$$\int \frac{\mathrm{d}x}{x} = \ln x + C \quad (x > 0);$$

当 $x < 0$ 时，$[\ln(-x)]' = \dfrac{1}{x}$，所以

$$\int \frac{\mathrm{d}x}{x} = \ln(-x) + C \quad (x < 0).$$

综上可知，

$$\int \frac{\mathrm{d}x}{x} = \ln|x| + C.$$

二、不定积分的几何意义

若 $F(x)$ 是函数 $f(x)$ 的一个原函数，则函数 $y = F(x)$ 的图形是直角坐标系 Oxy 中的一条曲线，称之为函数 $f(x)$ 的一条**积分曲线**. 不定积分 $\displaystyle\int f(x)\mathrm{d}x$ 是由无穷多条积分曲线构成的积分曲线族，它的特点是：在横坐标相同的各点处，各积分曲线的切线斜率都相等，即各切线相互平行，如图 4.1.1 所示. 若要求函数 $f(x)$ 的过点 (x_0, y_0) 的积分曲线，则为求满足条件 $y\big|_{x=x_0} = y_0$，即 $F(x_0) + C = y_0$ 的函数 $f(x)$ 的原函数.

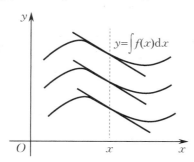

图 4.1.1　积分曲线族

例 4.1.5　求函数 $f(x) = 4x^3$ 的过点 $(1,4)$ 的积分曲线.

解　由题意知

$$y = \int 4x^3 \mathrm{d}x = x^4 + C,$$

代入条件 $y\big|_{x=1} = 4$，解得 $C = 3$. 因此所求积分曲线为

$$y = x^4 + 3.$$

例 4.1.6 已知曲线 $y = f(x)$ 在任意一点 x 处的切线斜率为 $3x^2$，且该曲线过点 $(1,3)$，求曲线方程.

解 由题意知，$f'(x) = 3x^2$，即 $f(x)$ 是 $3x^2$ 的一个原函数，从而

$$f(x) = \int 3x^2 \, dx = x^3 + C.$$

因为 $f(1) = 3$，所以 $1 + C = 3$，即 $C = 2$. 因此所求曲线方程为

$$y = x^3 + 2.$$

三、基本积分公式

因为积分运算是微分运算的逆运算，所以由导数公式可相应地得到不定积分公式. 现将基本积分公式汇总如下：

(1) $\int k \, dx = kx + C$ （k 为常数）；　　　(2) $\int x^\mu \, dx = \dfrac{1}{\mu + 1} x^{\mu+1} + C$ （$\mu \neq -1$）；

(3) $\int \dfrac{dx}{x} = \ln|x| + C$；　　　　　　　(4) $\int e^x \, dx = e^x + C$；

(5) $\int a^x \, dx = \dfrac{a^x}{\ln a} + C$ （$a > 0, a \neq 1$）；　(6) $\int \cos x \, dx = \sin x + C$；

(7) $\int \sin x \, dx = -\cos x + C$；　　　　　(8) $\int \dfrac{dx}{\cos^2 x} = \int \sec^2 x \, dx = \tan x + C$；

(9) $\int \dfrac{dx}{\sin^2 x} = \int \csc^2 x \, dx = -\cot x + C$；　(10) $\int \sec x \tan x \, dx = \sec x + C$；

(11) $\int \csc x \cot x \, dx = -\csc x + C$；

(12) $\int \dfrac{dx}{1 + x^2} = \arctan x + C = -\operatorname{arccot} x + C$；

(13) $\int \dfrac{dx}{\sqrt{1 - x^2}} = \arcsin x + C = -\arccos x + C$.

例 4.1.7 求下列不定积分：

(1) $\int x^5 \, dx$；　　　　　　　　　　　(2) $\int 5^x \, dx$；

(3) $\int \dfrac{dx}{x^2}$；　　　　　　　　　　(4) $\int \dfrac{dx}{\sqrt{x}}$；

(5) $\int \dfrac{x^3 \sqrt{x}}{\sqrt[3]{x}} \, dx$；　　　　　　　　(6) $\int 2^x e^x \, dx$.

解 (1) $\int x^5 \, dx = \dfrac{1}{5+1} x^{5+1} + C = \dfrac{1}{6} x^6 + C$.

(2) $\int 5^x \, dx = \dfrac{5^x}{\ln 5} + C$.

(3) $\int \dfrac{dx}{x^2} = \int x^{-2} \, dx = \dfrac{1}{-2+1} x^{-2+1} + C = -\dfrac{1}{x} + C$.

(4) $\int \dfrac{\mathrm{d}x}{\sqrt{x}} = \int x^{-\frac{1}{2}}\,\mathrm{d}x = \dfrac{1}{-\frac{1}{2}+1}x^{-\frac{1}{2}+1}+C = 2\sqrt{x}+C.$

(5) $\int \dfrac{x^3\sqrt{x}}{\sqrt[3]{x}}\,\mathrm{d}x = \int x^{3+\frac{1}{2}-\frac{1}{3}}\,\mathrm{d}x = \int x^{\frac{19}{6}}\,\mathrm{d}x = \dfrac{1}{\frac{19}{6}+1}x^{\frac{19}{6}+1}+C = \dfrac{6}{25}x^{\frac{25}{6}}+C.$

(6) $\int 2^x \mathrm{e}^x\,\mathrm{d}x = \int (2\mathrm{e})^x\,\mathrm{d}x = \dfrac{(2\mathrm{e})^x}{\ln 2\mathrm{e}}+C = \dfrac{2^x \mathrm{e}^x}{1+\ln 2}+C.$

> **注意** （3）和（4）可作为结论使用.

四、不定积分的性质

由不定积分的定义,可以得到如下性质:

性质 1 $\int kf(x)\,\mathrm{d}x = k\int f(x)\,\mathrm{d}x$（$k$ 是不为零的常数）.

性质 2 $\int [f(x)\pm g(x)]\,\mathrm{d}x = \int f(x)\,\mathrm{d}x \pm \int g(x)\,\mathrm{d}x.$

性质 2 可推广到有限个函数的情形.

性质 3 求不定积分与求微分（导数）是一对互逆运算,它们的互逆关系是:

(1) $\left[\int f(x)\,\mathrm{d}x\right]' = f(x)$ 或 $\mathrm{d}\left[\int f(x)\,\mathrm{d}x\right] = f(x)\,\mathrm{d}x$;

(2) $\int f'(x)\,\mathrm{d}x = f(x)+C$ 或 $\int \mathrm{d}[f(x)] = \int f'(x)\,\mathrm{d}x = f(x)+C.$

例 4.1.8 求不定积分 $\int(\cos x - 2\mathrm{e}^x)\,\mathrm{d}x.$

解 $\int(\cos x - 2\mathrm{e}^x)\,\mathrm{d}x = \int \cos x\,\mathrm{d}x - 2\int \mathrm{e}^x\,\mathrm{d}x = \sin x - 2\mathrm{e}^x + C.$

例 4.1.9 求不定积分 $\int(3x^2 - \sec^2 x + 2)\,\mathrm{d}x.$

解 $\int(3x^2 - \sec^2 x + 2)\,\mathrm{d}x = 3\int x^2\,\mathrm{d}x - \int \sec^2 x\,\mathrm{d}x + \int 2\,\mathrm{d}x = x^3 - \tan x + 2x + C.$

例 4.1.10 求不定积分 $\int\left(3^x - 2\sec x\tan x + \dfrac{1}{\sqrt{1-x^2}}\right)\mathrm{d}x.$

解 $\int\left(3^x - 2\sec x\tan x + \dfrac{1}{\sqrt{1-x^2}}\right)\mathrm{d}x = \int 3^x\,\mathrm{d}x - 2\int \sec x\tan x\,\mathrm{d}x + \int \dfrac{\mathrm{d}x}{\sqrt{1-x^2}}$

$$= \dfrac{3^x}{\ln 3} - 2\sec x + \arcsin x + C.$$

例 4.1.11 求不定积分 $\int \dfrac{1+2x^2}{x^2(1+x^2)}\,\mathrm{d}x.$

解 $\int \dfrac{1+2x^2}{x^2(1+x^2)}\,\mathrm{d}x = \int \dfrac{(1+x^2)+x^2}{x^2(1+x^2)}\,\mathrm{d}x = \int\left(\dfrac{1}{x^2}+\dfrac{1}{1+x^2}\right)\mathrm{d}x$

$$=\int \frac{\mathrm{d}x}{x^2} + \int \frac{\mathrm{d}x}{1+x^2} = -\frac{1}{x} + \arctan x + C.$$

例 4.1.12 求不定积分 $\int \dfrac{\mathrm{d}x}{\sin^2 x \cos^2 x}$.

解 $\int \dfrac{\mathrm{d}x}{\sin^2 x \cos^2 x} = \int \dfrac{\sin^2 x + \cos^2 x}{\sin^2 x \cos^2 x} \mathrm{d}x = \int \left(\dfrac{1}{\cos^2 x} + \dfrac{1}{\sin^2 x} \right) \mathrm{d}x$

$$= \int \frac{\mathrm{d}x}{\cos^2 x} + \int \frac{\mathrm{d}x}{\sin^2 x} = \tan x - \cot x + C.$$

例 4.1.13 计算：

(1) $\left(\int \sin x^3 \mathrm{d}x \right)'$;

(2) $\mathrm{d} \left(\int 3^x x^2 \mathrm{d}x \right)$;

(3) $\int [\ln(1+2x)]' \mathrm{d}x$;

(4) $\int \mathrm{d}(\tan x)$.

解 (1) $\left(\int \sin x^3 \mathrm{d}x \right)' = \sin x^3.$

(2) $\mathrm{d} \left(\int 3^x x^2 \mathrm{d}x \right) = 3^x x^2 \mathrm{d}x.$

(3) $\int [\ln(1+2x)]' \mathrm{d}x = \ln(1+2x) + C.$

(4) $\int \mathrm{d}(\tan x) = \tan x + C.$

习 题 4.1

1. 下列 8 个函数中,有 4 个是另外 4 个的原函数,指出它们的对应关系:

$$\frac{3}{x^2}, \quad 4x^3, \quad \frac{2x}{1+x^2}, \quad 2-\frac{3}{x}, \quad \ln(1+x^2), \quad 4x(1+x^2), \quad (1+x^2)^2, \quad 1+x^4.$$

2. 求下列不定积分:

(1) $\int 5x^4 \mathrm{d}x$;

(2) $\int (8^x + x^8) \mathrm{d}x$;

(3) $\int (1 + \sin x + \cos x) \mathrm{d}x$;

(4) $\int \left(\dfrac{3}{1+x^2} - \dfrac{8}{\sqrt{1-x^2}} \right) \mathrm{d}x$;

(5) $\int (3-x^2)^2 \mathrm{d}x$;

(6) $\int \dfrac{(x^2-3)(x+1)}{x^2} \mathrm{d}x$;

(7) $\int \dfrac{\mathrm{e}^{2x}-1}{\mathrm{e}^x+1} \mathrm{d}x$;

(8) $\int \dfrac{x^2}{1+x^2} \mathrm{d}x$;

(9) $\int \sec x (\sec x - \tan x) \mathrm{d}x$.

3. 计算:

(1) $\left(\int \ln x^3 \mathrm{d}x \right)'$;

(2) $\mathrm{d} \left(\int \cot x^2 \mathrm{d}x \right)$;

(3) $\int [\sin(x - x^3)]' \mathrm{d}x$;

(4) $\int \mathrm{d}(3^{x^2-1})$.

4. 已知函数 $f(x) = 2x + 3$ 的一个原函数为 $F(x)$,且满足 $F(1) = 2$,求 $F(x)$.

5. 已知曲线 $y = f(x)$ 在任意一点 x 处的切线斜率为 $\cos x$,且该曲线过点 $\left(\dfrac{\pi}{2}, 3\right)$,求曲线方程.

§4.2 不定积分的换元积分法

利用基本积分公式和不定积分的性质(称为直接积分法)所能计算的不定积分是非常有限的.我们可以借助复合函数的求导法则,进一步研究复杂函数的不定积分运算.

一、第一类换元积分法

计算不定积分 $\displaystyle\int \cos 2x\, \mathrm{d}x$ 时,若考虑用公式 $\displaystyle\int \cos x\, \mathrm{d}x = \sin x + C$,则是否有

$$\int \cos 2x\, \mathrm{d}x = \sin 2x + C?$$

因为 $(\sin 2x)' \neq \cos 2x$,所以 $\displaystyle\int \cos 2x\, \mathrm{d}x \neq \sin 2x + C$.我们发现,被积函数 $\cos 2x$ 是由函数 $\cos u$ 和 $u = 2x$ 复合而成的,积分公式 $\displaystyle\int \cos u\, \mathrm{d}u = \sin u + C$ 要求积分变量为 u,而不定积分 $\displaystyle\int \cos 2x\, \mathrm{d}x$ 的积分变量仍为 x,故求此不定积分前需先将积分变量 x 变为 u.由于 $(2x)'\mathrm{d}x = \mathrm{d}(2x) = \mathrm{d}u$,因此对所求不定积分做如下改写:

$$\int \cos 2x\, \mathrm{d}x = \frac{1}{2}\int \cos 2x \cdot (2x)'\, \mathrm{d}x = \frac{1}{2}\int \cos 2x\, \mathrm{d}(2x).$$

令 $u = 2x$,则有

$$\int \cos 2x\, \mathrm{d}x = \frac{1}{2}\int \cos u\, \mathrm{d}u = \frac{1}{2}\sin u + C = \frac{1}{2}\sin 2x + C.$$

经检验,$\dfrac{1}{2}\sin 2x$ 是 $\cos 2x$ 的一个原函数,从而上述做法是可行的.

把复杂函数的不定积分通过适当的积分变量变换,转化为可用直接积分法求解的不定积分,计算其不定积分,并回代原来的积分变量,这种积分方法就是第一类换元积分法.

定理 4.2.1(第一类换元积分法) 设函数 $f(u)$ 有原函数 $F(u)$,且 $u = \varphi(x)$ 可导,则有第一类换元积分公式

$$\int f[\varphi(x)]\varphi'(x)\, \mathrm{d}x = \int f[\varphi(x)]\, \mathrm{d}[\varphi(x)] = F[\varphi(x)] + C.$$

$$(4.2.1)$$

第一类换元积分法也称为**凑微分法**.若被积函数 $g(x)$ 中含有复合函数,则可将 $g(x)$ 转换成 $f[\varphi(x)]\varphi'(x)$ 的常数倍的形式,凑 $\varphi'(x)\mathrm{d}x =$

第一类换元积
分法的证明

$d[\varphi(x)]$,通过换元 $u=\varphi(x)$,将 $g(x)$ 的复杂的不定积分转化为 $f(u)$ 的易求的不定积分.具体步骤如下:

(1) 分解:$g(x)=kf[\varphi(x)]\varphi'(x)$,其中,$k$ 为常数;

(2) 凑微分、换元:$\varphi'(x)dx=d[\varphi(x)]=du$;

(3) 求不定积分、回代:设函数 $f(u)$ 的一个原函数为 $F(u)$,则

$$\int g(x)dx=\int kf[\varphi(x)]\varphi'(x)dx=k\int f[\varphi(x)]d[\varphi(x)]$$

$$\xlongequal[\text{换元}]{u=\varphi(x)}k\int f(u)du=kF(u)+C\xlongequal[\text{回代}]{\varphi(x)=u}kF[\varphi(x)]+C.$$

例 4.2.1 求不定积分 $\int\sin(3x-1)dx$.

解 $\int\sin(3x-1)dx=\dfrac{1}{3}\int\sin(3x-1)\cdot(3x-1)'dx=\dfrac{1}{3}\int\sin(3x-1)d(3x-1)$

$$\xlongequal[\text{换元}]{u=3x-1}\dfrac{1}{3}\int\sin u\,du=-\dfrac{1}{3}\cos u+C$$

$$\xlongequal[\text{回代}]{3x-1=u}-\dfrac{1}{3}\cos(3x-1)+C.$$

例 4.2.2 求不定积分 $\int(2x+1)^{49}dx$.

解 $\int(2x+1)^{49}dx=\dfrac{1}{2}\int(2x+1)^{49}\cdot(2x+1)'dx=\dfrac{1}{2}\int(2x+1)^{49}d(2x+1)$

$$\xlongequal[\text{换元}]{u=2x+1}\dfrac{1}{2}\int u^{49}du=\dfrac{1}{2}\times\dfrac{u^{50}}{50}+C$$

$$\xlongequal[\text{回代}]{2x+1=u}\dfrac{(2x+1)^{50}}{100}+C.$$

熟练后,我们也可以省略"换元"与"回代"步骤,直接写出积分结果.

例 4.2.3 求不定积分 $\int e^{2x+1}dx$.

解 $\int e^{2x+1}dx=\dfrac{1}{2}\int e^{2x+1}\cdot(2x+1)'dx=\dfrac{1}{2}\int e^{2x+1}d(2x+1)=\dfrac{1}{2}e^{2x+1}+C.$

例 4.2.4 求不定积分 $\int x\cos(x^2-1)dx$.

解 $\int x\cos(x^2-1)dx=\dfrac{1}{2}\int\cos(x^2-1)\cdot(x^2-1)'dx=\dfrac{1}{2}\int\cos(x^2-1)d(x^2-1)$

$$=\dfrac{1}{2}\sin(x^2-1)+C.$$

例 4.2.5 求不定积分 $\int x\,3^{x^2+5}dx$.

解 $\int x\,3^{x^2+5}dx=\dfrac{1}{2}\int 3^{x^2+5}\cdot(x^2+5)'dx=\dfrac{1}{2}\int 3^{x^2+5}d(x^2+5)=\dfrac{3^{x^2+5}}{2\ln 3}+C.$

例 4.2.6 求不定积分 $\int 2x\sqrt{1+x^2}dx$.

解 $\int 2x\sqrt{1+x^2}\,\mathrm{d}x = \int \sqrt{1+x^2}\cdot(1+x^2)'\,\mathrm{d}x = \int \sqrt{1+x^2}\,\mathrm{d}(1+x^2)$

$$= \frac{(1+x^2)^{\frac{1}{2}+1}}{\frac{1}{2}+1} + C = \frac{2}{3}(1+x^2)^{\frac{3}{2}} + C.$$

例 4.2.7 求不定积分 $\displaystyle\int \frac{\ln^2 x}{x}\,\mathrm{d}x$.

解 $\displaystyle\int \frac{\ln^2 x}{x}\,\mathrm{d}x = \int \ln^2 x \cdot (\ln x)'\,\mathrm{d}x = \int \ln^2 x\,\mathrm{d}(\ln x) = \frac{1}{3}\ln^3 x + C.$

例 4.2.8 求不定积分 $\displaystyle\int \frac{2\mathrm{e}^x}{1+\mathrm{e}^{2x}}\,\mathrm{d}x$.

解 $\displaystyle\int \frac{2\mathrm{e}^x}{1+\mathrm{e}^{2x}}\,\mathrm{d}x = 2\int \frac{1}{1+(\mathrm{e}^x)^2}\cdot(\mathrm{e}^x)'\,\mathrm{d}x = 2\int \frac{\mathrm{d}(\mathrm{e}^x)}{1+(\mathrm{e}^x)^2}$

$$= 2\arctan \mathrm{e}^x + C.$$

用第一类换元积分法求解不定积分的关键是凑微分,下面给出一些常用的凑微分公式,其中,a,b 为常数,且 $a \neq 0$:

(1) $\mathrm{d}x = \dfrac{1}{a}\mathrm{d}(ax) = \dfrac{1}{a}\mathrm{d}(ax+b)$;　　(2) $x\,\mathrm{d}x = \dfrac{1}{2}\mathrm{d}(x^2) = \dfrac{1}{2a}\mathrm{d}(ax^2+b)$;

(3) $\dfrac{1}{x}\mathrm{d}x = \mathrm{d}(\ln x) = \dfrac{1}{a}\mathrm{d}(a\ln x+b)$;　(4) $\dfrac{1}{\sqrt{x}}\mathrm{d}x = 2\mathrm{d}(\sqrt{x}) = \dfrac{2}{a}\mathrm{d}(a\sqrt{x}+b)$;

(5) $\dfrac{1}{x^2}\mathrm{d}x = -\mathrm{d}\left(\dfrac{1}{x}\right) = -\dfrac{1}{a}\mathrm{d}\left(\dfrac{a}{x}+b\right)$;　(6) $\mathrm{e}^x\,\mathrm{d}x = \mathrm{d}(\mathrm{e}^x) = \dfrac{1}{a}\mathrm{d}(a\mathrm{e}^x+b)$;

(7) $\mathrm{e}^{ax}\,\mathrm{d}x = \dfrac{1}{a}\mathrm{d}(\mathrm{e}^{ax}) = \dfrac{1}{a}\mathrm{d}(\mathrm{e}^{ax}+b)$;　(8) $\cos x\,\mathrm{d}x = \mathrm{d}(\sin x)$;

(9) $\sin x\,\mathrm{d}x = -\mathrm{d}(\cos x)$;　　　　(10) $\sec^2 x\,\mathrm{d}x = \mathrm{d}(\tan x)$;

(11) $\csc^2 x\,\mathrm{d}x = -\mathrm{d}(\cot x)$;

(12) $\dfrac{1}{\sqrt{1-x^2}}\mathrm{d}x = \mathrm{d}(\arcsin x) = -\mathrm{d}(\arccos x)$;

(13) $\dfrac{1}{1+x^2}\mathrm{d}x = \mathrm{d}(\arctan x) = -\mathrm{d}(\text{arccot }x)$.

一般地,$\varphi'(x)\mathrm{d}x = \mathrm{d}[\varphi(x)] = \dfrac{1}{a}\mathrm{d}[a\varphi(x)+b]$,其中,$a$,$b$ 为常数,且 $a \neq 0$.

例 4.2.9 求不定积分 $\displaystyle\int \tan x\,\mathrm{d}x$.

解 $\displaystyle\int \tan x\,\mathrm{d}x = \int \frac{\sin x}{\cos x}\,\mathrm{d}x = -\int \frac{\mathrm{d}(\cos x)}{\cos x} = -\ln|\cos x| + C.$

例 4.2.10 求不定积分 $\displaystyle\int \frac{\mathrm{d}x}{x^2-9}$.

解 $\displaystyle\int \frac{\mathrm{d}x}{x^2-9} = \frac{1}{6}\int\left(\frac{1}{x-3}-\frac{1}{x+3}\right)\mathrm{d}x = \frac{1}{6}\left[\int \frac{\mathrm{d}(x-3)}{x-3} - \int \frac{\mathrm{d}(x+3)}{x+3}\right]$

$$= \frac{1}{6}\ln\left|\frac{x-3}{x+3}\right| + C.$$

例 4.2.11 求不定积分 $\int \dfrac{\mathrm{d}x}{x^2+2x+2}$.

解 $\int \dfrac{\mathrm{d}x}{x^2+2x+2} = \int \dfrac{\mathrm{d}x}{(x+1)^2+1} = \int \dfrac{\mathrm{d}(x+1)}{(x+1)^2+1}$
$$= \arctan(x+1) + C.$$

当被积函数中含有二次三项式 ax^2+bx+c 或 $\sqrt{ax^2+bx+c}$ 时,可以先对 ax^2+bx+c 进行配方,再用第一类换元积分法.

二、第二类换元积分法

对于不定积分 $\int \sqrt{x-2}\,\mathrm{d}x$,被积函数 $\sqrt{x-2} = \sqrt{x-2}(x-2)'$,可以用第一类换元积分法求解,但对于不定积分 $\int \dfrac{\sqrt{x-2}}{x}\mathrm{d}x$,被积函数 $\dfrac{\sqrt{x-2}}{x}$ 中的 $\sqrt{x-2}$ 是由函数 $\sqrt{u}$ 和 $u=x-2$ 复合而成的,不存在常数 k 使得 $k\sqrt{x-2}(x-2)' = \dfrac{1}{x}\sqrt{x-2}$,所以无法用第一类换元积分法. 我们可以想办法去掉根号,令 $\sqrt{x-2}=t$,将不定积分转化为关于 t 的易求的不定积分,这种积分方法就是第二类换元积分法.

第二类换元积分法的证明

定理 4.2.2(第二类换元积分法) 设函数 $x=\varphi(t)$ 单调、可导且 $\varphi'(t) \neq 0$. 若 $f[\varphi(t)]\varphi'(t)$ 有原函数 $F(t)$,则有第二类换元积分公式

$$\int f(x)\mathrm{d}x = \int f[\varphi(t)]\varphi'(t)\mathrm{d}t = F(t) + C = F[\varphi^{-1}(x)] + C,$$

(4.2.2)

其中,$t = \varphi^{-1}(x)$ 是 $x=\varphi(t)$ 的反函数.

注意 使用式 (4.2.2) 时,在求出 $\int f[\varphi(t)]\varphi'(t)\mathrm{d}t$ 之后,必须将 $t = \varphi^{-1}(x)$ 回代.

1. 简单根式代换

一般地,当被积函数中含有 $\sqrt[n]{ax+b}$ 时,可令 $\sqrt[n]{ax+b}=t$.

例 4.2.12 求不定积分 $\int \dfrac{\sqrt{x-2}}{x}\mathrm{d}x$.

解 令 $\sqrt{x-2}=t$,即 $x=2+t^2$,则 $\mathrm{d}x = \mathrm{d}(2+t^2) = 2t\mathrm{d}t$. 于是,有

$$\int \frac{\sqrt{x-2}}{x}\mathrm{d}x = 2\int \frac{t^2}{2+t^2}\mathrm{d}t = 2\int \frac{t^2+2-2}{2+t^2}\mathrm{d}t$$

$$= 2\int \left(1 - \frac{2}{2+t^2}\right)\mathrm{d}t = 2\left(t - \sqrt{2}\arctan\frac{\sqrt{2}}{2}t\right) + C$$

$$= 2\left(\sqrt{x-2} - \sqrt{2}\arctan\sqrt{\frac{x-2}{2}}\right) + C.$$

例 4.2.13 求不定积分 $\int \dfrac{\mathrm{d}x}{1+\sqrt{x-1}}$.

解 令$\sqrt{x-1}=t$,即 $x=1+t^2$,则 $dx=d(1+t^2)=2tdt$. 于是,有

$$\begin{aligned}\int\frac{dx}{1+\sqrt{x-1}}&=2\int\frac{t}{1+t}dt=2\int\frac{t+1-1}{1+t}dt\\&=2\int\left(1-\frac{1}{1+t}\right)dt=2[t-\ln(1+t)]+C\\&=2[\sqrt{x-1}-\ln(1+\sqrt{x-1})]+C.\end{aligned}$$

例 4.2.14 求不定积分$\int\frac{dx}{4(\sqrt{x}+\sqrt[4]{x})}$.

解 令$\sqrt[4]{x}=t$,即 $x=t^4$,则 $dx=d(t^4)=4t^3dt$. 于是,有

$$\begin{aligned}\int\frac{dx}{4(\sqrt{x}+\sqrt[4]{x})}&=\int\frac{t^2}{t+1}dt=\int\frac{t^2-1+1}{t+1}dt\\&=\int\left(t-1+\frac{1}{t+1}\right)dt=\frac{1}{2}t^2-t+\ln(t+1)+C\\&=\frac{\sqrt{x}}{2}-\sqrt[4]{x}+\ln(\sqrt[4]{x}+1)+C.\end{aligned}$$

2. 三角代换

利用三角恒等式$\sin^2x+\cos^2x=1,1+\tan^2x=\sec^2x,1+\cot^2x=\csc^2x$ 可以解决被积函数中含有$\sqrt{a^2-x^2}$ 或$\sqrt{x^2\pm a^2}$ 的不定积分,具体可做如下三角代换:

(1) 当被积函数中含有$\sqrt{a^2-x^2}$ 时,可令 $x=a\sin t$ 或$x=a\cos t$;

(2) 当被积函数中含有$\sqrt{x^2-a^2}$ 时,可令 $x=a\sec t$ 或$x=a\csc t$;

(3) 当被积函数中含有$\sqrt{x^2+a^2}$ 时,可令 $x=a\tan t$ 或$x=a\cot t$.

例 4.2.15 求不定积分$\int\sqrt{1-x^2}dx$.

解 令 $x=\sin t\left(-\frac{\pi}{2}<t<\frac{\pi}{2}\right)$,则

$$\sqrt{1-x^2}=\sqrt{1-\sin^2t}=\cos t,\quad dx=\cos tdt.$$

于是,有

$$\begin{aligned}\int\sqrt{1-x^2}dx&=\int\cos t\cos tdt=\frac{1}{2}\int(1+\cos 2t)dt\\&=\frac{1}{2}t+\frac{1}{4}\sin 2t+C.\end{aligned}$$

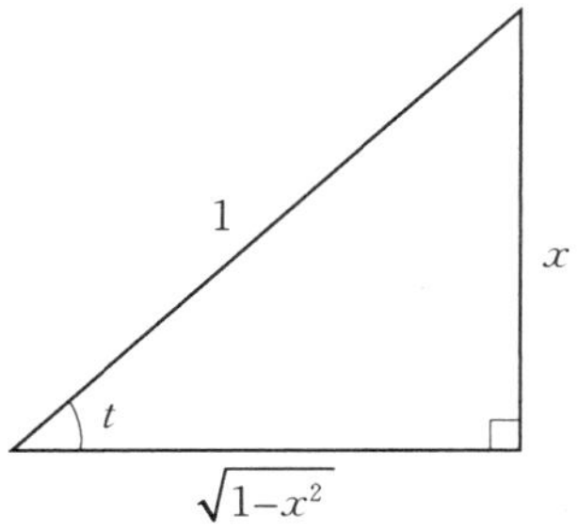

图 4.2.1 三角代换 1

根据 $\sin t=x$ 作辅助直角三角形(见图 4.2.1),因为 $t=\arcsin x$,$\sin 2t=2\sin t\cos t=2x\sqrt{1-x^2}$,所以

$$\int\sqrt{1-x^2}dx=\frac{1}{2}\arcsin x+\frac{1}{2}x\sqrt{1-x^2}+C.$$

例 4.2.16 求不定积分$\int\frac{\sqrt{x^2-1}}{x}dx$.

解 令 $x = \sec t \left(0 < t < \dfrac{\pi}{2} \right)$，则

$$\sqrt{x^2 - 1} = \sqrt{\sec^2 t - 1} = \tan t, \quad \mathrm{d}x = \sec t \tan t \, \mathrm{d}t.$$

于是，有

$$\int \frac{\sqrt{x^2 - 1}}{x} \mathrm{d}x = \int \frac{\tan t}{\sec t} \sec t \tan t \, \mathrm{d}t = \int \tan^2 t \, \mathrm{d}t$$

$$= \int (\sec^2 t - 1) \, \mathrm{d}t = \tan t - t + C.$$

根据 $\sec t = x$ 作辅助直角三角形（见图 4.2.2），因为

$$t = \arccos \frac{1}{x}, \tan t = \sqrt{x^2 - 1}, \text{所以}$$

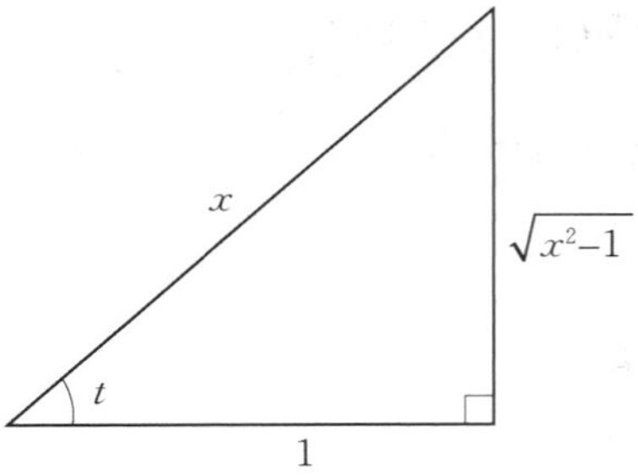

图 4.2.2 三角代换 2

$$\int \frac{\sqrt{x^2 - 1}}{x} \mathrm{d}x = \sqrt{x^2 - 1} - \arccos \frac{1}{x} + C.$$

例 4.2.17 求不定积分 $\displaystyle\int \frac{\mathrm{d}x}{\sqrt{x^2 + 1}}$.

解 令 $x = \tan t \left(-\dfrac{\pi}{2} < t < \dfrac{\pi}{2} \right)$，则

$$\sqrt{x^2 + 1} = \sqrt{\tan^2 t + 1} = \sec t, \quad \mathrm{d}x = \sec^2 t \, \mathrm{d}t.$$

于是，有

$$\int \frac{\mathrm{d}x}{\sqrt{x^2 + 1}} = \int \frac{\sec^2 t}{\sec t} \mathrm{d}t = \int \sec t \, \mathrm{d}t = \ln|\sec t + \tan t| + C.$$

根据 $\tan t = x$ 作辅助直角三角形（见图 4.2.3），因为 $\sec t = \sqrt{x^2 + 1}, \tan t = x$，所以

$$\int \frac{\mathrm{d}x}{\sqrt{x^2 + 1}} = \ln|x + \sqrt{x^2 + 1}| + C = \ln(x + \sqrt{x^2 + 1}) + C.$$

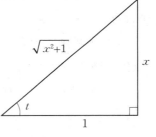

图 4.2.3 三角代换 3

习 题 4.2

1. 用第一类换元积分法求下列不定积分：

(1) $\displaystyle\int (2x - 4)^4 \mathrm{d}x$；

(2) $\displaystyle\int \frac{\mathrm{d}x}{\sqrt{2 - 5x}}$；

(3) $\displaystyle\int x^2 \sqrt{4 - 3x^3} \, \mathrm{d}x$；

(4) $\displaystyle\int x^3 \sin(5 - x^4) \mathrm{d}x$；

(5) $\displaystyle\int \frac{\mathrm{e}^{\frac{1}{x}}}{x^2} \mathrm{d}x$；

(6) $\displaystyle\int \frac{\mathrm{e}^x}{\sqrt{1 - \mathrm{e}^{2x}}} \mathrm{d}x$；

(7) $\displaystyle\int \frac{x^2}{4 + x^2} \mathrm{d}x$；

(8) $\displaystyle\int \frac{3}{\sqrt{9x^2 + 6x + 2}} \mathrm{d}x$；

(9) $\displaystyle\int \frac{\mathrm{d}x}{\sqrt{x^2 - 2x + 2}}$.

2.用第二类换元积分法求下列不定积分：

(1) $\displaystyle\int \dfrac{\mathrm{d}x}{1+\sqrt{2x}}$；

(2) $\displaystyle\int \dfrac{\sqrt{x}}{1+x}\mathrm{d}x$；

(3) $\displaystyle\int \dfrac{\mathrm{d}x}{\sqrt{2x-3}+1}$；

(4) $\displaystyle\int \dfrac{\sqrt{x+1}-1}{\sqrt{x+1}+1}\mathrm{d}x$；

(5) $\displaystyle\int \dfrac{\mathrm{d}x}{\sqrt{x^2+1}}$.

3.求下列不定积分：

(1) $\displaystyle\int \dfrac{\mathrm{d}x}{4+x^2}$；

(2) $\displaystyle\int \dfrac{\mathrm{d}x}{\sqrt{4-x^2}}$；

(3) $\displaystyle\int \dfrac{\mathrm{d}x}{x\sqrt{x^2-1}}$.

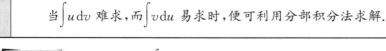

§4.3 不定积分的分部积分法

§4.2 在复合函数的求导法则的基础上，得到了十分有用的换元积分法.本节利用两个函数乘积的求导法则，推出求不定积分的另一种基本方法——分部积分法.

设函数 $u=u(x)$，$v=v(x)$ 均可导，则

$$(uv)'=u'v+uv'.$$

移项，得

$$uv'=(uv)'-u'v.$$

将上式等号两边分别积分，得

$$\int uv'\mathrm{d}x=\int (uv)'\mathrm{d}x-\int u'v\mathrm{d}x,$$

即

$$\int u\,\mathrm{d}v=uv-\int v\,\mathrm{d}u. \tag{4.3.1}$$

式(4.3.1)称为**分部积分公式**.利用该公式计算不定积分的过程为

$$\int uv'\mathrm{d}x=\int u\,\mathrm{d}v=uv-\int v\,\mathrm{d}u=uv-\int vu'\mathrm{d}x.$$

> **注意** 当 $\displaystyle\int u\,\mathrm{d}v$ 难求，而 $\displaystyle\int v\,\mathrm{d}u$ 易求时，便可利用分部积分法求解.

例 4.3.1 求不定积分 $\displaystyle\int x\,\mathrm{e}^x\mathrm{d}x$.

解 取 $u=x$，$\mathrm{d}v=\mathrm{e}^x\mathrm{d}x=\mathrm{d}(\mathrm{e}^x)$，由分部积分公式，得

$$\int x\,\mathrm{e}^x\mathrm{d}x=\int x\,\mathrm{d}(\mathrm{e}^x)=x\,\mathrm{e}^x-\int \mathrm{e}^x\mathrm{d}x=\mathrm{e}^x(x-1)+C.$$

> **注意**
>
> 在例 4.3.1 中,若取 $u = e^x, dv = x\,dx = d\left(\dfrac{x^2}{2}\right)$,则
>
> $$\int x e^x \, dx = \int e^x \, d\left(\frac{x^2}{2}\right) = \frac{x^2}{2} e^x - \frac{1}{2}\int x^2 e^x \, dx.$$
>
> 上式等号右边的第二个不定积分 $\dfrac{1}{2}\int x^2 e^x \, dx$ 比原不定积分 $\int x e^x \, dx$ 更复杂,因此这样选择 u 和 dv 是不合理的.

从上述分析可知,用分部积分法求解不定积分的关键是正确选择 u 和 dv.

一般地,通过对被积函数表达式的分析,可以按"反、对、幂、指、三"即"反三角函数、对数函数、幂函数、指数函数、三角函数"的顺序,将排在前面的那类函数取为 u,排在后面的那类函数与 dx 合并凑成 dv.

例 4.3.2 求不定积分 $\int x \sin x \, dx$.

解 取 $u = x, dv = \sin x \, dx = d(-\cos x)$,则

$$\int x \sin x \, dx = \int x \, d(-\cos x) = -x\cos x - \int (-\cos x)\,dx = -x\cos x + \sin x + C.$$

例 4.3.3 求不定积分 $\int 2x \ln x \, dx$.

解 取 $u = \ln x, dv = 2x \, dx = d(x^2)$,则

$$\int 2x \ln x \, dx = \int \ln x \, d(x^2) = x^2 \ln x - \int x^2 \, d(\ln x)$$

$$= x^2 \ln x - \int x \, dx = x^2 \ln x - \frac{1}{2}x^2 + C.$$

例 4.3.4 求不定积分 $\int 2x \arctan x \, dx$.

解 取 $u = \arctan x, dv = 2x \, dx = d(x^2)$,则

$$\int 2x \arctan x \, dx = \int \arctan x \, d(x^2) = x^2 \arctan x - \int x^2 \, d(\arctan x)$$

$$= x^2 \arctan x - \int \frac{x^2}{1+x^2}\,dx = x^2 \arctan x - \int \left(1 - \frac{1}{1+x^2}\right)dx$$

$$= x^2 \arctan x - x + \arctan x + C.$$

例 4.3.5 求不定积分 $\int \ln x \, dx$.

解 取 $u = \ln x, dv = 1 dx = dx$,则

$$\int \ln x \, dx = x\ln x - \int x \, d(\ln x) = x\ln x - \int x \cdot \frac{1}{x}\,dx$$

$$= x\ln x - \int 1 dx = x\ln x - x + C.$$

例 4.3.6 求不定积分 $\int \arcsin x \, dx$.

解 取 $u = \arcsin x, dv = 1 dx = dx$,则

$$\int \arcsin x \, dx = x \arcsin x - \int x \, d(\arcsin x) = x \arcsin x - \int \frac{x}{\sqrt{1-x^2}} \, dx$$

$$= x \arcsin x + \frac{1}{2} \int (1-x^2)^{-\frac{1}{2}} \, d(1-x^2) = x \arcsin x + \sqrt{1-x^2} + C.$$

例 4.3.7 求不定积分 $\int e^x \cos x \, dx$.

解 取 $u = e^x, \, dv = \cos x \, dx = d(\sin x)$，则

$$\int e^x \cos x \, dx = \int e^x \, d(\sin x) = e^x \sin x - \int \sin x \, d(e^x)$$

$$= e^x \sin x - \int e^x \sin x \, dx = e^x \sin x - \int e^x \, d(-\cos x)$$

$$= e^x \sin x - \left(-e^x \cos x + \int e^x \cos x \, dx \right)$$

$$= e^x (\sin x + \cos x) - \int e^x \cos x \, dx,$$

整理得 $2\int e^x \cos x \, dx = e^x(\sin x + \cos x) + C_1$，即

$$\int e^x \cos x \, dx = \frac{1}{2} e^x (\sin x + \cos x) + C.$$

有些不定积分需要将换元积分法和分部积分法结合在一起才能求出结果，如下面两个例子.

例 4.3.8 求不定积分 $\int \frac{e^{\sqrt{x}}}{2} \, dx$.

解 $\int \frac{e^{\sqrt{x}}}{2} \, dx \xrightarrow[\text{换元}]{t=\sqrt{x}} \int t e^t \, dt = \int t \, d(e^t) \xrightarrow{\text{分部积分}} t e^t - \int e^t \, dt$

$$= t e^t - e^t + C \xrightarrow[\text{回代}]{\sqrt{x}=t} (\sqrt{x}-1) e^{\sqrt{x}} + C.$$

例 4.3.9 求不定积分 $\int 2x^3 e^{x^2} \, dx$.

解 $\int 2x^3 e^{x^2} \, dx = \int x^2 e^{x^2} \, d(x^2) \xrightarrow[\text{换元}]{t=x^2} \int t e^t \, dt = \int t \, d(e^t) \xrightarrow{\text{分部积分}} t e^t - \int e^t \, dt$

$$= t e^t - e^t + C \xrightarrow[\text{回代}]{x^2=t} (x^2-1) e^{x^2} + C.$$

习 题 4.3

求下列不定积分：

(1) $\int x \cos x \, dx$；

(2) $\int x^2 \ln x \, dx$；

(3) $\int x^2 e^x \, dx$；

(4) $\int e^x \sin x \, dx$；

(5) $\int \left(\frac{1}{x} + \ln x \right) e^x \, dx$；

(6) $\int \arctan x \, dx$；

$$(7) \int \frac{e^{\arcsin x} \arcsin x}{\sqrt{1-x^2}} dx; \qquad (8) \int (-x^2 e^{-x}) dx.$$

§4.4　MATLAB 在不定积分中的应用

前面介绍了求不定积分的直接积分法、换元积分法和分部积分法,本节主要介绍如何借助 MATLAB 实现求不同形式的不定积分.

在 MATLAB 中,求不定积分的命令主要是 int,用法如表 4.4.1 所示.

表 4.4.1　int 命令的用法

命令	功能
int(expr,var)	计算函数 expr 对变量 var 的不定积分
int(f(x),x)	计算函数 $f(x)$ 对变量 x 的不定积分

例 4.4.1　利用 MATLAB 求不定积分 $\int \sin x \, dx$.

解　[MATLAB 操作命令]

```
syms x
int(sin(x),x)
```

[MATLAB 输出结果]

```
ans =
   -cos(x)
```

 注意　MATLAB 计算的不定积分结果需要自行加上任意常数 C.

例 4.4.2　利用 MATLAB 求不定积分 $\int (e^x - 3\cos x) \, dx$.

解　[MATLAB 操作命令]

```
syms x
int(exp(x)-3*cos(x),x)
```

[MATLAB 输出结果]

```
ans =
   exp(x)-3*sin(x)
```

例 4.4.3 利用 MATLAB 求不定积分 $\int 2\cos 2x \, \mathrm{d}x$.

解 ［MATLAB 操作命令］

```
syms x
int(2*cos(2*x),x)
```

［MATLAB 输出结果］

```
ans =
  sin(2*x)
```

例 4.4.4 利用 MATLAB 求不定积分 $\int \dfrac{x^2}{(x+2)^3} \mathrm{d}x$.

解 ［MATLAB 操作命令］

```
syms x
int(x^2/(x+2)^3,x)
```

［MATLAB 输出结果］

```
ans =
  log(x+2)+(4*x+6)/(x^2+4*x+4)
```

例 4.4.5 利用 MATLAB 求不定积分 $\int \dfrac{\mathrm{d}x}{x^2+a^2}$.

解 ［MATLAB 操作命令］

```
syms a x
int(1/(x^2+a^2),x)
```

［MATLAB 输出结果］

```
ans =
  atan(x/a)/a
```

例 4.4.6 利用 MATLAB 求不定积分 $\int x^2 \mathrm{e}^x \, \mathrm{d}x$.

解 ［MATLAB 操作命令］

```
syms x
int(x^2*exp(x),x)
```

［MATLAB 输出结果］

```
ans =
  exp(x)*(x^2-2*x+2)
```

例 4.4.7 利用 MATLAB 求不定积分 $\int x\arctan x \, \mathrm{d}x$.

解 ［MATLAB 操作命令］

```
syms x
int(x*atan(x),x)
```

［MATLAB 输出结果］

```
ans =
  atan(x)*(x^2/2+1/2)-x/2
```

习 题 4.4

利用 MATLAB 求下列不定积分：

(1) $\displaystyle\int x^2\sqrt{x}\,\mathrm{d}x$；

(2) $\displaystyle\int \frac{\sqrt{a^2-x^2}}{x^4}\mathrm{d}x\quad(a\neq0)$；

(3) $\displaystyle\int x\ln x\,\mathrm{d}x$；

(4) $\displaystyle\int \mathrm{e}^x\sin x\,\mathrm{d}x$；

(5) $\displaystyle\int \frac{\mathrm{d}x}{3x^2-2x+2}$；

(6) $\displaystyle\int \frac{\mathrm{d}x}{(x^2+a^2)^2}\quad(a>0)$；

(7) $\displaystyle\int \frac{\mathrm{d}x}{x^2(1-x)}$；

(8) $\displaystyle\int \tan^4x\,\mathrm{d}x$；

(9) $\displaystyle\int \frac{\mathrm{d}x}{1+\cos x}$；

(10) $\displaystyle\int \frac{1-\tan x}{1+\tan x}\mathrm{d}x$；

(11) $\displaystyle\int \frac{\sqrt{x-1}}{x}\mathrm{d}x$；

(12) $\displaystyle\int \frac{x}{\sqrt[3]{1-3x}}\mathrm{d}x$；

(13) $\displaystyle\int \frac{4x+3}{(x-2)^2}\mathrm{d}x$；

(14) $\displaystyle\int \frac{x^{11}}{x^8+3x^4+2}\mathrm{d}x$．

数学文化欣赏

积分的发展史

积分的发展有很长的历史，我们将积分的发展史概括如下．

(1) 刘徽．刘徽是人类历史上第一个明确提出极限思想的数学家．牛顿与莱布尼茨完成了"微积分"的创立，但他们最先是在"无穷小"概念的基础上建立起"微积分"的．第二次数学危机时，无数的数学家建议使用极限思想作为"微积分"的基础．

(2) 牛顿和莱布尼茨．牛顿和莱布尼茨为了求出一些曲线下的面积，他们将面积分成无数个小矩形，再求和，这种分割求和的思想就是最早的积分思想．但是因为这个时期关于微积分的理论基础比较少，所以他们当时考虑更多的是一些级数的、几何的方法．牛顿和莱布尼茨的积分思想其实就是现在的定积分，但是不严格．

(3) 欧拉．微分学、积分学继续发展，这个时期人们更加重视微分学，人们发现牛顿和莱布

尼茨的积分与曲线的原函数存在一定的关系. 于是, 欧拉提出积分的定义: 积分学是从给定微分变量中寻找变量自身的方法, 产生这种变量的运算叫作积分. 欧拉定义的这种积分就是我们今天所学的不定积分, 它依赖于微分.

(4) 柯西. 柯西对欧拉关于积分的定义有不同的看法, 柯西认为积分不应从属于微分, 而应该独立存在. 于是, 柯西将积分定义为无穷个小矩形之和的极限, 柯西的这种定义无法定义不连续的函数的积分.

(5) 黎曼(Riemann). 黎曼对柯西关于积分的定义进行了精确, 并且解决了狄利克雷(Dirichlet)函数的积分的问题, 即在黎曼定义的积分下, 狄利克雷函数是不可积的. 黎曼关于积分的定义就是现在的定积分.

刘徽、牛顿、莱布尼茨、欧拉、柯西和黎曼等数学家的贡献构成了积分的发展史, 同时也告诉我们, 任何创新的道路上都没有坦途, 都不是一帆风顺的, 做科学研究就要敢于大胆假设、小心求证.

总习题 4

一、单选题

1. $\left[\displaystyle\int f(x)\,\mathrm{d}x\right]' =$ (　　).

A. $f'(x)$ 　　　　　B. $\displaystyle\int f'(x)\,\mathrm{d}x$ 　　　　　C. $f(x)+C$ 　　　　　D. $f(x)$

2. $\displaystyle\int f'(x)\,\mathrm{d}x =$ (　　).

A. $f(x)$ 　　　　B. $\displaystyle\int f(x)\,\mathrm{d}x +C$ 　　　C. $f(x)+C$ 　　　D. $f'(x)+C$

3. 若函数 $f(x)$ 的一个原函数为 $\sin x$, 则 $f'(x) =$ (　　).

A. $\sin x$ 　　　　B. $\cos x$ 　　　　C. $-\sin x$ 　　　　D. $-\cos x$

4. 函数 $f(x) = \mathrm{e}^{-5x}$ 的不定积分为(　　).

A. $\dfrac{1}{5}\mathrm{e}^{-5x}$ 　　B. $-\dfrac{1}{5}\mathrm{e}^{-5x}$ 　　C. $\dfrac{1}{5}\mathrm{e}^{-5x}+C$ 　　D. $-\dfrac{1}{5}\mathrm{e}^{-5x}+C$

5. 若 $f'(x^2)=\dfrac{1}{x}(x>0)$, 则 $f(x) =$ (　　).

A. $2x+C$ 　　　　B. $2\sqrt{x}+C$ 　　　　C. $\ln|x|+C$ 　　　　D. $2\ln x+C$

6. $\displaystyle\int \ln x\,\mathrm{d}x =$ (　　).

A. $\dfrac{1}{x}$ 　　　　B. $\dfrac{1}{x}+C$ 　　　　C. $x\ln x-x+C$ 　　　　D. $x\ln x-x$

二、填空题

1. 设函数 $f(x)$ 的一个原函数为 $\mathrm{e}^{-\sin x}$, 则 $\displaystyle\int f(x)\,\mathrm{d}x =$ _____.

2. 若 $\int f(x)\,\mathrm{d}x = \ln x + C$，则 $f(x) = $ _____ .

3. 若函数 $f(x) = \mathrm{e}^{2x}$，则 $\int f'(x)\,\mathrm{d}x = $ _____ .

4. $\int (8^x + x^8)\,\mathrm{d}x = $ _____ .

5. $\int \mathrm{e}^{\sin x} \cos x\,\mathrm{d}x = $ _____ .

6. $\int \dfrac{\mathrm{e}^{\frac{1}{x}}}{x^2}\,\mathrm{d}x = $ _____ .

7. $\int \dfrac{\mathrm{d}x}{x \ln x} = $ _____ .

8. $\int (x \sin x)'\,\mathrm{d}x = $ _____ .

9. $\int \mathrm{d}(2^{\sin x}) = $ _____ .

10. $\mathrm{d}\left[\int \ln(x^2 - 1)\,\mathrm{d}x\right] = $ _____ .

三、计算题

1. 求下列不定积分：

(1) $\int (\mathrm{e}^x - 3\cos x)\,\mathrm{d}x$；

(2) $\int (3x^2 + 2\csc x \cot x)\,\mathrm{d}x$；

(3) $\int \left(\dfrac{4}{\sqrt{x}} - \dfrac{x\sqrt{x}}{4}\right)\,\mathrm{d}x$；

(4) $\int \sec x\,(\sec x - \tan x)\,\mathrm{d}x$；

(5) $\int \left(\dfrac{3}{1 + x^2} - \dfrac{8}{\sqrt{1 - x^2}}\right)\,\mathrm{d}x$；

(6) $\int \dfrac{\mathrm{d}x}{(1 - 2x)^2}$；

(7) $\int \cos(5x - 1)\,\mathrm{d}x$；

(8) $\int \dfrac{x}{\sqrt{x^2 + 1}}\,\mathrm{d}x$；

(9) $\int x\mathrm{e}^{-x}\,\mathrm{d}x$；

(10) $\int 4x^3 \ln x\,\mathrm{d}x$；

(11) $\int x^2 \mathrm{e}^{3x}\,\mathrm{d}x$；

(12) $\int \dfrac{x^2}{1 + x^2}\,\mathrm{d}x$；

(13) $\int \dfrac{\mathrm{e}^{2x} - 1}{\mathrm{e}^x + 1}\,\mathrm{d}x$；

(14) $\int \dfrac{\ln x}{\sqrt{x}}\,\mathrm{d}x$；

(15) $\int \dfrac{\mathrm{d}x}{x^2 \sqrt{1 - x^2}}$；

(16) $\int \dfrac{\mathrm{e}^{\sqrt{x}} + \cos\sqrt{x}}{\sqrt{x}}\,\mathrm{d}x$.

2. 利用 MATLAB 求下列不定积分：

(1) $\int \dfrac{\cos x}{\sqrt{2 + \cos 2x}}\,\mathrm{d}x$；

(2) $\int \dfrac{\mathrm{d}x}{\sin^2 x + 2\cos^2 x}$；

(3) $\displaystyle\int \frac{\ln x}{x\sqrt{1+\ln x}}\mathrm{d}x$;

(4) $\displaystyle\int \frac{\mathrm{d}x}{\sqrt{x^2-2x+5}}$;

(5) $\displaystyle\int \frac{2x+3}{\sqrt{-x^2+6x-8}}\mathrm{d}x$;

(6) $\displaystyle\int \frac{x}{\sin^2 x}\mathrm{d}x$;

(7) $\displaystyle\int \frac{x+\ln^3 x}{(x\ln x)^2}\mathrm{d}x$;

(8) $\displaystyle\int \frac{\ln(\mathrm{e}^x+1)}{\mathrm{e}^x}\mathrm{d}x$;

(9) $\displaystyle\int \frac{x\arctan x}{\sqrt{1+x^2}}\mathrm{d}x$;

(10) $\displaystyle\int \frac{\ln x}{x^2}\mathrm{d}x$;

(11) $\displaystyle\int x^3\sqrt{4-x^2}\mathrm{d}x$.

四、应用题

1.已知函数 $f(x)=2x+3$ 的一个原函数为 $F(x)$,且满足 $F(1)=2$,求 $F(x)$.

2.已知一曲线通过点$(\mathrm{e}^3,5)$,且它在任一点处的切线斜率等于该点横坐标的倒数,求该曲线方程.

3.求函数 $f(x)=2\mathrm{e}^{2x-4}$ 的过点$(2,4)$的积分曲线.

第5章 定积分及其应用

　　定积分起源于求不规则图形的面积和体积等实际问题.古希腊的阿基米德（Archimedes）和我国魏晋时期的刘徽分别用"穷竭法"和"割圆术"计算过一些不规则几何体的面积和体积，这就是定积分的雏形.直到17世纪中叶，牛顿与莱布尼茨先后提出了定积分的概念，并发现了积分与微分两者的内在联系，给出了计算定积分的一般方法，从此定积分成为解决实际问题的有力工具，原本各自独立的微分学与积分学联系在了一起，构成了完整的理论体系——微积分学.本章先从曲边梯形的面积问题、变速直线运动的位移问题及总成本问题引入定积分的定义，然后讨论定积分的性质与计算，以及定积分在几何学与经济学中的应用.

失尽小者大，积微者著，德至者色泽洽，行尽而声问远.

——《荀子·大略》

§5.1 定积分的概念

割圆术是用圆内接正多边形的面积去无限逼近圆面积的一种思想.这种思想可以推广到求变化量,我们可以考虑先分割、近似、求和,再通过取极限逼近得到精确值.

下面从三个典型问题入手,考察定积分的概念是怎么从现实原型中抽象出来的.

一、引例

1. 曲边梯形的面积问题

设函数 $y=f(x)(f(x)\geqslant 0)$ 在区间 $[a,b]$ 上连续.由直线 $x=a,x=b,y=0$ 及曲线 $y=f(x)$ 所围成的图形称为**曲边梯形**,如图 5.1.1 所示.我们利用类似于割圆术的思想分四步求曲边梯形的面积 S.

(1) 分割:在开区间 (a,b) 内任意插入 $n-1$ 个分点
$$a=x_0<x_1<x_2<\cdots<x_{n-1}<x_n=b,$$
将 $[a,b]$ 分成 n 个小区间 $[x_{i-1},x_i]$,第 i 个小区间的长度为 $\Delta x_i=x_i-x_{i-1}(i=1,2,\cdots,n)$,分别过各分点作 x 轴的垂线,把曲边梯形分成 n 个小曲边梯形.设第 i 个小曲边梯形的面积为 $\Delta S_i(i=1,2,\cdots,n)$,则所求曲边梯形的面积为
$$S=\Delta S_1+\Delta S_2+\cdots+\Delta S_n=\sum_{i=1}^{n}\Delta S_i.$$

(2) 近似:在第 i 个小区间 $[x_{i-1},x_i](i=1,2,\cdots,n)$ 上任取一点 ξ_i,作以 $f(\xi_i)$ 为高、小区间 $[x_{i-1},x_i]$ 为底的小矩形(见图5.1.2),则第 i 个小曲边梯形的面积 ΔS_i 可近似为第 i 个小矩形的面积,即
$$\Delta S_i\approx f(\xi_i)\Delta x_i\quad(i=1,2,\cdots,n).$$

(3) 求和:n 个小矩形的面积之和就是所求曲边梯形面积的近似值,即
$$S\approx f(\xi_1)\Delta x_1+f(\xi_2)\Delta x_2+\cdots+f(\xi_n)\Delta x_n=\sum_{i=1}^{n}f(\xi_i)\Delta x_i.$$

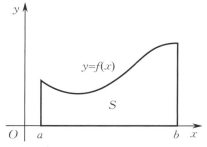

图 5.1.1　曲边梯形

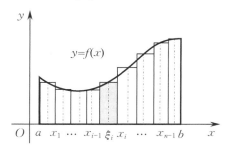

图 5.1.2　近似

(4) 取极限:为了减小实际值与近似值之间的误差,令 $\lambda=\max\limits_{1\leqslant i\leqslant n}\{\Delta x_i\}$,当 $\lambda\to 0$ 时,上述和式的极限就是所求曲边梯形的面积,即

$$S = \lim_{\lambda \to 0} \sum_{i=1}^{n} f(\xi_i) \Delta x_i.$$

2. 变速直线运动的位移问题

设质点做变速直线运动,其速度为 $v = v(t)$,求在时间区间 $[T_1, T_2]$ 内质点的位移 s.

在匀速直线运动中,速度是常数 v_0,位移与时间成正比,即 $s = v_0(T_2 - T_1)$. 我们利用类似于求曲边梯形面积的方法求变速直线运动的位移.

(1) 分割:在开区间 (T_1, T_2) 内任意插入 $n-1$ 个分点

$$T_1 = t_0 < t_1 < t_2 < \cdots < t_{n-1} < t_n = T_2,$$

将 $[T_1, T_2]$ 分成 n 个小区间 $[t_{i-1}, t_i]$,第 i 个小区间的长度为 $\Delta t_i = t_i - t_{i-1} (i = 1, 2, \cdots, n)$.

(2) 近似:在第 i 个小区间 $[t_{i-1}, t_i] (i = 1, 2, \cdots, n)$ 上任取一点 ξ_i,由于质点运动速度的变化是连续的,在很短的时间区间 $[t_{i-1}, t_i]$ 内,速度近似于匀速,因此可以认为在时间区间 $[t_{i-1}, t_i]$ 内,质点运动的速度近似等于 $v(\xi_i)$,从而质点在时间区间 $[t_{i-1}, t_i]$ 内经过的位移 Δs_i 可近似为 $v(\xi_i)\Delta t_i$,即

$$\Delta s_i \approx v(\xi_i)\Delta t_i \quad (i = 1, 2, \cdots, n).$$

(3) 求和:质点在整个时间区间 $[T_1, T_2]$ 内位移的近似值为

$$s \approx v(\xi_1)\Delta t_1 + v(\xi_2)\Delta t_2 + \cdots + v(\xi_n)\Delta t_n = \sum_{i=1}^{n} v(\xi_i)\Delta t_i.$$

(4) 取极限:令 $\lambda = \max_{1 \leqslant i \leqslant n}\{\Delta t_i\}$,当 $\lambda \to 0$ 时,上述和式的极限就是质点做变速直线运动的位移,即

$$s = \lim_{\lambda \to 0} \sum_{i=1}^{n} v(\xi_i)\Delta t_i.$$

3. 总成本问题

设边际成本 $C'(x)$ 为产量 x 的连续函数,求产量 x 从 α 变化到 β 时的总成本可按以下步骤进行.

(1) 分割:在开区间 (α, β) 内任意插入 $n-1$ 个分点

$$\alpha = x_0 < x_1 < x_2 < \cdots < x_{n-1} < x_n = \beta,$$

将 $[\alpha, \beta]$ 分成 n 个小区间 $[x_{i-1}, x_i]$,第 i 个小区间的产量为 $\Delta x_i = x_i - x_{i-1} (i = 1, 2, \cdots, n)$.

(2) 近似:在第 i 个小区间 $[x_{i-1}, x_i] (i = 1, 2, \cdots, n)$ 上任取一点 ξ_i,把 $C'(\xi_i)$ 作为该小区间平均成本的近似值,则

$$\Delta C_i \approx C'(\xi_i)\Delta x_i \quad (i = 1, 2, \cdots, n).$$

(3) 求和:把每个小区间 $[x_{i-1}, x_i] (i = 1, 2, \cdots, n)$ 的成本相加,得到总成本的近似值,即

$$C \approx C'(\xi_1)\Delta x_1 + C'(\xi_2)\Delta x_2 + \cdots + C'(\xi_n)\Delta x_n = \sum_{i=1}^{n} C'(\xi_i)\Delta x_i.$$

(4) 取极限:令 $\lambda = \max_{1 \leqslant i \leqslant n}\{\Delta x_i\}$,当 $\lambda \to 0$ 时,上述和式的极限就是所求总成本,即

$$C = \lim_{\lambda \to 0} \sum_{i=1}^{n} C'(\xi_i)\Delta x_i.$$

虽然上述面积、位移及总成本问题的实际意义不同,但其解决问题的思路和方法是一致的,即分割、近似、求和、取极限四步,结果都是求一个乘积和式的极限. 事实上,还有很多实际问题也可以归结为这类和式极限,弄清它们在数量关系上共同的本质与特性,加以抽象概括,

就可以给出定积分的定义.

二、定积分的定义

定义 5.1.1　设函数 $f(x)$ 在区间 $[a,b]$ 上有界,在开区间 (a,b) 内任意插入 $n-1$ 个分点
$$a=x_0<x_1<x_2<\cdots<x_{n-1}<x_n=b,$$
将区间 $[a,b]$ 分成 n 个小区间 $[x_{i-1},x_i]$,第 i 个小区间的长度为 $\Delta x_i=x_i-x_{i-1}(i=1,2,\cdots,n)$. 在第 i 个小区间上任取一点 $\xi_i(i=1,2,\cdots,n)$,做和式
$$S_n=\sum_{i=1}^{n}f(\xi_i)\Delta x_i.$$
令 $\lambda=\max_{1\leqslant i\leqslant n}\{\Delta x_i\}$,若极限
$$\lim_{\lambda\to 0}S_n=\lim_{\lambda\to 0}\sum_{i=1}^{n}f(\xi_i)\Delta x_i$$
存在,且极限值与区间分割的方式和点 ξ_i 的取法无关,则称函数 $f(x)$ 在区间 $[a,b]$ 上**可积**,并将此极限值称为函数 $f(x)$ 在区间 $[a,b]$ 上的**定积分**,记为 $\int_a^b f(x)\mathrm{d}x$,即
$$\int_a^b f(x)\mathrm{d}x=\lim_{\lambda\to 0}\sum_{i=1}^{n}f(\xi_i)\Delta x_i,$$
其中,$\int$ 称为**积分号**,$[a,b]$ 称为**积分区间**,a 和 b 分别称为**积分下限**和**积分上限**,$f(x)$ 称为**被积函数**,$f(x)\mathrm{d}x$ 称为**被积表达式**,x 称为**积分变量**.

> **注意**
> 　　定积分与不定积分是两个截然不同的概念. 定积分是一个具体数值,定积分存在时,其值仅与函数 $f(x)$ 和区间 $[a,b]$ 有关,而与积分变量所用的符号无关,即
> $$\int_a^b f(x)\mathrm{d}x=\int_a^b f(u)\mathrm{d}u=\int_a^b f(t)\mathrm{d}t.$$

利用定义很难判断函数 $f(x)$ 的可积性,为了便于判断,给出如下定理.

定理 5.1.1　若函数 $f(x)$ 在区间 $[a,b]$ 上连续,则其在 $[a,b]$ 上可积.

定理 5.1.2　若函数 $f(x)$ 在区间 $[a,b]$ 上有界,且只有有限个间断点,则其在 $[a,b]$ 上可积.

三、定积分的几何意义

设函数 $y=f(x)$ 在区间 $[a,b]$ 上连续,由直线 $x=a$,$x=b$,$y=0$ 及曲线 $y=f(x)$ 所围成的图形的面积为 S.

(1) 当 $f(x)\geqslant 0,x\in[a,b]$ 时,有 $\int_a^b f(x)\mathrm{d}x=S$,如图 5.1.3(a) 所示;

(2) 当 $f(x)\leqslant 0,x\in[a,b]$ 时,有 $\int_a^b f(x)\mathrm{d}x=-S$,如图 5.1.3(b) 所示;

(3) 当 $f(x)$ 在 $[a,b]$ 上有正也有负时,有 $\int_a^b f(x)\mathrm{d}x=S_1-S_2+S_3$,如图 5.1.3(c) 所示,即定积分 $\int_a^b f(x)\mathrm{d}x$ 表示 x 轴的所有上侧区域的面积之和减去 x 轴的所有下侧区域的面积之和.

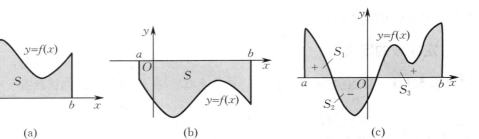

图 5.1.3 定积分的几何意义

例 5.1.1 利用定积分的定义计算 $\int_0^1 x \, dx$.

解 由于函数 $f(x) = x$ 在区间 $[0,1]$ 上连续,因此其在 $[0,1]$ 上可积.将区间 $[0,1]$ n 等分,则每个小区间 $[x_{i-1}, x_i]$ 的长度为 $\Delta x_i = \dfrac{1}{n} (i = 1, 2, \cdots, n)$,即 $\lambda = \max\limits_{1 \leqslant i \leqslant n} \{\Delta x_i\} = \dfrac{1}{n}$.取每个小区间的右端点为 ξ_i,即 $\xi_i = \dfrac{i}{n} (i = 1, 2, \cdots, n)$,于是求和得

$$\sum_{i=1}^n f(\xi_i) \Delta x_i = \sum_{i=1}^n \frac{i}{n} \cdot \frac{1}{n} = \frac{1}{n^2} \sum_{i=1}^n i = \frac{1}{n^2} (1 + 2 + \cdots + n)$$
$$= \frac{1}{n^2} \cdot \frac{n(n+1)}{2} = \frac{1}{2} \left(1 + \frac{1}{n}\right).$$

因此

$$\int_0^1 x \, dx = \lim_{\lambda \to 0} \sum_{i=1}^n f(\xi_i) \Delta x_i = \lim_{n \to \infty} \frac{1}{2} \left(1 + \frac{1}{n}\right) = \frac{1}{2}.$$

例 5.1.2 利用定积分的几何意义计算 $\int_0^1 x \, dx$.

解 由定积分的几何意义可知,$\int_0^1 x \, dx$ 等于如图 5.1.4 所示的三角形的面积,于是

$$\int_0^1 x \, dx = S = \frac{1}{2} \times 1 \times 1 = \frac{1}{2}.$$

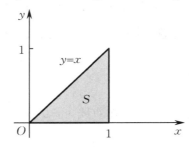

图 5.1.4 例 5.1.2 的示意图

四、定积分的性质

在定积分的定义中,我们是假定 $a < b$ 的.若 $a > b$,则规定 $\int_a^b f(x) \, dx = -\int_b^a f(x) \, dx$;若 $a = b$,则规定 $\int_a^a f(x) \, dx = 0$.

下面讨论定积分的性质,假定各性质中所列出的定积分都存在.

性质 1 $\int_a^b [f(x) \pm g(x)] \mathrm{d}x = \int_a^b f(x)\mathrm{d}x \pm \int_a^b g(x)\mathrm{d}x$.

注意 性质 1 对于任意有限个函数的和(差)都成立.

性质 2 $\int_a^b kf(x)\mathrm{d}x = k\int_a^b f(x)\mathrm{d}x$($k$ 为常数).

性质 3(区间可加性) 对于任意常数 c,有
$$\int_a^b f(x)\mathrm{d}x = \int_a^c f(x)\mathrm{d}x + \int_c^b f(x)\mathrm{d}x.$$

定积分性质
的证明

注意 无论 a,b,c 的相对位置如何,上式总成立. 例如,当 $a<b<c$ 时,有
$$\int_a^b f(x)\mathrm{d}x = \int_a^c f(x)\mathrm{d}x - \int_b^c f(x)\mathrm{d}x = \int_a^c f(x)\mathrm{d}x + \int_c^b f(x)\mathrm{d}x.$$

性质 4 若在区间 $[a,b]$ 上,$f(x) \equiv 1$,则 $\int_a^b 1\mathrm{d}x = b-a$.

性质 5(保号性) 若在区间 $[a,b]$ 上,$f(x) \geqslant 0$,则 $\int_a^b f(x)\mathrm{d}x \geqslant 0$.

推论 1 若在区间 $[a,b]$ 上,$f(x) \leqslant g(x)$,则 $\int_a^b f(x)\mathrm{d}x \leqslant \int_a^b g(x)\mathrm{d}x$.

注意 若函数 $f(x)$ 和 $g(x)$ 都在区间 $[a,b]$ 上连续,$f(x) \leqslant g(x)$ 且 $f(x) \not\equiv g(x)$,则有
$$\int_a^b f(x)\mathrm{d}x < \int_a^b g(x)\mathrm{d}x.$$

推论 2 $\left| \int_a^b f(x)\mathrm{d}x \right| \leqslant \int_a^b |f(x)|\mathrm{d}x$ $(a<b)$.

性质 6(估值定理) 设 M 和 m 分别是函数 $f(x)$ 在区间 $[a,b]$ 上的最大值和最小值,则
$$m(b-a) \leqslant \int_a^b f(x)\mathrm{d}x \leqslant M(b-a).$$

性质 7(积分中值定理) 若函数 $f(x)$ 在区间 $[a,b]$ 上连续,则至少存在一点 $\xi \in [a,b]$,使得 $\int_a^b f(x)\mathrm{d}x = f(\xi)(b-a)$ $(a \leqslant \xi \leqslant b)$.

积分中值定理的几何意义是:以区间 $[a,b]$ 为底边、曲线 $y=f(x)$ 为曲边的曲边梯形的面积等于同一底边而高为 $f(\xi)$ 的矩形的面积(见图 5.1.5).

由上述几何意义可知,数值 $f(\xi) = \dfrac{1}{b-a}\int_a^b f(x)\mathrm{d}x$ 表示连续函数 $f(x)$ 在区间 $[a,b]$ 上的平均高度,一般称其为函数 $f(x)$ 在区间 $[a,b]$ 上的平均值. 这一概念是对有限个数的平均值概念的延伸,如计算平均速度、平均剩余等.

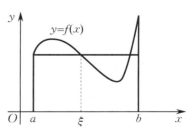
图 5.1.5 积分中值定理的几何意义

例 5.1.3 比较定积分 $\int_0^1 x^2 \mathrm{d}x$ 与 $\int_0^1 x^3 \mathrm{d}x$ 的大小.

解 当 $x \in [0,1]$ 时,$x^2 \geqslant x^3$ 且 $x^2 \not\equiv x^3$,于是有
$$\int_0^1 x^2 \mathrm{d}x > \int_0^1 x^3 \mathrm{d}x.$$

例 5.1.4 估计定积分 $\int_0^2 (x^2 - 2x + 2)\mathrm{d}x$ 的范围.

解 因为 $x^2 - 2x + 2 = (x-1)^2 + 1$,当 $x \in [0,2]$ 时,有 $1 \leqslant (x-1)^2 + 1 \leqslant 2$,所以
$$2 \leqslant \int_0^2 (x^2 - 2x + 2)\mathrm{d}x \leqslant 4.$$

例 5.1.5 某工厂生产的某产品的年销售量为 100 万件,假设:(1)这些产品分成若干批生产,每批需生产准备费 1 000 元(与批量大小无关);(2)产品均匀销售(产品的平均库存量为批量的一半),且每件产品库存一年需要库存费 0.05 元.求使每年生产所需的生产准备费与库存费之和为最小时的最优生产批量(称为**经济批量**).

解 设生产批量为 x(单位:件),每年的生产准备费与库存费之和为 C(单位:元),则
$$C = C(x) = 1\,000 \times \frac{1\,000\,000}{x} + 0.05 \times \frac{x}{2} = \frac{10^9}{x} + \frac{x}{40}.$$

令 $C'(x) = \dfrac{1}{40} - \dfrac{10^9}{x^2} = 0$,得驻点 $x_0 = 2 \times 10^5$. 由
$$C''(x) = \frac{2 \times 10^9}{x^3}, \quad C''(2 \times 10^5) = \frac{2 \times 10^9}{(2 \times 10^5)^3} = \frac{1}{4 \times 10^6} > 0,$$

可知驻点 x_0 为唯一的极小值点,即最小值点.因此最优生产批量为 20 万件.

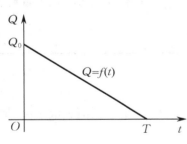

图 5.1.6 产品均匀销售

在例 5.1.5 中提到的产品均匀销售(产品的平均库存量为批量的一半),现用函数平均值的概念加以解释:产品均匀销售时,库存量关于时间的函数 $Q = f(t)$,如图 5.1.6 所示,由定积分的几何意义有 $\int_0^T f(t)\mathrm{d}t = \dfrac{1}{2}TQ_0$,再由函数平均值的概念有
$$\overline{Q} = \frac{1}{T}\int_0^T f(t)\mathrm{d}t = \frac{1}{T} \cdot \frac{1}{2}TQ_0 = \frac{1}{2}Q_0,$$
即产品的平均库存量为批量的一半.

习 题 5.1

1. 利用定积分的定义计算 $\int_0^1 x^2 \mathrm{d}x$.

2. 利用定积分的几何意义计算下列定积分:

(1) $\int_{-1}^4 3\mathrm{d}x$; (2) $\int_0^4 x \mathrm{d}x$;

(3) $\int_0^1 \sqrt{1 - x^2}\,\mathrm{d}x$; (4) $\int_{-\pi}^{\pi} \sin x \mathrm{d}x$.

3. 根据定积分的性质,比较下列定积分的大小:

(1) $\int_3^4 \ln x \, dx$ 与 $\int_3^4 \ln^2 x \, dx$；   (2) $\int_0^1 e^x \, dx$ 与 $\int_0^1 e^{x^2} \, dx$；

(3) $\int_0^{\frac{\pi}{2}} \sin x \, dx$ 与 $\int_0^{\frac{\pi}{2}} x \, dx$；   (4) $\int_0^1 x \, dx$ 与 $\int_0^1 \ln(1+x) \, dx$；

(5) $\int_{-\frac{\pi}{2}}^0 \sin x \, dx$ 与 $\int_0^{\frac{\pi}{2}} \sin x \, dx$；   (6) $\int_0^1 e^x \, dx$ 与 $\int_0^1 (1+x) \, dx$.

4. 估计下列定积分的范围：

(1) $\int_1^2 \dfrac{x}{1+x^2} \, dx$；   (2) $\int_{\frac{\pi}{4}}^{\frac{\pi}{2}} \dfrac{\sin x}{x} \, dx$.

5. 求函数 $f(x) = 2^x$ 在区间 $[0,2]$ 上的平均值.

6. 设一商品从 0 时刻到 t 时刻的销售量（单位：件）为 $f(t) = kt, t \in [0,T], k > 0$，欲在 T 时刻将数量为 3 000 件的该商品销售完，试求：

(1) t 时刻该商品的剩余量，并确定 k 的值；

(2) 在区间 $[0,T]$ 内的平均剩余量.

§5.2　微积分基本定理

积分学要解决的两个问题：一是求原函数的问题，我们在第 4 章中已经对它做了详细讨论；二是定积分的计算问题，如果按定义来计算复杂的定积分，那将是一件很困难的事情. 因此我们需要寻找一种计算定积分的有效方法.

我们知道，不定积分作为原函数的概念与定积分作为和式极限的概念是完全不相干的，但是牛顿和莱布尼茨发现并找到了这两个概念之间的内在联系，即微积分基本定理，并由此巧妙地开辟了求定积分的新方法 —— 牛顿-莱布尼茨公式. 为了学习微积分基本定理，下面引入一个特殊函数.

一、积分上限函数及其导数

设函数 $f(x)$ 在区间 $[a,b]$ 上连续，x 为区间 $[a,b]$ 上的任意一点，考察以 x 为积分上限的定积分

$$\int_a^x f(x) \, dx.$$

由于函数 $f(x)$ 在区间 $[a,x]$ 上仍然连续，因此这个定积分存在. 这时，积分上限和积分变量都为 x，但它们的含义并不相同，而定积分与积分变量的选取无关，为了区分它们，常将积分变量改用 t 来表示，即

$$\int_a^x f(x) \, dx = \int_a^x f(t) \, dt, \quad x \in [a,b].$$

若积分上限 x 在区间 $[a,b]$ 上变动,则对于每一个给定的 x,定积分 $\int_a^x f(t)\mathrm{d}t$ 都有唯一的一个确定的值与 x 对应,从而定积分 $\int_a^x f(t)\mathrm{d}t$ 定义了一个在区间 $[a,b]$ 上的函数,记为 $p(x)$,即

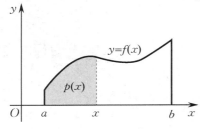

图 5.2.1 积分上限函数的几何意义

$$p(x) = \int_a^x f(t)\mathrm{d}t, \quad x \in [a,b].$$

称 $p(x)$ 为**变上限积分** $\int_a^x f(t)\mathrm{d}t$ 的积分上限函数.

函数 $p(x)$ 的几何意义是:由直线 $x=a$,$y=0$,过点 x 且与 x 轴垂直的直线及曲线 $y=f(x)$ 所围成的曲边梯形的面积,如图 5.2.1 所示,曲边梯形的面积 $p(x)$ 随 x 的位置的变动而改变,当 x 给定后,$p(x)$ 随之确定.

函数 $p(x)$ 具有以下重要性质.

定理 5.2.1　**若函数 $f(x)$ 在区间 $[a,b]$ 上连续,则积分上限函数**

$$p(x) = \int_a^x f(t)\mathrm{d}t, \quad x \in [a,b]$$

定理 5.2.1 的证明

在区间 $[a,b]$ 上可导,且

$$p'(x) = \frac{\mathrm{d}}{\mathrm{d}x}\int_a^x f(t)\mathrm{d}t = f(x), \quad x \in [a,b].$$

由原函数的定义可知,$p(x)$ 为连续函数 $f(x)$ 在区间 $[a,b]$ 上的一个原函数,因此我们有可能通过原函数来计算定积分.

关于变限积分的可导性,它的一般形式如下:

推论 1 的证明

推论 1　设函数 $f(x)$ 在区间 $[a,b]$ 上连续,$\alpha(x)$,$\beta(x)$ 是区间 $[a,b]$ 上的可导函数,且 $a \leqslant \alpha(x) \leqslant b, a \leqslant \beta(x) \leqslant b, x \in [a,b]$,则

$$\left[\int_{\alpha(x)}^{\beta(x)} f(t)\mathrm{d}t\right]' = f[\beta(x)]\beta'(x) - f[\alpha(x)]\alpha'(x).$$

例 5.2.1　求下列函数的导数:

(1) $p(x) = \int_0^x \sqrt{1+t^3}\,\mathrm{d}t$;　　　　　(2) $p(x) = \int_x^1 t^4\,\mathrm{d}t$;

(3) $p(x) = \int_1^{x^3} \mathrm{e}^t\,\mathrm{d}t$;　　　　　(4) $p(x) = \int_x^{x^2} \sqrt{1+t\mathrm{e}^{-t}}\,\mathrm{d}t$.

解　(1) $p'(x) = \dfrac{\mathrm{d}}{\mathrm{d}x}\int_0^x \sqrt{1+t^3}\,\mathrm{d}t = \sqrt{1+x^3}$.

(2) $p'(x) = \dfrac{\mathrm{d}}{\mathrm{d}x}\int_x^1 t^4\,\mathrm{d}t = -x^4$.

(3) $p'(x) = \dfrac{\mathrm{d}}{\mathrm{d}x}\int_1^{x^3} \mathrm{e}^t\,\mathrm{d}t = \mathrm{e}^{x^3} \cdot (x^3)' = 3x^2\mathrm{e}^{x^3}$.

(4) $p'(x) = \dfrac{\mathrm{d}}{\mathrm{d}x}\int_x^{x^2} \sqrt{1+t\mathrm{e}^{-t}}\,\mathrm{d}t = \sqrt{1+x^2\mathrm{e}^{-x^2}} \cdot 2x - \sqrt{1+x\mathrm{e}^{-x}}$

$$= 2x\sqrt{1+x^2\mathrm{e}^{-x^2}} - \sqrt{1+x\mathrm{e}^{-x}}.$$

例 5.2.2　求极限 $\displaystyle\lim_{x\to0}\dfrac{\displaystyle\int_0^{x^2}\cos t^2\,\mathrm{d}t}{3x^2}$.

解　令 $p(x)=\displaystyle\int_0^{x^2}\cos t^2\,\mathrm{d}t$. 因为 $\displaystyle\lim_{x\to0}p(x)=p(0)=0$,所以所求极限为 $\dfrac{0}{0}$ 型未定式,从而由洛必达法则得

$$\lim_{x\to0}\frac{\displaystyle\int_0^{x^2}\cos t^2\,\mathrm{d}t}{3x^2}=\lim_{x\to0}\frac{2x\cos x^4}{6x}=\frac{1}{3}.$$

二、变速直线运动中位置函数与速度函数之间的联系

设一物体做变速直线运动,t 时刻物体所在的位置为 $s(t)$,速度为 $v(t)$($v(t)\geqslant0$),则物体在时间间隔 $[T_1,T_2]$ 内经过的位移可用速度函数表示为 $\displaystyle\int_{T_1}^{T_2}v(t)\,\mathrm{d}t$. 另外,这段位移还可以通过位置函数 $s(t)$ 在时间间隔 $[T_1,T_2]$ 上的增量 $s(T_2)-s(T_1)$ 来表达,即

$$\int_{T_1}^{T_2}v(t)\,\mathrm{d}t=s(T_2)-s(T_1),$$

且 $s'(t)=v(t)$.

那么,对于一般函数 $f(x)$,设 $F'(x)=f(x)$,是否也有

$$\int_a^b f(x)\,\mathrm{d}x=F(b)-F(a)?$$

三、牛顿-莱布尼茨公式

定理 5.2.2(微积分基本定理)　设 $F(x)$ 是连续函数 $f(x)$ 在区间 $[a,b]$ 上的一个原函数,则

$$\int_a^b f(x)\,\mathrm{d}x=F(b)-F(a).$$

由于这个公式是牛顿和莱布尼茨共同提出的,因此这个公式又称为牛顿-莱布尼茨公式.

微积分基本
定理的证明

为方便起见,定义符号 $F(x)\Big|_a^b=F(b)-F(a)$,则

$$\int_a^b f(x)\,\mathrm{d}x=F(b)-F(a)=F(x)\Big|_a^b.$$

例 5.2.3　计算定积分 $\displaystyle\int_0^1 x^3\,\mathrm{d}x$.

解　$\displaystyle\int_0^1 x^3\,\mathrm{d}x=\dfrac{x^4}{4}\Big|_0^1=\dfrac{1}{4}$.

例 5.2.4　计算定积分 $\displaystyle\int_0^{\frac{\pi}{2}}(2\cos x+\sin x+1)\,\mathrm{d}x$.

解　$\displaystyle\int_0^{\frac{\pi}{2}}(2\cos x+\sin x+1)\,\mathrm{d}x=2\int_0^{\frac{\pi}{2}}\cos x\,\mathrm{d}x+\int_0^{\frac{\pi}{2}}\sin x\,\mathrm{d}x+\int_0^{\frac{\pi}{2}}1\,\mathrm{d}x$

$$=2\sin x\Big|_0^{\frac{\pi}{2}}-\cos x\Big|_0^{\frac{\pi}{2}}+x\Big|_0^{\frac{\pi}{2}}=3+\frac{\pi}{2}.$$

例5.2.5 计算定积分 $\int_0^1 \sqrt{x}(1+\sqrt[3]{x})\mathrm{d}x$.

解 $\int_0^1 \sqrt{x}(1+\sqrt[3]{x})\mathrm{d}x = \int_0^1 \left(x^{\frac{1}{2}}+x^{\frac{5}{6}}\right)\mathrm{d}x = \int_0^1 x^{\frac{1}{2}}\mathrm{d}x + \int_0^1 x^{\frac{5}{6}}\mathrm{d}x$

$$= \frac{2}{3}x^{\frac{3}{2}}\Big|_0^1 + \frac{6}{11}x^{\frac{11}{6}}\Big|_0^1 = \frac{40}{33}.$$

例5.2.6 计算定积分 $\int_{-1}^1 \frac{x^2}{1+x^2}\mathrm{d}x$.

解 $\int_{-1}^1 \frac{x^2}{1+x^2}\mathrm{d}x = \int_{-1}^1 \frac{x^2+1-1}{1+x^2}\mathrm{d}x = \int_{-1}^1 1\mathrm{d}x - \int_{-1}^1 \frac{\mathrm{d}x}{1+x^2} = x\Big|_{-1}^1 - \arctan x\Big|_{-1}^1$

$$= 2 - [\arctan 1 - \arctan(-1)] = 2 - \left[\frac{\pi}{4} - \left(-\frac{\pi}{4}\right)\right] = 2 - \frac{\pi}{2}.$$

例5.2.7 求函数 $f(x)=|2-x|$ 在区间 $[0,6]$ 上的定积分.

解 $\int_0^6 f(x)\mathrm{d}x = \int_0^2 (2-x)\mathrm{d}x + \int_2^6 (x-2)\mathrm{d}x$

$$= \left(2x - \frac{1}{2}x^2\right)\Big|_0^2 + \left(\frac{1}{2}x^2 - 2x\right)\Big|_2^6 = 10.$$

注意	如果被积函数是分段函数,那么必须运用积分区间可加性,将原定积分按分段点分成若干个定积分,再进行计算.

习 题 5.2

1.求下列函数的导数:

(1) $p(x) = \int_0^x \sin t\,\mathrm{d}t$;

(2) $p(x) = \int_0^x t^2 2^t\,\mathrm{d}t$;

(3) $p(x) = \int_x^0 \ln(1+t)\,\mathrm{d}t$;

(4) $p(x) = \int_0^{x^2} \ln(1+t)\,\mathrm{d}t$;

(5) $p(x) = \int_x^{x^2} \cos t\,\mathrm{d}t$;

(6) $p(x) = \int_{x^2}^2 \mathrm{e}^{2t+1}\,\mathrm{d}t$.

2.求下列极限:

(1) $\lim\limits_{x\to 0} \dfrac{\int_0^x 5\sin t^3\,\mathrm{d}x}{6x^4}$;

(2) $\lim\limits_{x\to\infty} \dfrac{\int_0^x 5\mathrm{e}^{t^4}\,\mathrm{d}x}{\mathrm{e}^{x^4}}$;

(3) $\lim\limits_{x\to 1} \dfrac{\int_1^x \sin(t-1)\,\mathrm{d}t}{(x-1)^2}$;

(4) $\lim\limits_{x\to 0} \dfrac{\int_0^{x^2} (\mathrm{e}^t-1)\,\mathrm{d}t}{\int_0^x t^3\,\mathrm{d}t}$.

3.计算下列定积分:

(1) $\int_{-\frac{1}{2}}^{\frac{1}{2}} \dfrac{\mathrm{d}x}{\sqrt{1-x^2}}$;

(2) $\int_{-1}^1 (x^3-3x^2)\mathrm{d}x$;

(3) $\displaystyle\int_1^8 \dfrac{\mathrm{d}x}{\sqrt[3]{x}}$; (4) $\displaystyle\int_0^1 (x^2 + 3\sqrt{x})\mathrm{d}x$;

(5) $\displaystyle\int_0^{\frac{\pi}{2}} \sqrt{1 - \sin 2x}\,\mathrm{d}x$.

4. 设函数 $y = y(x)$ 由方程 $\displaystyle\int_0^y e^t \mathrm{d}t + \int_0^x \cos t\,\mathrm{d}t = 0$ 确定，求 $\dfrac{\mathrm{d}y}{\mathrm{d}x}$.

5. 求函数 $p(x) = \displaystyle\int_0^x t e^{-t^2}\mathrm{d}t$ 的极值.

§5.3 定积分的换元积分法和分部积分法

计算定积分 $\displaystyle\int_a^b f(x)\mathrm{d}x$ 的简便方法是先求出一个原函数，然后用牛顿-莱布尼茨公式即可算出定积分值. 在不定积分中，我们知道换元积分法和分部积分法可以求出一些较复杂函数的原函数，本节把不定积分的换元积分法和分部积分法运用到定积分中，得到相应的定积分的计算方法.

一、定积分的换元积分法

定理 5.3.1 若函数 $f(x)$ 在区间 $[a, b]$ 上连续，$x = \varphi(t)$ 在区间 $[\alpha, \beta]$（或区间 $[\beta, \alpha]$）上有连续导数，且满足

$$\varphi(\alpha) = a, \quad \varphi(\beta) = b, \quad a \leqslant \varphi(t) \leqslant b,$$

则有定积分的换元积分公式

$$\int_a^b f(x)\mathrm{d}x = \int_\alpha^\beta f[\varphi(t)]\varphi'(t)\mathrm{d}t.$$

定理 5.3.1 的证明

注意

(1) 在用 $x = \varphi(t)$ 把变量 x 替换成新变量 t 时，积分限也要换成相应于新变量 t 的积分限，且新积分上限对应原积分上限，新积分下限对应原积分下限.

(2) 在求出 $f[\varphi(t)]\varphi'(t)$ 以 t 为积分变量的一个原函数 $\Phi(t)$ 后，不必再回代到原积分变量和积分限，对换元后的新积分变量与新积分限直接使用牛顿-莱布尼茨公式求定积分的值即可.

(3) 从左到右使用公式相当于不定积分的第二类换元积分法；从右到左使用公式相当于不定积分的第一类换元积分法，即

$$\int_a^b f[\varphi(x)]\varphi'(x)\mathrm{d}x = \int_a^b f[\varphi(x)]\mathrm{d}[\varphi(x)] \xrightarrow{t = \varphi(x)} \int_\alpha^\beta f(t)\mathrm{d}t,$$

其中，$\varphi(a) = \alpha, \varphi(b) = \beta$.

例 5.3.1　计算定积分 $\int_0^{\frac{\pi}{6}} \sin\left(2x + \frac{\pi}{6}\right) \mathrm{d}x$.

解　方法 1　$\int_0^{\frac{\pi}{6}} \sin\left(2x + \frac{\pi}{6}\right) \mathrm{d}x = \frac{1}{2} \int_0^{\frac{\pi}{6}} \sin\left(2x + \frac{\pi}{6}\right) \cdot \left(2x + \frac{\pi}{6}\right)' \mathrm{d}x$

$$= \frac{1}{2} \int_0^{\frac{\pi}{6}} \sin\left(2x + \frac{\pi}{6}\right) \mathrm{d}\left(2x + \frac{\pi}{6}\right)$$

$$\xrightarrow{t = 2x + \frac{\pi}{6}} \frac{1}{2} \int_{\frac{\pi}{6}}^{\frac{\pi}{2}} \sin t \,\mathrm{d}t = \left(-\frac{1}{2}\cos t\right) \Big|_{\frac{\pi}{6}}^{\frac{\pi}{2}} = \frac{\sqrt{3}}{4}.$$

方法 2　令 $t = 2x + \frac{\pi}{6}$，则 $\mathrm{d}t = 2\mathrm{d}x$，且当 $x = 0$ 时，$t = \frac{\pi}{6}$；当 $x = \frac{\pi}{6}$ 时，$t = \frac{\pi}{2}$. 于是，有

$$\int_0^{\frac{\pi}{6}} \sin\left(2x + \frac{\pi}{6}\right) \mathrm{d}x = \frac{1}{2} \int_{\frac{\pi}{6}}^{\frac{\pi}{2}} \sin t \,\mathrm{d}t = \left(-\frac{1}{2}\cos t\right) \Big|_{\frac{\pi}{6}}^{\frac{\pi}{2}} = \frac{\sqrt{3}}{4}.$$

例 5.3.2　计算定积分 $\int_0^{\frac{\pi}{2}} \sin x \cos^4 x \,\mathrm{d}x$.

解　方法 1　$\int_0^{\frac{\pi}{2}} \sin x \cos^4 x \,\mathrm{d}x = -\int_0^{\frac{\pi}{2}} \cos^4 x \cdot (\cos x)' \mathrm{d}x = -\int_0^{\frac{\pi}{2}} \cos^4 x \,\mathrm{d}(\cos x)$

$$\xrightarrow{t = \cos x} -\int_1^0 t^4 \mathrm{d}t = \int_0^1 t^4 \mathrm{d}t$$

$$= \frac{1}{5} t^5 \Big|_0^1 = \frac{1}{5}.$$

方法 2　令 $t = \cos x$，则 $\mathrm{d}t = -\sin x \,\mathrm{d}x$，且当 $x = 0$ 时，$t = 1$；当 $x = \frac{\pi}{2}$ 时，$t = 0$. 于是，有

$$\int_0^{\frac{\pi}{2}} \sin x \cos^4 x \,\mathrm{d}x = -\int_1^0 t^4 \mathrm{d}t = \int_0^1 t^4 \mathrm{d}t = \frac{1}{5} t^5 \Big|_0^1 = \frac{1}{5}.$$

例 5.3.3　计算定积分 $\int_1^e \frac{\ln x}{x} \mathrm{d}x$.

解　方法 1　$\int_1^e \frac{\ln x}{x} \mathrm{d}x = \int_1^e \ln x \cdot (\ln x)' \mathrm{d}x = \int_1^e \ln x \,\mathrm{d}(\ln x)$

$$\xrightarrow{t = \ln x} \int_0^1 t \,\mathrm{d}t = \frac{t^2}{2} \Big|_0^1 = \frac{1}{2}.$$

方法 2　令 $t = \ln x$，则 $\mathrm{d}t = \frac{1}{x} \mathrm{d}x$，且当 $x = 1$ 时，$t = 0$；当 $x = e$ 时，$t = 1$. 于是，有

$$\int_1^e \frac{\ln x}{x} \mathrm{d}x = \int_0^1 t \,\mathrm{d}t = \frac{t^2}{2} \Big|_0^1 = \frac{1}{2}.$$

例 5.3.4　计算定积分 $\int_0^{\frac{3}{2}} \frac{x+2}{\sqrt{2x+1}} \mathrm{d}x$.

解　令 $t = \sqrt{2x+1}$，则 $x = \frac{t^2 - 1}{2}$，$\mathrm{d}x = t \,\mathrm{d}t$，且当 $x = 0$ 时，$t = 1$；当 $x = \frac{3}{2}$ 时，$t = 2$. 于
是，有

$$\int_0^{\frac{3}{2}} \frac{x+2}{\sqrt{2x+1}} \mathrm{d}x = \int_1^2 \frac{\frac{t^2-1}{2}+2}{t} \cdot t \, \mathrm{d}t = \frac{1}{2} \int_1^2 (t^2+3) \mathrm{d}t$$

$$= \frac{1}{2} \left(\frac{1}{3} t^3 + 3t \right) \Big|_1^2 = \frac{8}{3}.$$

例 5.3.5 计算定积分 $\int_{\frac{1}{\sqrt{2}}}^1 \frac{\sqrt{1-x^2}}{x^2} \mathrm{d}x$.

解 令 $x = \sin t$，则 $\mathrm{d}x = \cos t \, \mathrm{d}t$，且当 $x = \frac{1}{\sqrt{2}}$ 时，$t = \frac{\pi}{4}$；当 $x = 1$ 时，$t = \frac{\pi}{2}$. 于是，有

$$\int_{\frac{1}{\sqrt{2}}}^1 \frac{\sqrt{1-x^2}}{x^2} \mathrm{d}x = \int_{\frac{\pi}{4}}^{\frac{\pi}{2}} \frac{\cos t}{\sin^2 t} \cos t \, \mathrm{d}t = \int_{\frac{\pi}{4}}^{\frac{\pi}{2}} \left(\frac{1}{\sin^2 t} - 1 \right) \mathrm{d}t = (-\cot t - t) \Big|_{\frac{\pi}{4}}^{\frac{\pi}{2}} = 1 - \frac{\pi}{4}.$$

例 5.3.6 计算定积分 $\int_0^a \sqrt{a^2-x^2} \, \mathrm{d}x \ (a > 0)$.

解 令 $x = a \sin t$，则 $\mathrm{d}x = a \cos t \, \mathrm{d}t$，且当 $x = 0$ 时，$t = 0$；当 $x = a$ 时，$t = \frac{\pi}{2}$. 于是，有

$$\int_0^a \sqrt{a^2-x^2} \, \mathrm{d}x = \int_0^{\frac{\pi}{2}} \sqrt{a^2 - a^2 \sin^2 t} \cdot a \cos t \, \mathrm{d}t = a^2 \int_0^{\frac{\pi}{2}} \cos^2 t \, \mathrm{d}t$$

$$= \frac{a^2}{2} \int_0^{\frac{\pi}{2}} (1 + \cos 2t) \mathrm{d}t = \frac{a^2}{2} \left(t + \frac{1}{2} \sin 2t \right) \Big|_0^{\frac{\pi}{2}} = \frac{\pi}{4} a^2.$$

定积分 $\int_0^a \sqrt{a^2-x^2} \, \mathrm{d}x$ 的几何意义是：以坐标原点为圆心、a 为半径的圆的面积的 $\frac{1}{4}$，如图 5.3.1 所示.

根据定积分的几何意义可知，定积分的值是图形面积的代数和，如果定义在对称区间 $[-a, a]$ 上的被积函数是偶函数或奇函数，为了简化计算，我们有如下结论：

设函数 $f(x)$ 在区间 $[-a, a]$ 上连续.

(1) 若 $f(x)$ 为偶函数，则 $\int_{-a}^a f(x) \mathrm{d}x = 2 \int_0^a f(x) \mathrm{d}x$；

(2) 若 $f(x)$ 为奇函数，则 $\int_{-a}^a f(x) \mathrm{d}x = 0$.

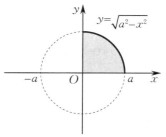

图 5.3.1 $\int_0^a \sqrt{a^2-x^2} \, \mathrm{d}x$ 的几何意义

例 5.3.7 利用函数的奇偶性计算下列定积分：

(1) $\int_{-1}^1 \frac{x^2 \sin x + \sqrt[3]{x}}{1 + \cos x} \mathrm{d}x$；

(2) $\int_{-2}^2 \frac{|x|}{1+x^2} \mathrm{d}x$.

解 (1) 因为被积函数 $f(x) = \frac{x^2 \sin x + \sqrt[3]{x}}{1 + \cos x}$ 在对称区间 $[-1, 1]$ 上连续且为奇函数，所以

$$\int_{-1}^1 \frac{x^2 \sin x + \sqrt[3]{x}}{1 + \cos x} \mathrm{d}x = 0.$$

(2) 因为被积函数 $f(x) = \frac{|x|}{1+x^2}$ 在对称区间 $[-2, 2]$ 上连续且为偶函数，所以

$$\int_{-2}^{2} \frac{|x|}{1+x^2} \mathrm{d}x = 2 \int_{0}^{2} \frac{|x|}{1+x^2} \mathrm{d}x = 2 \int_{0}^{2} \frac{x}{1+x^2} \mathrm{d}x$$

$$= \int_{0}^{2} \frac{\mathrm{d}(1+x^2)}{1+x^2} = \ln(1+x^2) \Big|_{0}^{2} = \ln 5.$$

二、定积分的分部积分法

定理 5.3.2 若函数 $u=u(x)$，$v=v(x)$ 在区间 $[a,b]$ 上连续可导，则有定积分的分部积分公式

$$\int_{a}^{b} u(x)v'(x)\mathrm{d}x = u(x)v(x) \Big|_{a}^{b} - \int_{a}^{b} u'(x)v(x)\mathrm{d}x,$$

简记作

定理 5.3.2 的证明

$$\int_{a}^{b} uv'\mathrm{d}x = uv \Big|_{a}^{b} - \int_{a}^{b} u'v\mathrm{d}x \quad \text{或} \quad \int_{a}^{b} u\,\mathrm{d}v = uv \Big|_{a}^{b} - \int_{a}^{b} v\,\mathrm{d}u.$$

分部积分法的应用过程如下：

$$\int_{a}^{b} uv'\mathrm{d}x = \int_{a}^{b} u\,\mathrm{d}v = uv \Big|_{a}^{b} - \int_{a}^{b} v\,\mathrm{d}u$$

$$= uv \Big|_{a}^{b} - \int_{a}^{b} u'v\mathrm{d}x.$$

注意 应用分部积分法计算定积分时，u 和 $\mathrm{d}v$ 的选择方法与计算不定积分时的情形类似．

例 5.3.8 计算定积分 $\int_{0}^{\frac{\pi}{2}} x\cos x\,\mathrm{d}x$．

解 $\int_{0}^{\frac{\pi}{2}} x\cos x\,\mathrm{d}x = \int_{0}^{\frac{\pi}{2}} x\,\mathrm{d}(\sin x) = x\sin x \Big|_{0}^{\frac{\pi}{2}} - \int_{0}^{\frac{\pi}{2}} \sin x\,\mathrm{d}x = \frac{\pi}{2} + \cos x \Big|_{0}^{\frac{\pi}{2}} = \frac{\pi}{2} - 1.$

例 5.3.9 计算定积分 $\int_{0}^{1} x\arctan x\,\mathrm{d}x$．

解 $\int_{0}^{1} x\arctan x\,\mathrm{d}x = \frac{1}{2} \int_{0}^{1} \arctan x\,\mathrm{d}(x^2) = \frac{1}{2} x^2 \arctan x \Big|_{0}^{1} - \frac{1}{2} \int_{0}^{1} x^2 \mathrm{d}(\arctan x)$

$$= \frac{\pi}{8} - \frac{1}{2} \int_{0}^{1} \frac{x^2}{1+x^2} \mathrm{d}x = \frac{\pi}{8} - \frac{1}{2} \int_{0}^{1} \left(1 - \frac{1}{1+x^2}\right) \mathrm{d}x$$

$$= \frac{\pi}{8} - \frac{1}{2}(x - \arctan x) \Big|_{0}^{1} = \frac{\pi}{4} - \frac{1}{2}.$$

例 5.3.10 计算定积分 $\int_{1}^{\mathrm{e}} \ln x\,\mathrm{d}x$．

解 $\int_{1}^{\mathrm{e}} \ln x\,\mathrm{d}x = x\ln x \Big|_{1}^{\mathrm{e}} - \int_{1}^{\mathrm{e}} x\,\mathrm{d}(\ln x) = \mathrm{e} - \int_{1}^{\mathrm{e}} 1\mathrm{d}x = \mathrm{e} - x \Big|_{1}^{\mathrm{e}} = 1.$

例 5.3.11 计算定积分 $\int_{0}^{\frac{\pi}{2}} x\cos 2x\,\mathrm{d}x$．

解 $\int_{0}^{\frac{\pi}{2}} x\cos 2x\,\mathrm{d}x = \frac{1}{2} \int_{0}^{\frac{\pi}{2}} x\,\mathrm{d}(\sin 2x) = \frac{1}{2} x\sin 2x \Big|_{0}^{\frac{\pi}{2}} - \frac{1}{2} \int_{0}^{\frac{\pi}{2}} \sin 2x\,\mathrm{d}x$

$$=-\frac{1}{4}\int_0^{\frac{\pi}{2}}\sin 2x\,\mathrm{d}(2x)=\frac{\cos 2x}{4}\bigg|_0^{\frac{\pi}{2}}=-\frac{1}{2}.$$

例 5.3.12 计算定积分 $\int_0^1 \mathrm{e}^{\sqrt{x}}\,\mathrm{d}x$.

解 令 $\sqrt{x}=t$，则 $x=t^2$，$\mathrm{d}x=2t\,\mathrm{d}t$，且当 $x=0$ 时，$t=0$；当 $x=1$ 时，$t=1$. 于是，有

$$\int_0^1 \mathrm{e}^{\sqrt{x}}\,\mathrm{d}x=2\int_0^1 t\,\mathrm{e}^t\,\mathrm{d}t=2t\,\mathrm{e}^t\bigg|_0^1-2\int_0^1 \mathrm{e}^t\,\mathrm{d}t=2\mathrm{e}-2\mathrm{e}^t\bigg|_0^1=2.$$

例 5.3.13 计算定积分 $\int_0^1 \ln(1+x^2)\,\mathrm{d}x$.

解 $\displaystyle\int_0^1 \ln(1+x^2)\,\mathrm{d}x=x\ln(1+x^2)\bigg|_0^1-2\int_0^1 \frac{x^2}{1+x^2}\,\mathrm{d}x=\ln 2-2\int_0^1\left(1-\frac{1}{1+x^2}\right)\mathrm{d}x$

$$=\ln 2-2(x-\arctan x)\bigg|_0^1=\ln 2-2+\frac{\pi}{2}.$$

例 5.3.14 计算定积分 $\int_{\frac{1}{\mathrm{e}}}^{\mathrm{e}} |\ln x|\,\mathrm{d}x$.

解 $\displaystyle\int_{\frac{1}{\mathrm{e}}}^{\mathrm{e}} |\ln x|\,\mathrm{d}x=-\int_{\frac{1}{\mathrm{e}}}^1 \ln x\,\mathrm{d}x+\int_1^{\mathrm{e}} \ln x\,\mathrm{d}x$

$$=-(x\ln x-x)\bigg|_{\frac{1}{\mathrm{e}}}^1+(x\ln x-x)\bigg|_1^{\mathrm{e}}=2-\frac{2}{\mathrm{e}}.$$

习 题 5.3

1.计算下列定积分：

(1) $\displaystyle\int_1^3 (x-1)^3\,\mathrm{d}x$；

(2) $\displaystyle\int_0^5 \frac{x^3}{1+x^2}\,\mathrm{d}x$；

(3) $\displaystyle\int_0^4 \frac{x+2}{\sqrt{2x+1}}\,\mathrm{d}x$；

(4) $\displaystyle\int_0^{\frac{\pi}{2}} \cos^2 x\,\mathrm{d}x$；

(5) $\displaystyle\int_{-1}^0 \frac{\mathrm{d}x}{x^2+2x+2}$；

(6) $\displaystyle\int_0^{\sqrt{2}} \sqrt{2-x^2}\,\mathrm{d}x$.

2.计算下列定积分：

(1) $\displaystyle\int_0^1 x\mathrm{e}^x\,\mathrm{d}x$；

(2) $\displaystyle\int_0^{\frac{\pi}{2}} 3x\cos x\,\mathrm{d}x$；

(3) $\displaystyle\int_1^{\mathrm{e}} x^2\ln x\,\mathrm{d}x$；

(4) $\displaystyle\int_1^2 x\log_2 x\,\mathrm{d}x$；

(5) $\displaystyle\int_0^{\frac{\sqrt{2}}{2}} \arcsin x\,\mathrm{d}x$；

(6) $\displaystyle\int_0^1 x\mathrm{e}^{-x}\,\mathrm{d}x$.

3.利用函数的奇偶性计算下列定积分：

(1) $\displaystyle\int_{-3}^3 \frac{4\sin x}{(1+x^2)\sqrt{1-3x^2}}\,\mathrm{d}x$；

(2) $\displaystyle\int_{-2}^2 \frac{3x+|x|}{1+x^2}\,\mathrm{d}x$.

$$\S 5.4 \quad 反 \ 常 \ 积 \ 分$$

前面所介绍的定积分概念中有两个限制:积分区间的有限性和被积函数的有界性.但在很多实际问题中,往往会遇到积分区间为无穷区间或被积函数为无界函数的积分,这就需要对定积分概念进行推广.本节利用极限研究无穷区间上的积分或无界函数的积分,形成反常积分的概念.

一、无穷区间上的反常积分

定义 5.4.1 设函数 $f(x)$ 在无穷区间 $[a, +\infty)$ 上连续.若极限

$$\lim_{b \to +\infty} \int_a^b f(x)\mathrm{d}x \quad (b > a)$$

存在,则称此极限值为函数 $f(x)$ 在无穷区间 $[a, +\infty)$ 上的**反常积分**,也称**无穷积分**,记作 $\int_a^{+\infty} f(x)\mathrm{d}x$,即

$$\int_a^{+\infty} f(x)\mathrm{d}x = \lim_{b \to +\infty} \int_a^b f(x)\mathrm{d}x.$$

这时,称反常积分 $\int_a^{+\infty} f(x)\mathrm{d}x$ **收敛**;若极限不存在,则称反常积分 $\int_a^{+\infty} f(x)\mathrm{d}x$ **发散**.

类似地,有以下定义:

(1) 函数 $f(x)$ 在无穷区间 $(-\infty, b]$ 上的无穷积分为

$$\int_{-\infty}^b f(x)\mathrm{d}x = \lim_{a \to -\infty} \int_a^b f(x)\mathrm{d}x \quad (a < b).$$

(2) 函数 $f(x)$ 在无穷区间 $(-\infty, +\infty)$ 上的无穷积分为

$$\int_{-\infty}^{+\infty} f(x)\mathrm{d}x = \int_{-\infty}^c f(x)\mathrm{d}x + \int_c^{+\infty} f(x)\mathrm{d}x \quad (c \text{ 为任意常数}),$$

当且仅当 $\int_{-\infty}^c f(x)\mathrm{d}x$ 和 $\int_c^{+\infty} f(x)\mathrm{d}x$ 都收敛时, $\int_{-\infty}^{+\infty} f(x)\mathrm{d}x$ 才收敛.

> **注意**
>
> 若 $F(x)$ 是函数 $f(x)$ 的一个原函数,记 $F(+\infty) = \lim_{x \to +\infty} F(x)$, $F(-\infty) = \lim_{x \to -\infty} F(x)$,则无穷积分可以表示为
>
> $$\int_a^{+\infty} f(x)\mathrm{d}x = F(x)\Big|_a^{+\infty} = F(+\infty) - F(a),$$
>
> $$\int_{-\infty}^b f(x)\mathrm{d}x = F(x)\Big|_{-\infty}^b = F(b) - F(-\infty),$$
>
> $$\int_{-\infty}^{+\infty} f(x)\mathrm{d}x = F(x)\Big|_{-\infty}^{+\infty} = F(+\infty) - F(-\infty).$$

例 5.4.1 计算无穷积分 $\int_0^{+\infty} \mathrm{e}^{-x}\mathrm{d}x$.

解 对于任意的 $b > 0$，有 $\int_0^b \mathrm{e}^{-x}\,\mathrm{d}x = -\mathrm{e}^{-x}\,\Big|_0^b = 1 - \mathrm{e}^{-b}$，则

$$\lim_{b \to +\infty}\int_0^b \mathrm{e}^{-x}\,\mathrm{d}x = \lim_{b \to +\infty}(1 - \mathrm{e}^{-b}) = 1.$$

因此

$$\int_0^{+\infty} \mathrm{e}^{-x}\,\mathrm{d}x = \lim_{b \to +\infty}\int_0^b \mathrm{e}^{-x}\,\mathrm{d}x = 1.$$

上述求解过程也可直接写成

$$\int_0^{+\infty} \mathrm{e}^{-x}\,\mathrm{d}x = -\mathrm{e}^{-x}\,\Big|_0^{+\infty} = 0 - (-1) = 1.$$

例 5.4.2 计算无穷积分 $\int_{-\infty}^{+\infty} \dfrac{\mathrm{d}x}{1+x^2}$.

解 因为

$$\int_{-\infty}^{+\infty} \frac{\mathrm{d}x}{1+x^2} = \int_{-\infty}^0 \frac{\mathrm{d}x}{1+x^2} + \int_0^{+\infty} \frac{\mathrm{d}x}{1+x^2},$$

其中，

$$\int_{-\infty}^0 \frac{\mathrm{d}x}{1+x^2} = \lim_{a \to -\infty}\int_a^0 \frac{\mathrm{d}x}{1+x^2} = \lim_{a \to -\infty}\left(\arctan x\,\Big|_a^0\right) = \lim_{a \to -\infty}(-\arctan a) = \frac{\pi}{2},$$

$$\int_0^{+\infty} \frac{\mathrm{d}x}{1+x^2} = \lim_{b \to +\infty}\int_0^b \frac{\mathrm{d}x}{1+x^2} = \lim_{b \to +\infty}\left(\arctan x\,\Big|_0^b\right) = \lim_{b \to +\infty}\arctan b = \frac{\pi}{2},$$

所以

$$\int_{-\infty}^{+\infty} \frac{\mathrm{d}x}{1+x^2} = \frac{\pi}{2} + \frac{\pi}{2} = \pi.$$

上述求解过程也可直接写成

$$\int_{-\infty}^{+\infty} \frac{\mathrm{d}x}{1+x^2} = \arctan x\,\Big|_{-\infty}^{+\infty} = \frac{\pi}{2} - \left(-\frac{\pi}{2}\right) = \pi.$$

二、无界函数的反常积分

现在研究被积函数为无界函数的情形. 如果函数 $f(x)$ 在点 a 的任一邻域内都无界，那么点 a 称为函数 $f(x)$ 的**瑕点**.

定义 5.4.2 设函数 $f(x)$ 在区间 $(a,b]$ 上连续，且 $\lim\limits_{x \to a^+} f(x) = \infty$（$a$ 为函数 $f(x)$ 的瑕点）. 若极限

$$\lim_{\varepsilon \to 0^+}\int_{a+\varepsilon}^b f(x)\,\mathrm{d}x$$

存在，则称此极限值为函数 $f(x)$ 在区间 $(a,b]$ 上的**反常积分**，也称**瑕积分**，记作 $\int_a^b f(x)\,\mathrm{d}x$，即

$$\int_a^b f(x)\,\mathrm{d}x = \lim_{\varepsilon \to 0^+}\int_{a+\varepsilon}^b f(x)\,\mathrm{d}x.$$

这时，称反常积分 $\int_a^b f(x)\,\mathrm{d}x$ **收敛**；若极限不存在，则称反常积分 $\int_a^b f(x)\,\mathrm{d}x$ **发散**.

类似地，有以下定义：

(1) 设函数 $f(x)$ 在区间 $[a,b)$ 上连续，且 $\lim\limits_{x \to b^-} f(x) = \infty$（$b$ 为函数 $f(x)$ 的瑕点），则定义

函数 $f(x)$ 在区间 $[a,b)$ 上的瑕积分为

$$\int_a^b f(x)\mathrm{d}x = \lim_{\varepsilon \to 0^+} \int_a^{b-\varepsilon} f(x)\mathrm{d}x.$$

（2）设函数 $f(x)$ 在区间 $[a,b]$ 上除点 $c(a<c<b)$ 外都连续，且 $\lim\limits_{x \to c} f(x) = \infty$（$c$ 为函数 $f(x)$ 的瑕点），则定义函数 $f(x)$ 在区间 $[a,b]$ 上的瑕积分为

$$\int_a^b f(x)\mathrm{d}x = \int_a^c f(x)\mathrm{d}x + \int_c^b f(x)\mathrm{d}x = \lim_{\varepsilon_1 \to 0^+} \int_a^{c-\varepsilon_1} f(x)\mathrm{d}x + \lim_{\varepsilon_2 \to 0^+} \int_{c+\varepsilon_2}^b f(x)\mathrm{d}x.$$

当且仅当 $\int_a^c f(x)\mathrm{d}x$ 和 $\int_c^b f(x)\mathrm{d}x$ 都收敛时，$\int_a^b f(x)\mathrm{d}x$ 才收敛.

注意

（1）设 a 为函数 $f(x)$ 的瑕点，在区间 $(a,b]$ 上 $F'(x) = f(x)$.若 $\lim\limits_{x \to a^+} F(x)$ 存在，则

$$\int_a^b f(x)\mathrm{d}x = F(x)\Big|_{a^+}^b = F(b) - \lim_{x \to a^+} F(x).$$

（2）设 b 为函数 $f(x)$ 的瑕点，在区间 $[a,b)$ 上 $F'(x) = f(x)$.若 $\lim\limits_{x \to b^-} F(x)$ 存在，则

$$\int_a^b f(x)\mathrm{d}x = F(x)\Big|_a^{b^-} = \lim_{x \to b^-} F(x) - F(a).$$

（3）设 c 为函数 $f(x)$ 的瑕点 $(a<c<b)$，在区间 $[a,c) \bigcup (c,b]$ 上 $F'(x) = f(x)$.若 $\lim\limits_{x \to c^-} F(x)$ 和 $\lim\limits_{x \to c^+} F(x)$ 都存在，则

$$\int_a^b f(x)\mathrm{d}x = \int_a^c f(x)\mathrm{d}x + \int_c^b f(x)\mathrm{d}x = F(x)\Big|_a^{c^-} + F(x)\Big|_{c^+}^b$$
$$= \lim_{x \to c^-} F(x) - F(a) + F(b) - \lim_{x \to c^+} F(x).$$

（4）从外形上看，瑕积分与定积分没有任何区别，以后计算定积分时必须要先判断积分区间上是否有瑕点.

例 5.4.3 计算瑕积分 $\int_0^1 \dfrac{\mathrm{d}x}{\sqrt{x}}$.

解 显然，$x = 0$ 是被积函数 $f(x) = \dfrac{1}{\sqrt{x}}$ 的瑕点，于是

$$\int_0^1 \frac{\mathrm{d}x}{\sqrt{x}} = 2\sqrt{x}\,\Big|_{0^+}^1 = 2 - \lim_{x \to 0^+}(2\sqrt{x}) = 2.$$

例 5.4.4 计算瑕积分 $\int_0^1 \dfrac{\mathrm{d}x}{(x-1)^{\frac{2}{3}}}$.

解 显然，$x = 1$ 是被积函数 $f(x) = \dfrac{1}{(x-1)^{\frac{2}{3}}}$ 的瑕点，于是

$$\int_0^1 \frac{\mathrm{d}x}{(x-1)^{\frac{2}{3}}} = 3(x-1)^{\frac{1}{3}}\,\Big|_0^{1^-} = 3\lim_{x \to 1^-}(x-1)^{\frac{1}{3}} + 3 = 3.$$

例 5.4.5 讨论瑕积分 $\int_0^1 \dfrac{\mathrm{d}x}{x^q}\ (q>0)$ 的敛散性.

解 当 $q \neq 1$ 时，

$$\int_0^1 \frac{\mathrm{d}x}{x^q} = \frac{x^{1-q}}{1-q} \Big|_0^1 = \begin{cases} \dfrac{1}{1-q}, & 0 < q < 1, \\ +\infty, & q > 1; \end{cases}$$

当 $q = 1$ 时，

$$\int_0^1 \frac{\mathrm{d}x}{x} = \ln x \Big|_{0^+}^1 = -\lim_{x \to 0^+} \ln x = +\infty.$$

因此，当 $0 < q < 1$ 时，瑕积分收敛，其值为 $\dfrac{1}{1-q}$；当 $q \geqslant 1$ 时，瑕积分发散.

| 注意 | 例 5.4.5 中的瑕积分称为 q-积分，该积分在瑕积分敛散性的理论研究中有非常重要的作用. |

习 题 5.4

判断下列反常积分的敛散性，若收敛，计算其值：

(1) $\displaystyle\int_1^{+\infty} \frac{\mathrm{d}x}{x^3}$；

(2) $\displaystyle\int_0^{+\infty} \mathrm{e}^{-3x} \,\mathrm{d}x$；

(3) $\displaystyle\int_1^{+\infty} \frac{\mathrm{d}x}{2\sqrt{x}}$；

(4) $\displaystyle\int_{-\infty}^{+\infty} \frac{\mathrm{d}x}{4x^2 + 4x + 5}$；

(5) $\displaystyle\int_0^1 \ln x \,\mathrm{d}x$；

(6) $\displaystyle\int_{-1}^1 \frac{\mathrm{d}x}{\sqrt{1-x^2}}$.

§5.5 定积分的应用

定积分在几何学、物理学、经济学、社会学等方面都有着广泛的应用，这些应用也不断推动着积分学的发展和完善. 因此，在学习过程中，我们不仅要掌握计算某些实际问题的公式，更要领会用定积分解决实际问题的基本思想和方法 —— 微元法，不断地积累和提高应用数学的能力.

一、微元法

在定积分的所有应用问题中，一般是按"分割、近似、求和、取极限"四步把所求量表示为定积分的形式的. 通过这个过程，我们可以抽象出在应用学科中广泛采用的将所求量 U（总量）表示为定积分的方法 —— **微元法**. 这个方法的主要步骤如下：

（1）由分割写出微元. 根据具体的实际问题，选出一个积分变量（如 x），并确定它的变化区间（如区间 $[a, b]$）. 在区间 $[a, b]$ 上任取一个小区间并记作 $[x, x + \mathrm{d}x]$，计算对应于这个小

区间的部分量 ΔU 的近似值. 若 ΔU 能近似表示为区间 $[a,b]$ 上的连续函数 $f(x)$ 与 $\mathrm{d}x$ 的乘积,则把 $f(x)\mathrm{d}x$ 称为总量 U 的**微元**,记作 $\mathrm{d}U$,即

$$\mathrm{d}U = f(x)\mathrm{d}x.$$

(2) 由微元写出积分. 根据 $\mathrm{d}U = f(x)\mathrm{d}x$ 写出表示总量 U 的定积分,即

$$U = \int_a^b \mathrm{d}U = \int_a^b f(x)\mathrm{d}x.$$

二、定积分在几何学中的应用

利用定积分,我们可以计算一些较为复杂的平面图形的面积,有以下几种情形.

(1) 根据定积分的几何意义可知,由连续曲线 $y = f(x)$ ($f(x) \geqslant 0$) 及直线 $x = a$,$x = b$ ($a < b$) 与 $y = 0$ 所围成的曲边梯形[见图 5.5.1(a)]的面积为

$$S = \int_a^b f(x)\mathrm{d}x.$$

(2) 由上、下两条连续曲线 $y = f(x)$,$y = g(x)$ ($f(x) \geqslant g(x)$) 及直线 $x = a$,$x = b$ ($a \leqslant b$) 所围成的平面图形[见图 5.5.1(b)]的面积为

$$S = \int_a^b \left[f(x) - g(x) \right] \mathrm{d}x.$$

> **注意** 对于上下结构的平面图形的面积,以 x 作积分变量,应该确定其左右交点的坐标,积分区间就是由从左到右的交点的横坐标构成的.

(3) 由左、右两条连续曲线 $x = \varphi(y)$,$x = \psi(y)$ ($\varphi(y) \geqslant \psi(y)$) 及直线 $y = c$,$y = d$ ($c \leqslant d$) 所围成的平面图形[见图 5.5.1(c)]的面积为

$$S = \int_c^d \left[\varphi(y) - \psi(y) \right] \mathrm{d}y.$$

> **注意** 对于左右结构的平面图形的面积,以 y 作积分变量,应该确定其上下交点的坐标,积分区间就是由从下到上的交点的纵坐标构成的.

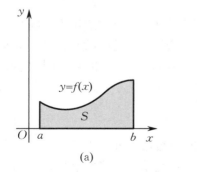
(a)

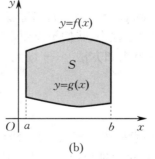
(b)

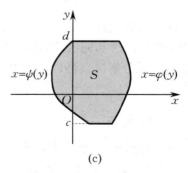
(c)

图 5.5.1 平面图形的面积

例 5.5.1 求由抛物线 $y = x^2$ 及直线 $x = 2$ 与 $y = 0$ 所围成的平面图形的面积.

解 画出平面图形,如图 5.5.2 所示,故所求面积为

$$S = \int_0^2 x^2 \, \mathrm{d}x = \frac{1}{3} x^3 \Big|_0^2 = \frac{8}{3}.$$

例 5.5.2 求由抛物线 $y = x^2$，$y = \sqrt{x}$ 所围成的平面图形的面积.

解 画出平面图形,如图 5.5.3 所示.求出两条抛物线的交点坐标,分别为 $(0,0)$，$(1,1)$，故所求面积为

$$S = \int_0^1 (\sqrt{x} - x^2) \mathrm{d}x = \left(\frac{2}{3} x^{\frac{3}{2}} - \frac{1}{3} x^3 \right) \Big|_0^1 = \frac{1}{3}.$$

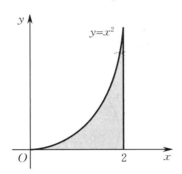

图 5.5.2 例 5.5.1 的示意图

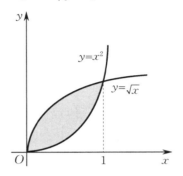

图 5.5.3 例 5.5.2 的示意图

例 5.5.3 求由曲线 $y = x^3 - 4x$ 及直线 $y = 0$ 所围成的平面图形的面积.

解 画出平面图形,如图 5.5.4 所示,故所求面积为

$$S = \int_{-2}^2 |x^3 - 4x| \mathrm{d}x = 2 \int_0^2 |x^3 - 4x| \mathrm{d}x$$

$$= 2 \int_0^2 (4x - x^3) \mathrm{d}x = 2 \left(2x^2 - \frac{1}{4} x^4 \right) \Big|_0^2 = 8.$$

例 5.5.4 求由曲线 $y = x^2$ 及直线 $y = x$，$y = 2x$ 所围成的平面图形的面积.

解 画出平面图形,如图 5.5.5 所示,故所求面积为

$$S = \int_0^1 (2x - x) \mathrm{d}x + \int_1^2 (2x - x^2) \mathrm{d}x$$

$$= \frac{1}{2} x^2 \Big|_0^1 + \left(x^2 - \frac{1}{3} x^3 \right) \Big|_1^2 = \frac{7}{6}.$$

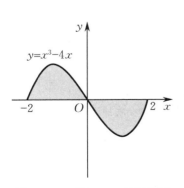

图 5.5.4 例 5.5.3 的示意图

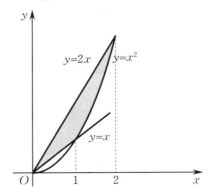

图 5.5.5 例 5.5.4 的示意图

例 5.5.5 求由曲线 $y=\sin x$, $y=\cos x$ 及直线 $x=0$, $x=\dfrac{\pi}{2}$ 所围成的平面图形的面积.

解 画出平面图形,如图 5.5.6 所示,故所求面积为

$$S=\int_{0}^{\frac{\pi}{2}}|\sin x-\cos x|\,\mathrm{d}x$$

$$=\int_{0}^{\frac{\pi}{4}}(\cos x-\sin x)\,\mathrm{d}x+\int_{\frac{\pi}{4}}^{\frac{\pi}{2}}(\sin x-\cos x)\,\mathrm{d}x$$

$$=(\sin x+\cos x)\Big|_{0}^{\frac{\pi}{4}}+(-\cos x-\sin x)\Big|_{\frac{\pi}{4}}^{\frac{\pi}{2}}=2(\sqrt{2}-1).$$

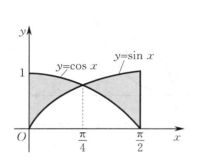

图 5.5.6 例 5.5.5 的示意图

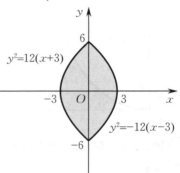

图 5.5.7 例 5.5.6 的示意图

例 5.5.6 求由曲线 $y^{2}=12(x+3)$, $y^{2}=-12(x-3)$ 所围成的平面图形的面积.

解 画出平面图形,如图 5.5.7 所示,故所求面积为

$$S=\int_{-6}^{6}\left[\left(3-\frac{1}{12}y^{2}\right)-\left(\frac{1}{12}y^{2}-3\right)\right]\mathrm{d}y=\int_{-6}^{6}\left(6-\frac{1}{6}y^{2}\right)\mathrm{d}y$$

$$=2\int_{0}^{6}\left(6-\frac{1}{6}y^{2}\right)\mathrm{d}y=2\left(6y-\frac{1}{18}y^{3}\right)\Big|_{0}^{6}=48.$$

例 5.5.7 求由抛物线 $y^{2}=2x$ 及直线 $y=x-4$ 所围成的平面图形的面积.

解 画出平面图形,如图 5.5.8 所示.联立方程组 $\begin{cases}y^{2}=2x, \\ y=x-4,\end{cases}$ 可得抛物线与直线的交点

坐标分别为 $(8,4)$, $(2,-2)$.

方法 1 以 x 作积分变量,故所求面积为

$$S=\int_{0}^{2}\left[\sqrt{2x}-(-\sqrt{2x})\right]\mathrm{d}x+\int_{2}^{8}\left[\sqrt{2x}-(x-4)\right]\mathrm{d}x$$

$$=\frac{4\sqrt{2}}{3}x^{\frac{3}{2}}\Big|_{0}^{2}+\left(\frac{2\sqrt{2}}{3}x^{\frac{3}{2}}-\frac{x^{2}}{2}+4x\right)\Big|_{2}^{8}=18.$$

方法 2 以 y 作积分变量,故所求面积为

$$S=\int_{-2}^{4}\left(y+4-\frac{y^{2}}{2}\right)\mathrm{d}y=\left(\frac{y^{2}}{2}+4y-\frac{y^{3}}{6}\right)\Big|_{-2}^{4}=18.$$

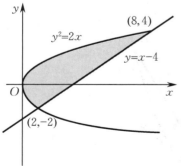

图 5.5.8 例 5.5.7 的示意图

> **注意**　　由例 5.5.7 可以看出,方法 2 明显比方法 1 简便,因此,在求平面图形的面积时,选好积分变量可以简化计算.

由以上例题可知,求平面图形面积的具体步骤如下:

(1) 画出平面图形,求出交点坐标;

(2) 选择适当的积分变量,确定积分区间和被积函数,列出定积分;

(3) 计算出定积分的值,即为所求面积.

三、定积分在经济学中的应用

1. 由边际需求求需求函数

若已知边际需求为 $Q'(P)$,其中,Q 为需求量,P 为价格,则需求函数为

$$Q(P)=\int_0^P Q'(t)\,\mathrm{d}t+Q_0,$$

其中,$Q_0=Q(0)$.

例 5.5.8　　已知某地区某产品的需求量 Q 是价格 P 的函数,且边际需求 $Q'(P)=-5$,该产品的最大需求量为 80,即当 $P=0$ 时,$Q=80$,求需求量与价格的函数关系.

解　由题意可知,需求量与价格的函数关系为

$$Q(P)=\int_0^P Q'(t)\,\mathrm{d}t+Q_0=\int_0^P(-5)\,\mathrm{d}t+80=-5P+80.$$

2. 由边际成本求总成本函数

若已知边际成本为 $C'(Q)$,其中,Q 为产量,且固定成本为 C_0,则总成本函数为

$$C(Q)=\int_0^Q C'(t)\,\mathrm{d}t+C_0.$$

例 5.5.9　　若某企业生产某产品的边际成本是产量 x 的函数,即 $C'(x)=0.4x+3$,且固定成本 $C_0=80$,求总成本函数.

解　由题意可知,总成本函数为

$$C(x)=\int_0^x C'(t)\,\mathrm{d}t+C_0=\int_0^x(0.4t+3)\,\mathrm{d}t+80=0.2x^2+3x+80.$$

3. 由边际收益求总收益函数

若已知边际收益为 $R'(Q)$,其中,Q 为产量,则总收益函数为

$$R(Q)=\int_0^Q R'(t)\,\mathrm{d}t.$$

例 5.5.10　　已知某工厂生产某种产品 x 单位时的边际收益为 $R'(x)=100-2x$,求生产 40 单位时的总收益与平均收益,以及再增加生产 10 单位时所增加的总收益.

解　由题意可知,生产 40 单位时的总收益为

$$R(40)=\int_0^{40}R'(x)\,\mathrm{d}x=\int_0^{40}(100-2x)\,\mathrm{d}x=(100x-x^2)\,\Big|_0^{40}=2\,400,$$

平均收益为

$$\frac{R(40)}{40} = 60.$$

再增加生产 10 单位时所增加的总收益为

$$\Delta R = R(50) - R(40) = \int_{40}^{50} R'(x)\, dx$$

$$= \int_{40}^{50} (100 - 2x)\, dx = (100x - x^2) \Big|_{40}^{50} = 100.$$

4. 由边际利润求总利润函数

若已知边际收益为 $R'(Q)$，边际成本为 $C'(Q)$，其中，Q 为产量，且 C_0 为固定成本，则边际利润为

$$L'(Q) = R'(Q) - C'(Q),$$

从而总利润函数为

$$L(Q) = R(Q) - C(Q) = \int_0^Q R'(t)\, dt - \int_0^Q C'(t)\, dt - C_0$$

$$= \int_0^Q [R'(t) - C'(t)]\, dt - C_0 = \int_0^Q L'(t)\, dt - C_0,$$

其中，$\int_0^Q L'(t)\, dt$ 称为产量为 Q 时的**毛利**，毛利减去固定成本就是**纯利**.

例 5.5.11 已知某农产品的固定成本、边际成本与边际收益分别为

$$C_0 = 10, \quad C'(x) = 20 - 5x, \quad R'(x) = 30 - 3x,$$

求 $x = 5$ 时的毛利和纯利.

解 由题意可知，边际利润为

$$L'(x) = R'(x) - C'(x) = 30 - 3x - (20 - 5x) = 10 + 2x.$$

于是 $x = 5$ 时的毛利为

$$\int_0^5 L'(t)\, dt = \int_0^5 (10 + 2t)\, dt = (10t + t^2) \Big|_0^5 = 75,$$

纯利为

$$L(5) = \int_0^5 L'(t)\, dt - C_0 = 65.$$

5. 由边际函数求总函数的增量和最值

例 5.5.12 已知某作坊生产某种产品 x 单位时的边际成本和边际收益分别为

$$C'(x) = 0.4x + 2, \quad R'(x) = 20 - 0.2x.$$

(1) 若 $C_0 = 10$，求总成本函数、总收益函数和总利润函数；

(2) 当产量从 10 单位增加到 20 单位时，求总成本与总收益的增量；

(3) 问：产量为多少时，总利润最大？最大利润是多少？

解 (1) 由题意可知，总成本函数为

$$C(x) = \int_0^x C'(t)\, dt + C_0 = \int_0^x (0.4t + 2)\, dt + 10 = 0.2x^2 + 2x + 10,$$

总收益函数为

$$R(x) = \int_0^x R'(t)\, dt = \int_0^x (20 - 0.2t)\, dt = 20x - 0.1x^2,$$

总利润函数为

$$L(x) = R(x) - C(x) = 18x - 0.3x^2 - 10.$$

（2）当产量从 10 单位增加到 20 单位时，总成本的增量为

$$\int_{10}^{20} C'(x)\mathrm{d}x = \int_{10}^{20}(0.4x + 2)\mathrm{d}x = (0.2x^2 + 2x)\Big|_{10}^{20} = 80,$$

总收益的增量为

$$\int_{10}^{20} R'(x)\mathrm{d}x = \int_{10}^{20}(20 - 0.2x)\mathrm{d}x = (20x - 0.1x^2)\Big|_{10}^{20} = 170.$$

（3）令边际利润 $L'(x) = R'(x) - C'(x) = 18 - 0.6x = 0$，得唯一驻点 $x = 30$. 由 $L''(30) = -0.6 < 0$，可知 $x = 30$ 是唯一的极大值点，即最大值点. 因此，当产量为 30 单位时，总利润最大，且最大利润为

$$L(30) = 18 \times 30 - 0.3 \times 30^2 - 10 = 260.$$

例 5.5.13　已知生产某种电器 x（单位：百台）的边际成本（单位：万元／百台）为 $C'(x) = 2$，边际收益（单位：万元／百台）为 $R'(x) = 5 - x$.

（1）问：产量为多少时，总利润最大？

（2）当总利润最大时，产量再增加 1 百台，问：总利润减少多少？

解　（1）由 $C'(x) = 2$，$R'(x) = 5 - x$，得边际利润为

$$L'(x) = R'(x) - C'(x) = 5 - x - 2 = 3 - x.$$

令 $L'(x) = 0$，得唯一驻点 $x = 3$. 由 $L''(3) = -1 < 0$，可知 $x = 3$ 为唯一的极大值点，即最大值点. 因此，当产量为 3 百台时，总利润最大.

（2）由（1）可知，当产量为 3 百台时，总利润最大，若产量再增加 1 百台，则总利润的增量为

$$L(4) - L(3) = \int_{3}^{4} L'(x)\mathrm{d}x = \int_{3}^{4}(3 - x)\mathrm{d}x = \left(3x - \frac{x^2}{2}\right)\Big|_{3}^{4} = -0.5,$$

即当总利润最大时，产量再增加 1 百台，总利润减少 0.5 万元.

例 5.5.14　设生产某产品的边际平均成本函数为 $\overline{C}'(x) = -\dfrac{12.5}{x^2} - 0.1$，需求函数为 $x = 100 - 5P$，其中，x 为需求量（单位：件），P 为价格（单位：元／件）. 已知生产 10 件时的平均成本为 15.25 元／件，试求总利润最大的售价.

解　设总成本函数为 $C(x)$，由题意可知

$$\overline{C}'(x) = -\frac{12.5}{x^2} - 0.1,$$

从而有平均成本函数

$$\overline{C}(x) = \int \overline{C}'(x)\mathrm{d}x = \int\left(-\frac{12.5}{x^2} - 0.1\right)\mathrm{d}x = \frac{12.5}{x} - 0.1x + C_0,$$

其中，C_0 为任意常数. 由 $x = 10$ 时，$\overline{C}(10) = 15.25$，得 $C_0 = 15$. 于是总成本函数为

$$C(x) = x\overline{C}(x) = 12.5 + 15x - 0.1x^2.$$

根据需求函数，得价格函数为

$$P = \frac{100 - x}{5} = 20 - 0.2x,$$

故总收益函数为 $R(x) = Px = (20 - 0.2x)x$，从而总利润函数为

$$L(x) = R(x) - C(x) = -0.1x^2 + 5x - 12.5.$$

令 $L'(x) = -0.2x + 5 = 0$，得唯一驻点 $x = 25$. 由 $L''(25) = -0.2 < 0$，可知 $x = 25$ 为唯一的极大值点，即最大值点. 因此，将 $x = 25$ 代入价格函数，可知价格为 15 元 / 件时，可获得最大利润 $L(25) = 50$（元）.

6. 消费者剩余与生产者剩余

一般地，需求量与供给量都是价格的函数. 在市场经济活动中，价格和数量在不断调整，最后趋于平衡价格 P_0 和平衡数量 Q_0，供给曲线与需求曲线的交点称为**平衡点**(P_0, Q_0).

消费者剩余（CS）和生产者剩余（PS）是经济福利分析的两个重要工具.

（1）**消费者剩余**是指消费者在购买一定数量的某种产品时愿意支付的总价格和实际支付的总价格之间的差额. 需求曲线以反需求函数的形式 $P = D(Q)$ 给出，它表示消费者对每一单位产品所愿意支付的价格. 假定该产品的平衡价格为 P_0，平衡数量为 Q_0，则消费者剩余为

$$CS = \int_0^{Q_0} D(Q) \mathrm{d}Q - P_0 Q_0.$$

（2）**生产者剩余**是指生产者在销售一定数量的某种产品时所得到的总款额与其生产总成本之间的差额. 供给曲线以反供给函数的形式 $P = S(Q)$ 给出，它表示生产者提供每一单位产品所需要的成本价格. 假定该产品的平衡价格为 P_0，平衡数量为 Q_0，则生产者剩余为

$$PS = P_0 Q_0 - \int_0^{Q_0} S(Q) \mathrm{d}Q.$$

例 5.5.15 某产品的反需求函数为 $P = 50 - Q$，反供给函数为 $P = 5 + 0.5Q$，求平衡价格、平衡数量、消费者剩余及生产者剩余.

解 由 $50 - Q = 5 + 0.5Q$，得平衡数量 $Q_0 = 30$，则平衡价格 $P_0 = 20$，从而消费者剩余为

$$CS = \int_0^{30} (50 - Q) \mathrm{d}Q - 20 \times 30 = \left(50Q - \frac{1}{2}Q^2\right)\Big|_0^{30} - 600 = 450,$$

生产者剩余为

$$PS = 20 \times 30 - \int_0^{30} (5 + 0.5Q) \mathrm{d}Q = 600 - \left(5Q + \frac{1}{4}Q^2\right)\Big|_0^{30} = 225.$$

7. 收益流的现值与将来值

现将 P 单位的资金存入银行，若以连续复利率 r 计算，则 t 年后的价值（**将来值**）$B = P\mathrm{e}^{rt}$. 若 t 年后想得到 B 单位的资金，则现在需要存入银行的金额（**现值**）$P = B\mathrm{e}^{-rt}$.

若某企业的收益是连续获得的，则其收益可以看作随时间连续变化的收益流，称收益流对时间的变化率为**收益流量**. 若时间以年为单位，收益以元为单位，则收益流量的单位为元 / 年.

假设以连续复利率 r 计息，连续收益流的收益流量为 $P(t)$（元 / 年），则从现在开始（$t = 0$）到 T 年后，有

$$收益流的现值 = \int_0^T P(t)\mathrm{e}^{-rt}\mathrm{d}t,$$

$$收益流的将来值 = \int_0^T P(t)\mathrm{e}^{r(T-t)}\mathrm{d}t.$$

例 5.5.16 某公司做一笔 100 万元的投资，并于 1 年后取得经济收益，年收益为 30 万元. 设银行年利率为 0.1，以连续复利计算，问：该公司多少年后可收回投资成本？

解 设 T 年后可收回投资成本,则有

$$\int_0^T 30e^{-0.1t}\,dt = 100,$$

即 $-300\int_0^T e^{-0.1t}\,d(-0.1t) = -300e^{-0.1t}\Big|_0^T = 100$,解得 $T \approx 4.055$. 因此,在投资的 4.055 年后可收回投资成本.

 **一对年轻夫妇准备为孩子在银行存款以积攒学费,若他们打算10年后攒够 5 万元,问:这对夫妇每年应等额存入多少钱?假设目前银行年利率为 0.05,以连续复利计算.**

解 设这对夫妇每年为孩子在银行存入 P 元,则 10 年后收益流的将来值为

$$\int_0^{10} Pe^{0.05(10-t)}\,dt = 50\,000,$$

即 $-20P\int_0^{10} e^{0.05(10-t)}\,d[0.05(10-t)] = -20Pe^{0.05(10-t)}\Big|_0^{10} = 50\,000$,解得 $P = \dfrac{50\,000 \times 0.05}{e^{0.5}-1} \approx$

$3\,854$. 因此这对夫妇每年为孩子等额存入约 $3\,854$ 元,10 年后可攒够 5 万元的学费.

习 题 5.5

1. 求由下列曲线所围成的平面图形的面积:

(1) $y = x^3$ 与 $x = 2, y = 0$;   (2) $y = x^2$ 与 $y = 2 - x^2$;

(3) $y = \sqrt{x}$ 与 $y = x$;   (4) $y = e^x$ 与 $x = 0, y = e$;

(5) $y = \sin x$ 与 $x = 0, x = \pi, y = 1$.

2. 某超市的某种网红产品每周进货量(单位:件)为 Q,固定成本为 55 元,边际成本(单位:元/件)为

$$C'(Q) = 25 + 30Q - 8Q^2,$$

求总成本函数 $C(Q)$.

3. 设某产品的边际成本为 $C'(x) = e^x$,且固定成本为 100,求总成本函数 $C(x)$.

4. 某服装公司生产每套服装的边际成本(单位:元/套)为

$$C'(x) = 0.000\,3x^2 - 0.2x + 50,$$

求生产 400 套服装的总成本的精确值.

5. 某商贩从批发市场批发某种产品 Q 件,贩卖后发现边际收益(单位:元/件)为 $R'(Q) = 3 - 0.3Q$,求总收益函数 $R(Q)$.

6. 某产品总产量的变化率(单位:单位/天)为

$$f(t) = 100 + 10t - \frac{3}{2}t^2,$$

求从第 2 天到第 6 天(共 5 天)的总产量.

7. 已知某产品的边际成本和边际收益分别为

$$C'(Q) = Q^2 - 4Q + 6, \quad R'(Q) = 105 - 2Q,$$

固定成本为 100,求最大利润.

8. 设某产品的边际成本(单位:万元/百台)为 $C'(x) = 3 + \dfrac{x}{4}$,固定成本为 1 万元,边际收益(单位: 万元/百台)为 $R'(x) = 8 - x$.

(1) 求总成本函数 $C(x)$ 和总收益函数 $R(x)$；

(2) 问：产量为多少时，总利润最大？最大利润是多少？

9. 设某产品的需求函数为 $P = 30 - 0.2\sqrt{Q}$，其中，P 为价格（单位：元／件），Q 为需求量（单位：件）。如果价格固定为每件 10 元，求消费者剩余。

10. 设一收益流的收益流量为 10 万元／年，在 10 年内收益流的现值为 80 万元。若以年连续复利率 r 计息，求：

(1) r 的值；

(2) 收益流的将来值。

§5.6　MATLAB 在一元函数的定积分中的应用

前面介绍了定积分的基本概念、计算方法和应用案例，当被积函数比较复杂时，MATLAB 为其运算提供了一个简单而又功能强大的工具，从而可十分有效地利用 MATLAB 来计算定积分的值。用 MATLAB 计算定积分的命令，具体如表 5.6.1 所示。

表 5.6.1　计算定积分的相关命令

	命令	功能
定积分的符号计算	int(f,x,a,b)	求定积分 $\int_a^b f(x)\,\mathrm{d}x$ 的符号解
定积分的数值计算	vpa(int(f,x,a,b),n)	把定积分的符号解转为精度为 10^{-n} 的数值解

例 5.6.1　计算定积分 $\int_{0.3}^{100}(x^2 - 3x + 1)\,\mathrm{d}x$.

解　［MATLAB 操作命令］

```
syms x
fun = x^2-3*x+1;
int(fun,0.3,100)
```

［MATLAB 输出结果］

```
ans =
  477649739/1500
```

例 5.6.2　计算下列定积分：

(1) $\int_0^{\frac{\pi}{2}} x\sin x\,\mathrm{d}x$；

(2) $\int_0^{\frac{\pi}{4}} 2\cos 2x\,\mathrm{d}x$.

解　［MATLAB 操作命令］

```
syms x
f1 = x* sin(x);
f2 = 2* cos(2* x);
int(f1,0,pi/2)
int(f2,0,pi/4)
```

[MATLAB 输出结果]

```
ans =
  1
ans =
  1
```

例 5.6.3 计算下列定积分及其近似值：

$(1) \displaystyle\int_{-2}^{-1} \frac{\mathrm{d}x}{x};$ $\qquad\qquad\qquad (2) \displaystyle\int_{\sqrt 3}^{-1} \frac{\mathrm{d}x}{1+x^2}.$

解 [MATLAB 操作命令]

```
syms x
f1 = 1/x;
f2 = 1/(1+x^2);
int(f1,-2,-1)              % 求定积分的符号解
vpa(int(f1,-2,-1),4)      % 把符号解转为精度为 10⁻⁴ 的数值解
int(f2,3^0.5,-1)
vpa(int(f2,3^0.5,-1),6)   % 把符号解转为精度为 10⁻⁶ 的数值解
```

[MATLAB 输出结果]

```
ans =
  -log(2)
ans =
  -0.6931
ans =
  - (7* pi)/12
ans =
  -1.8326
```

例 5.6.4 计算变限积分 $F_{11} = \displaystyle\int_{\sin x}^{\cos x} t^2 \mathrm{d}t.$

解 [MATLAB 操作命令]

```
syms t x
F1 = t^2;   % 求变限积分的代码
F11 = int(F1,sin(x),cos(x))
```

［MATLAB 输出结果］

```
F11 =
  cos(x)^3/3 - sin(x)^3/3
```

例 5.6.5 计算无穷积分 $\displaystyle\int_{-\infty}^{+\infty}\dfrac{\mathrm{d}x}{1+x^2}$.

解 ［MATLAB 操作命令］

```
syms x
f1 = 1/(1+x^2);   %无穷积分
int(f1, -inf, inf)
```

［MATLAB 输出结果］

```
ans =
  pi
```

例 5.6.6 计算瑕积分 $\displaystyle\int_{1}^{2}\dfrac{x}{\sqrt{x-1}}\mathrm{d}x$.

解 ［MATLAB 操作命令］

```
syms x
f1 = x/sqrt(x-1);              %瑕积分
int(f1,1,2)
```

［MATLAB 输出结果］

```
ans =
  8/3
```

从以上例题可知,无论是定积分、变限积分,还是反常积分,用 MATLAB 计算都非常简单.

习 题 5.6

1.利用 MATLAB 计算下列定积分:

(1) $\displaystyle\int_{0}^{\frac{\pi}{2}}\sin t\cos^3 t\,\mathrm{d}t$;

(2) $\displaystyle\int_{\frac{1}{\sqrt{2}}}^{1}\dfrac{\sqrt{1-x^2}}{x^2}\mathrm{d}x$;

(3) $\displaystyle\int_{-1}^{1}(x+\sqrt{1-x^2})^2\mathrm{d}x$;

(4) $\displaystyle\int_{1}^{+\infty}\dfrac{\mathrm{d}x}{x^4}$;

(5) $\displaystyle\int_{0}^{+\infty}\dfrac{\mathrm{d}x}{100+x^2}$;

(6) $\displaystyle\int_{-\infty}^{+\infty}\dfrac{\mathrm{d}x}{x^2+4x+5}$.

2.利用 MATLAB 计算下列定积分及其近似值:

(1) $\displaystyle\int_{0}^{1}\dfrac{\mathrm{d}x}{\sqrt{1-x^2}}$;

(2) $\displaystyle\int_{1}^{e}\dfrac{\mathrm{d}x}{x\sqrt{1-\ln^2 x}}$;

(3) $\displaystyle\int_{0}^{1}x^{20}\arctan x\,\mathrm{d}x$.

数学文化欣赏

牛顿与莱布尼茨的微积分之争

在人类科学史上曾有一场精彩的纷争——微积分的创始人是谁？而纷争的两位主角就是我们书本上常见到的大数学家牛顿和莱布尼茨.顺着科学家们对这场纷争找到的有关文献和历史证据的足迹,让我们一起来看看这场旷世纷争的结果是怎样?

故事的开端还得穿梭到 17 世纪.在 1665 年,当时的牛顿还是一名刚获得剑桥大学学士学位的学生.之后的两年时间内,他回到了自己的乡村住所并继续搞研究,最后他研究出了广义二项式定理,并发展成了微积分学的理论,同时还有物理学方面的一些成果,但他没有把有关微积分方面的著作进行发表.直到 1669 年,他才把有关微积分学的论文发给他的导师巴罗 (Barrow),这也为后面的纷争埋下了伏笔.纷争的另一位主人公莱布尼茨在 1684 年和 1686 年发表了两篇有关微积分的论文,这也就成了纷争的开端.牛顿和莱布尼茨在发明微积分的归属权上互不相让.17 世纪末,他们两人及支持者均给出自己发明微积分的证据并指责对方行为的不当.牛顿给出的证据有:在莱布尼茨发表有关微积分的论文前,自己就给出了微积分的理论知识,并把相关的成果发给了自己的朋友传阅,因此认为是莱布尼茨通过他的朋友看到了自己的成果.而莱布尼茨给出的反驳是:他自己已于 1675 年完成了一套完整的微积分学,并且使用的符号和考虑问题的角度与牛顿的也有所不同.微积分之争越来越激烈,甚至闹到了英国皇家学会.

在牛顿和莱布尼茨两人去世很久以后,纷争的调查取证得到了澄清,牛顿和莱布尼茨确实是在同一时期内各自独立地发明了微积分.因此,之后的数学界公认微积分学是由牛顿和莱布尼茨两人在前人的基础上共同创立的.

总习题 5

一、单选题

1.函数 $f(x)$ 在区间 $[a,b]$ 上有界是其在区间 $[a,b]$ 上可积的（ ）.

A. 充要条件   B. 充分条件

C. 必要条件   D. 无关条件

2.设 $P = \int_0^{\frac{\pi}{2}} \sin^2 x \, dx$, $Q = \int_0^{\frac{\pi}{2}} \sin x \, dx$, $R = \frac{1}{2} \int_{-\frac{\pi}{2}}^{\frac{\pi}{2}} \sin^2 x \, dx$, 则（ ）.

A. $Q > P = R$ B. $P = Q < R$

C. $P < Q < R$ D. $P > Q > R$

3.变限积分 $\int_a^x f(t) \, dt$ 是（ ）.

A. $f'(x)$ 的一个原函数   B. $f'(x)$ 的全体原函数

C. $f(x)$ 的一个原函数   D. $f(x)$ 的全体原函数

4.下列等式中正确的是( ).

A. $\int f'(x)\,\mathrm{d}x = f(x)$

B. $\dfrac{\mathrm{d}}{\mathrm{d}x}\int_a^b f(t)\,\mathrm{d}t = f(x)$

C. $\dfrac{\mathrm{d}}{\mathrm{d}x}\int_a^x f(t)\,\mathrm{d}t = f(x)$

D. $\dfrac{\mathrm{d}}{\mathrm{d}x}\int_x^b f(t)\,\mathrm{d}t = f(x)$

5.下列结论中正确的是( ).

A. $\int_{-1}^1 x\,\mathrm{e}^{x^2}\,\mathrm{d}x = 2\int_0^1 x\,\mathrm{e}^{x^2}\,\mathrm{d}x$

B. $\int_{-\frac{\pi}{2}}^{\frac{\pi}{2}} \sin x\,\mathrm{d}x = 2\int_0^{\frac{\pi}{2}} \sin x\,\mathrm{d}x$

C. $\int_{-\pi}^{\pi} x^2 \cos x^3 \sin x\,\mathrm{d}x = 0$

D. $\int_{-1}^1 \sqrt{1-x}\,\mathrm{d}x = 2\int_0^1 \sqrt{1-x}\,\mathrm{d}x = \dfrac{4}{3}$

二、填空题

1. $\int_0^1 \sqrt{1-x^2}\,\mathrm{d}x = $ _____.

2. $\lim\limits_{x\to 0} \dfrac{\int_0^x \sin 2t^2\,\mathrm{d}t}{x^3} = $ _____.

3.若 $\int_0^1 (3x-2k)\,\mathrm{d}x = 7$,则 $k = $ _____.

4. $\int_{-2}^2 (x^3 \cos x + x^2 \sin x + 1)\,\mathrm{d}x = $ _____.

5. $\int_0^{+\infty} \dfrac{\mathrm{d}x}{1+x^2} = $ _____.

6. $\lim\limits_{x\to\infty} n\left(\dfrac{1}{1+n^2} + \dfrac{1}{2^2+n^2} + \cdots + \dfrac{1}{n^2+n^2}\right) = $ _____.

7.若 $\int_0^a x\,\mathrm{e}^{2x}\,\mathrm{d}x = \dfrac{1}{4}$,则 $a = $ _____.

8. $\int_{-\infty}^1 \dfrac{\mathrm{d}x}{x^2+2x+5} = $ _____.

三、计算题

1.利用定积分的定义计算定积分 $\int_0^1 \mathrm{e}^x\,\mathrm{d}x$.

2.利用定积分求极限 $\lim\limits_{n\to\infty} \dfrac{1}{n^4}(1+2^3+\cdots+n^3)$.

3.估计下列定积分的范围:

(1) $\int_0^1 \mathrm{e}^{x^2}\,\mathrm{d}x$;

(2) $\int_1^4 (x^2+1)\,\mathrm{d}x$;

(3) $\int_{\frac{\sqrt{3}}{3}}^{\sqrt{3}} x \arctan x\,\mathrm{d}x$.

4. 计算下列定积分：

(1) $\displaystyle\int_0^{\frac{\pi}{2}} \cos^4 x \sin 2x \, \mathrm{d}x$；

(2) $\displaystyle\int_{-1}^7 \frac{\mathrm{d}x}{\sqrt{4+3x}}$；

(3) $\displaystyle\int_{\frac{\pi}{4}}^{\pi} \sin\left(x + \frac{\pi}{4}\right) \mathrm{d}x$；

(4) $\displaystyle\int_1^{\mathrm{e}^2} \frac{\mathrm{d}x}{x\sqrt{1+\ln x}}$；

(5) $\displaystyle\int_0^{\pi} \sqrt{1+\cos 2x} \, \mathrm{d}x$；

(6) $\displaystyle\int_{-2}^1 \frac{\mathrm{d}x}{(11+3x)^3}$；

(7) $\displaystyle\int_0^{\frac{\pi}{2}} x\sqrt[3]{1-x^2} \, \mathrm{d}x$；

(8) $\displaystyle\int_0^{\frac{\pi}{4}} \tan^3 x \, \mathrm{d}x$.

5. 计算下列定积分：

(1) $\displaystyle\int_0^1 x^2 \mathrm{e}^x \, \mathrm{d}x$；

(2) $\displaystyle\int_1^{\mathrm{e}} x \ln x \, \mathrm{d}x$；

(3) $\displaystyle\int_0^{\frac{2\pi}{\omega}} x \sin \omega x \, \mathrm{d}x$；

(4) $\displaystyle\int_0^{\frac{\pi}{2}} \mathrm{e}^{2x} \cos x \, \mathrm{d}x$；

(5) $\displaystyle\int_0^{\frac{\sqrt{3}}{2}} \arccos x \, \mathrm{d}x$；

(6) $\displaystyle\int_0^1 \frac{x\mathrm{e}^{-x}}{(1+\mathrm{e}^{-x})^2} \mathrm{d}x$.

6. 计算下列极限：

(1) $\displaystyle\lim_{x\to 0} \frac{\displaystyle\int_0^x (\mathrm{e}^{2t}-1)\mathrm{d}t}{\displaystyle\int_0^x t \, \mathrm{d}t}$；

(2) $\displaystyle\lim_{x\to 1} \frac{\displaystyle\int_1^x \arctan(t-1)\mathrm{d}t}{(x-1)^2}$.

7. 利用 MATLAB 计算下列定积分：

(1) $\displaystyle\int_{-5}^5 \frac{x^3 \sin^2 x}{x^4+2x^2+1} \mathrm{d}x$；

(2) $\displaystyle\int_0^1 \ln(x+\sqrt{1+x^2}) \mathrm{d}x$；

(3) $\displaystyle\int_0^{\frac{3}{4}} \frac{\arcsin\sqrt{x}}{\sqrt{1-x}} \mathrm{d}x$；

(4) $\displaystyle\int_0^1 \frac{x\mathrm{e}^{-x}}{(1+\mathrm{e}^{-x})^2} \mathrm{d}x$；

(5) $\displaystyle\int_1^{\mathrm{e}^{\frac{\pi}{2}}} \cos \ln x \, \mathrm{d}x$；

(6) $\displaystyle\int_1^{+\infty} \frac{1}{\sqrt{x}+x\sqrt{x}} \mathrm{d}x$.

8. 判断下列反常积分的敛散性，若收敛，则求其值：

(1) $\displaystyle\int_1^{+\infty} \frac{\mathrm{d}x}{x^4}$；

(2) $\displaystyle\int_1^{+\infty} \frac{\mathrm{d}x}{\sqrt[3]{x}}$；

(3) $\displaystyle\int_1^{+\infty} \frac{\mathrm{d}x}{1+x^2}$；

(4) $\displaystyle\int_0^2 \frac{x}{\sqrt{4-x^2}} \mathrm{d}x$；

(5) $\displaystyle\int_1^2 \frac{x}{\sqrt{x-1}} \mathrm{d}x$；

(6) $\displaystyle\int_1^{+\infty} \frac{\mathrm{d}x}{x(1+x^2)}$.

四、应用题

1. 求由下列曲线所围成的平面图形的面积:

(1) $y = x^2 + 3$ 与 $x = 0, x = 1, y = 0$;

(2) $y = x^2 - 1$ 与 $y = x + 1$;

(3) $y = \sin x$ 与 $x = 0, x = \dfrac{\pi}{2}, y = 1$;

(4) $y = \dfrac{1}{x}$ 与 $y = x, x = 2$.

2. 设当 $x > 0$ 时,函数 $f(x)$ 可导,且满足

$$f(x) = 1 + \int_1^x \frac{1}{x} f(t) \mathrm{d}t,$$

求函数 $f(x)$.

3. 求函数 $F(x) = \int_0^x t(t-4) \mathrm{d}t$ 在区间 $[-1, 5]$ 上的最大值和最小值.

4. 设某种产品从 0 时刻到 t 时刻的销售量为 $y(t) = kt, t \in (0, T)(k > 0)$,欲在 T 时刻将数量为 B 的该种产品销售完,试求:

(1) t 时刻的产品剩余量,并确定 k 的值;

(2) 在区间 $[0, T]$ 内的平均剩余量.

5. 设某产品的边际成本(单位:万元/万台)为 $C'(x) = \dfrac{x}{4} + 4$,固定成本为 1 万元,边际收益(单位:万元/万台)为 $R'(x) = 9 - x$,其中,x 代表产量(单位:万台),试求:

(1) 总成本函数 $C(x)$、总收益函数 $R(x)$ 及总利润函数 $L(x)$;

(2) 获得最大利润时的产量.

6. 设某厂经济指标主要由产量(单位:百台)Q 决定,已知边际成本(单位:万元/百台)为 $C'(Q) = 0.5Q + 8$,边际收益(单位:万元/百台)为 $R'(Q) = 16 - 2Q$,固定成本为 0,且当产量为 0 时,总收益也为 0.

(1) 求总成本函数 $C(Q)$ 和总收益函数 $R(Q)$;

(2) 问:当产量从 1 百台增加到 5 百台时,总成本与总收益各增加多少?

(3) 问:当产量 Q 为多少时,总利润最大?

(4) 问:当取得最大利润时,总利润、总成本、总收益各是多少?

(5) 问:在最大利润产量的基础上,再生产 50 台产品,总利润变化多少?

7. 某企业想购买一台设备,该设备成本为 5 000 元,T 年后该设备的报废价值(单位:元)为 $S(t) = 5\,000 - 400t$,使用该设备在 t 年时可使企业增加收入 $850 - 40t$(元),若银行年利率为 5%,以连续复利计算,问:该企业应在什么时候报废这台设备?此时总利润的现值是多少?

第6章 多元函数微分学

　　前面研究了只依赖于一个自变量的函数的微积分，但在实际问题中我们经常会遇到含有多个自变量的函数，这就需要讨论多元函数及其微积分.

　　本章主要介绍空间解析几何的概念，多元函数的概念、极限与连续性，一阶和二阶偏导数、全微分的概念与计算方法，隐函数的(偏)导数的计算方法，多元函数的极值的概念、判断条件与计算方法，多元函数微分学的应用.

动人以言者，其感不深；动人以行者，其应必速.

——陆贽

§6.1 空间解析几何简介

一、空间直角坐标系

在空间中任取一点 O,过点 O 作两两相互垂直的直线 Ox,Oy,Oz,按右手系法则$\left(\text{以右手}\right.$握住 Oz,当右手除拇指外的四指从 Ox 的正向以 $\dfrac{\pi}{2}$ 角度转向 Oy 的正向时,拇指的指向就是 Oz 的正向$\left.\right)$确定直线 Ox,Oy,Oz 的正向,如图 6.1.1 所示,并规定长度单位,这样就建立了一个**空间直角坐标系**.点 O 称为**坐标原点**,数轴 Ox,Oy,Oz 分别称为 x **轴**、y **轴**和 z **轴**,统称为**坐标轴**.由任意两条坐标轴所确定的平面称为**坐标平面**.由 x 轴、y 轴所确定的平面称为 xOy **平面**或 xy **平面**;由 y 轴、z 轴所确定的平面称为 yOz **平面**或 yz **平面**;由 z 轴、x 轴所确定的平面称为 zOx **平面**或 zx **平面**.这三个坐标平面将空间分成八个部分,每一个部分称为一个**卦限**,共有八个**卦限**,分别用 Ⅰ,Ⅱ,Ⅲ,Ⅳ,Ⅴ,Ⅵ,Ⅶ,Ⅷ 表示,如图 6.1.2 所示.

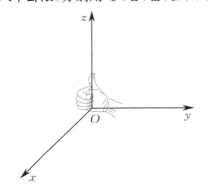

图 6.1.1　空间直角坐标系

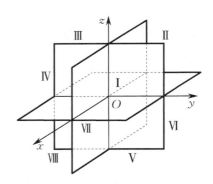

图 6.1.2　卦限

过空间中任一点 M 分别作垂直于 x 轴、y 轴、z 轴的平面,它们与这三条轴分别交于 P,Q,R 三点,如图 6.1.3 所示.设 P,Q,R 三点在 x 轴、y 轴、z 轴上的坐标分别为 a,b,c,则得到三元有序数组 (a,b,c);反之,对于给定的三元有序数组 (a,b,c),在 x 轴、y 轴、z 轴上分别取坐标为 a,b,c 的三点 P,Q,R,过点 P 作垂直于 x 轴的平面,过点 Q 作垂直于 y 轴的平面,过点 R 作垂直于 z 轴的平面,则这三个平面交于空间中唯一的一点 M.因此空间中任一点 M 可与某一三元有序数组 (a,b,c) 建立一一对应的关系,称 (a,b,c) 为点 M 的**坐标**,记为 $M(a,b,c)$.显然,x 轴上点的坐标为 $(a,0,0)$,y 轴上点的坐标为 $(0,b,0)$,z 轴上点的坐标为 $(0,0,c)$,坐标原点 O 的坐标为 $(0,0,0)$,xOy 平面上点的坐标为 $(a,b,0)$,yOz 平面上点的坐标为 $(0,b,c)$,zOx 平面上点的坐标为 $(a,0,c)$.

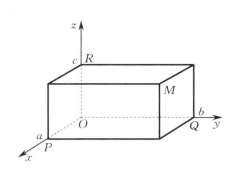

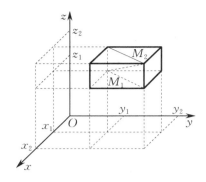

图 6.1.3　过空间中任一点 M 分别作垂直于 x 轴、y 轴、z 轴的平面　图 6.1.4　两点之间的距离

设 $M_1(x_1, y_1, z_1)$ 与 $M_2(x_2, y_2, z_2)$ 为空间中任意两点,如图 6.1.4 所示,则点 M_1 与点 M_2 之间的距离(两点间距离公式)为

$$|M_1M_2| = \sqrt{(x_2 - x_1)^2 + (y_2 - y_1)^2 + (z_2 - z_1)^2}.$$

特别地,当点 M_2 为坐标原点 O 时,有

$$|OM_1| = \sqrt{x_1^2 + y_1^2 + z_1^2}.$$

例 6.1.1　设动点 $M(x, y, z)$ 与两定点 $M_1(2, -1, 0), M_2(1, 0, -2)$ 之间的距离相等,求动点 M 的轨迹.

解　建立动点 M 所满足的关系 $|MM_1| = |MM_2|$,则由两点间距离公式可得

$$\sqrt{(x-2)^2 + (y+1)^2 + z^2} = \sqrt{(x-1)^2 + y^2 + (z+2)^2},$$

化简得 $x - y + 2z = 0$. 该方程是关于 x, y, z 的三元一次方程,由下文可知,其轨迹是一个平面.

二、平面及其方程

平面是空间解析几何中最简单的曲面.

平面的一般方程为

$$Ax + By + Cz + D = 0,$$

其中,A, B, C, D 为常数,且 A, B, C 不全为零.

平面的截距式方程为

$$\frac{x}{a} + \frac{y}{b} + \frac{z}{c} = 1, \quad abc \neq 0,$$

其中,a, b, c 分别为平面在 x 轴、y 轴、z 轴上的截距.

点 $M_0(x_0, y_0, z_0)$ 到平面 $Ax + By + Cz + D = 0$ 的距离(点到平面距离公式)为

$$d = \frac{|Ax_0 + By_0 + Cz_0 + D|}{\sqrt{A^2 + B^2 + C^2}}.$$

特别地,三个坐标平面的方程:xOy 平面的方程为 $z = 0$,yOz 平面的方程为 $x = 0$,zOx 平面的方程为 $y = 0$.

三、曲面与空间曲线

1. 曲面方程

若曲面 S 上任一点的坐标 (x, y, z) 都满足方程 $F(x, y, z) = 0$,且方程 $F(x, y, z) = 0$ 的

全部解坐标(x,y,z)都在曲面 S 上,则称方程 $F(x,y,z)=0$ 为**曲面 S 的方程**,曲面 S 称为方程 $F(x,y,z)=0$ 的**图形**.

例 6.1.2 求以点 $M_0(x_0,y_0,z_0)$ 为球心、R 为半径的球面方程.

解 设 $M(x,y,z)$ 是球面上的任一点,则有 $|MM_0|=R$.故由两点间距离公式,得
$$(x-x_0)^2+(y-y_0)^2+(z-z_0)^2=R^2.$$

特别地,当球心 M_0 为坐标原点 $O(0,0,0)$ 时,球面方程变为
$$x^2+y^2+z^2=R^2.$$

2. 旋转曲面

例 6.1.3 求由 yOz 平面上的抛物线 $z=y^2$ 绕 z 轴旋转一周形成的曲面(称为**旋转抛物面**,如图 6.1.5 所示)的方程.

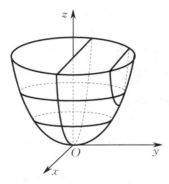

图 6.1.5 旋转抛物面

解 设 $P(x,y,z)$ 是曲面上的任一点,过点 P 作平行于 xOy 平面的平面,则该平面与曲面的交线是一个圆.该圆与 yOz 平面上抛物线 $z=y^2$ 的交点为 $B(0,y_0,z)$,其中,$y_0=\pm\sqrt{x^2+y^2}$,$z=y_0^2=(\pm\sqrt{x^2+y^2})^2=x^2+y^2$.因此所求曲面的方程为
$$z=x^2+y^2.$$

一般地,由 yOz 平面上的曲线 $z=h(y)$ 绕 z 轴旋转一周形成的曲面的方程为 $z=h(\pm\sqrt{x^2+y^2})$,由 zOx 平面上的曲线 $z=g(x)$ 绕 z 轴旋转一周形成的曲面的方程为 $z=g(\pm\sqrt{x^2+y^2})$,由 xOy 平面上的曲线 $y=f(x)$ 绕 y 轴旋转一周形成的曲面的方程为 $y=f(\pm\sqrt{x^2+z^2})$.

3. 柱面

直线 l 沿平面内的一条定曲线平行移动所形成的曲面称为**柱面**.

平行于 z 轴的直线沿 xOy 平面上的圆 $x^2+y^2=R^2$ 移动所形成的曲面称为**圆柱面**,圆柱面的方程为 $x^2+y^2=R^2$.这里,xOy 平面上的圆 $x^2+y^2=R^2$ 称为**准线**,与圆相交且平行于 z 轴的直线称为**母线**.

以 xOy 平面上的曲线 $y=f(x)$ 为准线,母线平行于 z 轴的柱面方程为 $y=f(x)$.

4. 空间曲线

空间曲线可以看作两个曲面 $S_1:F(x,y,z)=0$ 与 $S_2:G(x,y,z)=0$ 的交线,故空间曲线的方程为

$$\begin{cases} F(x,y,z)=0, \\ G(x,y,z)=0. \end{cases}$$

例如,圆柱面 $x^2+y^2=1$ 与平面 $x+y+z=2$ 的交线是一个椭圆,如图 6.1.6 所示,它的方程为

$$\begin{cases} x^2+y^2=1, \\ x+y+z=2. \end{cases}$$

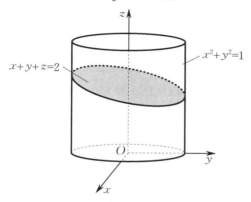

图 6.1.6　空间曲线

习　题　6.1

1. 在空间直角坐标系中,指出下列各点所在的卦限:
$$A(2,-4,1),\quad B(3,6,-2),\quad C(1,-2,-3),\quad D(-1,-2,5).$$
2. 求点 (x,y,z) 分别关于坐标平面、坐标轴和坐标原点对称的点的坐标.
3. 求点 (x_0,y_0,z_0) 到 xOy 平面的距离和到 z 轴的距离.
4. 在 yOz 平面上,求与三点 $A(3,1,2),B(4,-2,-2),C(0,5,1)$ 等距离的点.
5. 设有两点 $M_1(2,3,2)$ 和 $M_2(1,0,-3)$,在 z 轴上求与点 M_1 和点 M_2 距离相等的点.
6. 求与两定点 $M_1(2,1,3)$ 和 $M_2(1,-1,0)$ 距离相等的点的轨迹方程.
7. 求过三点 $A(-2,1,-1),B(-5,-2,2),C(-2,-1,2)$ 的平面方程.
8. 求点 $(1,-2,3)$ 到平面 $x-2y+3z-6=0$ 的距离.
9. 求平面 $5x-2y+z=20$ 在三条坐标轴上的截距.

§6.2　多元函数的基本概念

一、平面区域的概念

1. 邻域

定义 6.2.1　设 $P_0(x_0,y_0)$ 是 xOy 平面上的一点,δ 为正数,则与点 $P_0(x_0,y_0)$ 的距

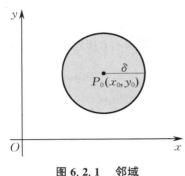

图 6.2.1　邻域

离小于 δ 的点 $P(x,y)$ 的全体称为点 $P_0(x_0,y_0)$ 的 δ **邻域**，记作 $U(P_0,\delta)$，即

$$U(P_0,\delta)=\{(x,y)\,|\,\sqrt{(x-x_0)^2+(y-y_0)^2}<\delta\}.$$

在几何上，$U(P_0,\delta)$ 就是 xOy 平面上以 $P_0(x_0,y_0)$ 为圆心、δ 为半径的圆面，如图 6.2.1 所示.

在邻域 $U(P_0,\delta)$ 中除去点 $P_0(x_0,y_0)$，剩下的部分称为点 $P_0(x_0,y_0)$ 的**去心 δ 邻域**，记作 $\mathring{U}(P_0,\delta)$. 若不强调邻域的半径，通常把点 $P_0(x_0,y_0)$ 的去心邻域和邻域分别简记为 $\mathring{U}(P_0)$ 和 $U(P_0)$.

2. 内点、外点、边界点

设平面上的点集 $D\subset\mathbf{R}^2$ 与点 $P(x,y)$ 之间有如下关系：

(1) 若点 P 的某邻域 $U(P_0)$ 满足 $U(P_0)\subset D$，则称点 P 为点集 D 的**内点**；

(2) 若点 P 的某邻域 $U(P_0)$ 满足 $U(P_0)\bigcap D=\varnothing$，则称点 P 为点集 D 的**外点**；

(3) 若点 P 的任一邻域内，既有属于 D 的点，又有不属于 D 的点，则称点 P 为点集 D 的**边界点**. 点集 D 的边界点的全体称为 D 的**边界**，记作 ∂D.

例如，设点集 $D=\{(x,y)\,|\,1<x^2+y^2\leqslant4\}$，如图 6.2.2 所示，则满足 $1<x^2+y^2<4$ 的所有点都是 D 的内点；满足 $x^2+y^2<1$ 或 $x^2+y^2>4$ 的所有点都是 D 的外点；满足 $x^2+y^2=1$ 或 $x^2+y^2=4$ 的所有点都是 D 的边界点.

由此可见，D 的内点必属于 D；D 的外点必不属于 D；D 的边界点可能属于 D，也可能不属于 D.

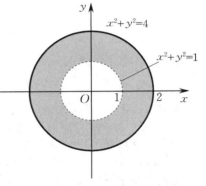

图 6.2.2　内点、外点与边界点

3. 开集、闭集、连通集、区域

(1) 若点集 $D\subset\mathbf{R}^2$ 内的任意一点都是 D 的内点，则称 D 为**开集**；若点集 D 的补集 D^C 是开集，则称 D 为**闭集**.

例如，$D=\{(x,y)\,|\,1<x^2+y^2<4\}$ 是开集，$D=\{(x,y)\,|\,x^2+y^2\leqslant4\}$ 是闭集，$D=\{(x,y)\,|\,1<x^2+y^2\leqslant4\}$ 既不是开集也不是闭集.

(2) 若点集 D 内的任意两点都可以用包含在 D 内的折线连接起来，则称 D 为**连通集**.

例如，$D=\{(x,y)\,|\,1<x^2+y^2<4\}$ 是连通集，$D=\{(x,y)\,|\,x^2+y^2>1$ 或 $x^2+y^2=0\}$ 不是连通集，如图 6.2.3 所示.

(3) 平面上连通的开集称为**开区域**，简称**区域**；开区域连同它的边界一起所构成的点集称为**闭区域**.

例如，$D=\{(x,y)\,|\,x+y>0\}$ 是开区域，如图 6.2.4 所示；$D=\{(x,y)\,|\,xy>0\}$ 是开集但不连通，故不是开区域，如图 6.2.5 所示；$D=\{(x,y)\,|\,x+y\geqslant0\}$ 是闭区域.

(4) 若一个点集 D 能包含在以坐标原点为中心的某邻域内，即 $D\subset U(O,\delta)$，则称 D 为**有界集**，否则称 D 为**无界集**.

例如，$D = \{(x,y) \mid 1 < x^2 + y^2 < 4\}$ 是有界集；$D = \{(x,y) \mid x + y > 0\}$ 是无界集．

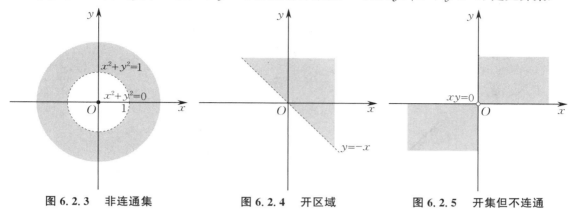

图 6.2.3　非连通集　　　　　图 6.2.4　开区域　　　　　图 6.2.5　开集但不连通

二、多元函数的定义

定义 6.2.2　　设有三个变量 x,y,z，点集 $D \subset \mathbf{R}^2$ 为非空集合．若对于点集 D 内的任一点 $P(x,y)$，依照某一对应法则 f，变量 z 都有唯一确定的值与之对应，则称 z 为关于 x,y 的**二元函数**，记作

$$z = f(x,y), \ (x,y) \in D \quad \text{或} \quad z = f(P), \ P \in D,$$

其中，变量 x,y 称为**自变量**，z 称为**因变量**，D 称为函数 f 的**定义域**，

$$f(D) = \{z \mid z = f(x,y), (x,y) \in D\}$$

称为函数 f 的**值域**．

类似地，可定义三元及三元以上的函数．

定义 6.2.3　　设 $D \subset \mathbf{R}^n$ 为非空集合，从 D 到实数集 $\mathbf{R}$ 的任一映射 f 称为定义在 D 上的一个 n **元函数**，记作 $f: D \subset \mathbf{R}^n \to \mathbf{R}$，即

$$y = f(P) = f(x_1, x_2, \cdots, x_n), \quad P \in D,$$

其中，变量 $x_1, x_2, \cdots, x_n$ 称为**自变量**，y 称为**因变量**，D 称为函数 f 的**定义域**，

$$f(D) = \{y \mid y = f(P) = f(x_1, x_2, \cdots, x_n), P \in D\}$$

称为函数 f 的**值域**．

二元函数的几何意义是：设函数 $z = f(x,y), (x,y) \in D$，对于 D 内的任一点 $P(x,y)$，都有确定的函数值 z 与之对应，于是，在空间直角坐标系 $Oxyz$ 中，这组数 (x,y,z) 就唯一确定一个点 $M(x,y,z)$．当点 P 在 D 中任意变动时，对应的点 M 的轨迹就构成了一个曲面，而这个曲面就是函数 $z = f(x,y)$ 的图形．例如，函数 $z = \sqrt{1 - x^2 - y^2}$ 的图形是以坐标原点 O 为球心、1 为半径的上半球面．

例 6.2.1　　求下列函数的定义域：

(1) $z = \arcsin \dfrac{y}{x}$；　　　　　　　　　　　　(2) $z = \ln(x + y)$．

解　（1）要使函数有意义，只需 $\left| \dfrac{y}{x} \right| \leqslant 1$，即

$$\begin{cases} |\,y\,| \leqslant |\,x\,|, \\ x \neq 0, \end{cases}$$

所以定义域为 $D = \{(x,y)\,|\,|\,y\,| \leqslant |\,x\,|$ 且 $x \neq 0\}$[见图 6.2.6(a)].

(2) 要使函数有意义,只需 $x + y > 0$,故定义域为[见图 6.2.6(b)]

$$D = \{(x,y)\,|\,x + y > 0\}.$$

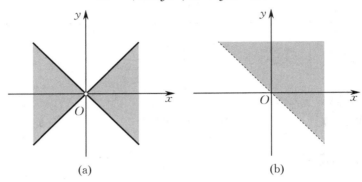

(a)　　　　　　　　(b)

图 6.2.6　例 6.2.1 的示意图

三、多元函数的极限

定义 6.2.4　设函数 $z = f(x,y)$ 在点 $P_0(x_0, y_0)$ 的某去心邻域 $\mathring{U}(P_0)$ 内有定义,A 为常数. 若当点 $P(x,y) \in \mathring{U}(P_0)$ 以任意方式趋近于点 $P_0(x_0, y_0)$ 时,函数 $f(x,y)$ 的值都无限趋近于 A,则称 A 为函数 $f(x,y)$ 当 $(x,y) \rightarrow (x_0, y_0)$ 时的**极限**,记作

$$\lim_{(x,y)\rightarrow(x_0,y_0)} f(x,y) = A \quad \text{或} \quad \lim_{P\rightarrow P_0} f(P) = A.$$

我们把二元函数的极限称为**二重极限**. 判别二重极限 $\lim\limits_{(x,y)\rightarrow(x_0,y_0)} f(x,y)$ 不存在的方法有以下两种:

(1) 若动点 P 沿两条不同的路径趋近于点 P_0 时,函数 $f(x,y)$ 趋近于不同的极限值,则 $\lim\limits_{(x,y)\rightarrow(x_0,y_0)} f(x,y)$ 不存在;

(2) 若动点 P 沿某条路径趋近于点 P_0 时,函数 $f(x,y)$ 的极限不存在,则 $\lim\limits_{(x,y)\rightarrow(x_0,y_0)} f(x,y)$ 不存在.

以上二元函数的极限概念可相应地推广到 $n(n \geqslant 3)$ 元函数上去.

关于多元函数的极限运算,有与一元函数极限类似的运算法则.

例 6.2.2　求下列二重极限:

(1) $\lim\limits_{(x,y)\rightarrow(1,2)} \dfrac{\sin xy}{2x}$;

(2) $\lim\limits_{(x,y)\rightarrow(0,0)} \mathrm{e}^{-\frac{1}{x^2}} \sin \dfrac{2}{2x^2 + 3y^2}$;

(3) $\lim\limits_{(x,y)\rightarrow(0,0)} \dfrac{\ln[1 + 2x(x^2 + y^2)]}{x^2 + y^2}$;

(4) $\lim\limits_{(x,y)\rightarrow(0,1)} \dfrac{\sqrt{xy+1}-1}{2xy}$.

解　(1) $\lim\limits_{(x,y)\rightarrow(1,2)} \dfrac{\sin xy}{2x} = \dfrac{\sin(1 \times 2)}{2 \times 1} = \dfrac{\sin 2}{2}$.

(2) 因为 $\lim\limits_{x\rightarrow 0} \mathrm{e}^{-\frac{1}{x^2}} = 0$,又 $\left| \sin \dfrac{2}{2x^2 + 3y^2} \right| \leqslant 1$ 有界,所以

$$\lim_{(x,y)\to(0,0)} e^{-\frac{1}{x^2}} \sin \frac{2}{2x^2+3y^2} = 0.$$

(3) 当 $(x,y)\to(0,0)$ 时，$2x(x^2+y^2)\to 0$，则 $\ln[1+2x(x^2+y^2)] \sim 2x(x^2+y^2)$，故

$$\lim_{(x,y)\to(0,0)} \frac{\ln[1+2x(x^2+y^2)]}{x^2+y^2} = \lim_{(x,y)\to(0,0)} \frac{2x(x^2+y^2)}{x^2+y^2} = \lim_{(x,y)\to(0,0)} 2x = 0.$$

(4) $\lim\limits_{(x,y)\to(0,1)} \dfrac{\sqrt{xy+1}-1}{2xy} = \lim\limits_{(x,y)\to(0,1)} \dfrac{xy+1-1}{2xy(\sqrt{xy+1}+1)} = \lim\limits_{(x,y)\to(0,1)} \dfrac{1}{2(\sqrt{xy+1}+1)} = \dfrac{1}{4}.$

例 6.2.3 判别二重极限 $\lim\limits_{(x,y)\to(0,0)} \dfrac{2xy}{3x^2+y^2}$ 是否存在.

解 当点 (x,y) 沿直线 $y=x$ 趋近于点 $(0,0)$ 时，有

$$\lim_{\substack{(x,y)\to(0,0)\\y=x}} \frac{2xy}{3x^2+y^2} = \lim_{x\to 0} \frac{2x^2}{4x^2} = \frac{1}{2};$$

当点 (x,y) 沿直线 $y=2x$ 趋近于点 $(0,0)$ 时，有

$$\lim_{\substack{(x,y)\to(0,0)\\y=2x}} \frac{2xy}{3x^2+y^2} = \lim_{x\to 0} \frac{4x^2}{7x^2} = \frac{4}{7}.$$

因点 (x,y) 沿两条不同的路径趋近于点 $(0,0)$ 时所得极限值不同，故 $\lim\limits_{(x,y)\to(0,0)} \dfrac{2xy}{3x^2+y^2}$ 不存在.

例 6.2.4 考察函数

$$f(x,y) = \begin{cases} \dfrac{xy}{x^2+y^2}, & x^2+y^2 \neq 0, \\ 0, & x^2+y^2 = 0 \end{cases}$$

当 $(x,y)\to(0,0)$ 时的极限情况.

解 当点 (x,y) 沿 x 轴趋近于点 $(0,0)$ 时，有

$$\lim_{\substack{(x,y)\to(0,0)\\y=0}} f(x,y) = \lim_{x\to 0} f(x,0) = \lim_{x\to 0} 0 = 0;$$

当点 (x,y) 沿直线 $y=x$ 趋近于点 $(0,0)$ 时，有

$$\lim_{\substack{(x,y)\to(0,0)\\y=x}} f(x,y) = \lim_{x\to 0} f(x,x) = \lim_{x\to 0} \frac{x^2}{2x^2} = \frac{1}{2}.$$

因此，当 $(x,y)\to(0,0)$ 时，函数 $f(x,y)$ 的极限不存在.

四、多元函数的连续性

定义 6.2.5 设函数 $z=f(x,y)$ 在点 $P_0(x_0,y_0)$ 的某邻域 $U(P_0)$ 内有定义，自变量 x,y 分别在 x_0,y_0 处有增量 $\Delta x,\Delta y$，且 $(x_0+\Delta x, y_0+\Delta y) \in U(P_0)$，函数 $z=f(x,y)$ 有相应增量 $\Delta z = f(x_0+\Delta x, y_0+\Delta y) - f(x_0,y_0)$（称 Δz 为函数 $z=f(x,y)$ 的**全增量**）. 若 $\lim\limits_{(\Delta x,\Delta y)\to(0,0)} \Delta z = 0$，即

$$\lim_{(\Delta x,\Delta y)\to(0,0)} f(x_0+\Delta x, y_0+\Delta y) = f(x_0,y_0),$$

则称函数 $z=f(x,y)$ 在点 $P_0(x_0,y_0)$ 处**连续**.

在上式中令 $x = x_0 + \Delta x$, $y = y_0 + \Delta y$, 当 $(\Delta x, \Delta y) \to (0,0)$ 时, $x \to x_0$, $y \to y_0$, 则得到连续定义的等价形式:

$$\lim_{(x,y) \to (x_0,y_0)} f(x,y) = f(x_0,y_0).$$

> **注意**
>
> 要使函数 $z = f(x,y)$ 在点 $P_0(x_0,y_0)$ 处连续, 必须同时满足下列三个条件:
>
> (1) 函数 $f(x,y)$ 在点 $P_0(x_0,y_0)$ 处有定义;
>
> (2) 函数 $f(x,y)$ 在点 $P_0(x_0,y_0)$ 处的极限存在;
>
> (3) $\lim\limits_{(x,y) \to (x_0,y_0)} f(x,y)$ 的值等于函数值 $f(x_0,y_0)$.
>
> 若上述条件有一个不满足, 则称函数在该点处不连续, 并称该点为函数的**间断点**. 例如, 二重极限 $\lim\limits_{(x,y) \to (0,0)} \dfrac{2xy}{3x^2 + y^2}$ 不存在, 所以函数 $f(x,y) = \dfrac{2xy}{3x^2 + y^2}$ 在点 $(0,0)$ 处不连续.

若函数 $z = f(x,y)$ 在 D 内的每一点处都连续, 则称其在 D 内**连续**.

以上关于二元函数的连续性概念, 可相应地推广到 $n(n \geqslant 3)$ 元函数上去.

例 6.2.5 判别函数

$$f(x,y) = \begin{cases} (2x^2 + y^2)\cos\dfrac{1}{x^2 + y^2}, & x^2 + y^2 \neq 0, \\ 0, & x^2 + y^2 = 0 \end{cases}$$

在点 $(0,0)$ 处是否连续.

解 因

$$\lim_{(x,y) \to (0,0)} (2x^2 + y^2)\cos\frac{1}{x^2 + y^2} = 0 = f(0,0),$$

故函数 $f(x,y)$ 在点 $(0,0)$ 处连续.

同一元函数类似, 多元函数也具有下述性质.

性质 1 多元连续函数的和、差、积、商(分母不为零)仍是连续函数; 多元连续函数的复合函数也是连续函数.

由不同自变量的一元基本初等函数经过有限次的四则运算或复合运算得到的可用一个表达式表示的多元函数称为**多元初等函数**.

性质 2 多元初等函数在其定义区域内都是连续的.

若 $P_0(x_0,y_0)$ 是初等函数 $f(x,y)$ 定义区域内的一点, 则

$$\lim_{(x,y) \to (x_0,y_0)} f(x,y) = f(x_0,y_0),$$

即在求二重极限时只要直接计算函数在点 $P_0(x_0,y_0)$ 处的函数值. 例如, 二重极限

$$\lim_{(x,y) \to (1,2)} \frac{1 - xy}{x^2 + y^2} = -\frac{1}{5}.$$

性质 3(有界性) 有界闭区域 D 上的多元连续函数必在 D 上有界.

性质 4（最大值与最小值定理）　有界闭区域 D 上的多元连续函数必在 D 上取得最大值和最小值.

性质 5（介值定理）　有界闭区域 D 上的多元连续函数必取得最大值和最小值之间的任何值.

习　题　6.2

1.求下列二重极限：

(1) $\displaystyle\lim_{(x,y)\to(0,1)}\frac{2+3xy}{2x^2+y^2}$;

(2) $\displaystyle\lim_{(x,y)\to(1,\frac{1}{2})}\frac{\arcsin x^3 y}{2^x-2y}$;

(3) $\displaystyle\lim_{(x,y)\to(0,0)}\frac{\ln(1+x^2+y^2)}{\sin(x^2+y^2)}$;

(4) $\displaystyle\lim_{(x,y)\to(0,0)}\frac{1-\cos xy}{e^{x^2 y^2}-1}$;

(5) $\displaystyle\lim_{(x,y)\to(\infty,\infty)}(x^2+y^2)\sin\left(-\frac{2}{x^2+y^2}\right)$;

(6) $\displaystyle\lim_{(x,y)\to(0,0)}\frac{xy}{\sqrt{xy+9}-3}$.

2.判别下列函数在点$(0,0)$处是否连续：

(1) $f(x,y)=\begin{cases}-8, & xy=0,\\ 2, & xy\neq 0;\end{cases}$

(2) $f(x,y)=\cos(x-y^3)$.

§6.3　多元函数的偏导数

一、偏导数的定义及计算方法

一元函数的导数描述函数在一点处的变化率,它是函数增量与自变量增量比值的极限.对于多元函数,常常需要考虑函数对某个自变量的变化率,即在其中一个自变量发生改变,其他自变量固定不变的情形下,讨论函数关于该自变量的变化率.

定义 6.3.1　已知函数 $z=f(x,y)$ 在点 $P_0(x_0,y_0)$ 的某邻域内有定义.当自变量 x 在 x_0 处有增量 Δx,而自变量 y 固定在 y_0 处时,若极限

$$\lim_{\Delta x\to 0}\frac{f(x_0+\Delta x,y_0)-f(x_0,y_0)}{\Delta x}$$

存在,则称此极限值为函数 $z=f(x,y)$ 在点(x_0,y_0) 处对 x 的**偏导数**,记作

$$\left.\frac{\partial z}{\partial x}\right|_{\substack{x=x_0\\y=y_0}},\quad \left.\frac{\partial f}{\partial x}\right|_{\substack{x=x_0\\y=y_0}},\quad \left.z'_x\right|_{\substack{x=x_0\\y=y_0}}\quad \text{或}\quad f'_x(x_0,y_0).$$

当自变量 y 在 y_0 处有增量 Δy,而自变量 x 固定在 x_0 处时,若极限

$$\lim_{\Delta y\to 0}\frac{f(x_0,y_0+\Delta y)-f(x_0,y_0)}{\Delta y}$$

存在,则称此极限值为函数 $z=f(x,y)$ 在点 (x_0,y_0) 处对 y 的**偏导数**,记作

$$\left.\frac{\partial z}{\partial y}\right|_{\substack{x=x_0\\y=y_0}}, \quad \left.\frac{\partial f}{\partial y}\right|_{\substack{x=x_0\\y=y_0}}, \quad \left.z'_y\right|_{\substack{x=x_0\\y=y_0}} \quad 或 \quad f'_y(x_0,y_0).$$

若函数 $z=f(x,y)$ 在 D 内每一点 (x,y) 处对 x 的偏导数都存在,则 D 内每一点 (x,y) 处都有唯一确定的偏导数与之对应,这样就在 D 内定义了一个新的函数,称其为函数 $z=f(x,y)$ 对 x 的**偏导函数**,记作

$$\frac{\partial z}{\partial x}, \quad \frac{\partial f}{\partial x}, \quad z'_x \quad 或 \quad f'_x(x,y).$$

同理,可定义函数 $z=f(x,y)$ 对 y 的**偏导函数**,记作

$$\frac{\partial z}{\partial y}, \quad \frac{\partial f}{\partial y}, \quad z'_y \quad 或 \quad f'_y(x,y).$$

以后在不至于混淆的地方,也把偏导函数简称为**偏导数**.以上关于二元函数的偏导数的概念,可相应地推广到 $n(n \geqslant 3)$ 元函数上去.

从偏导数的定义可知,求多元函数对某个自变量的偏导数时,只需将其他自变量看作常数,利用一元函数的求导法对该自变量求导数即可.

例 6.3.1 求函数 $f(x,y)=x^2y^3$ 的偏导数 $\dfrac{\partial f}{\partial x},\dfrac{\partial f}{\partial y}$ 及 $\left.\dfrac{\partial f}{\partial x}\right|_{\substack{x=0\\y=1}},\left.\dfrac{\partial f}{\partial y}\right|_{\substack{x=-1\\y=2}}.$

解 将 y 看作常数,对 x 求导数,得

$$\frac{\partial f}{\partial x}=2xy^3.$$

将 x 看作常数,对 y 求导数,得

$$\frac{\partial f}{\partial y}=3x^2y^2.$$

将 $x=0,y=1$ 代入 $\dfrac{\partial f}{\partial x}$ 得

$$\left.\frac{\partial f}{\partial x}\right|_{\substack{x=0\\y=1}}=2\times0\times1^3=0.$$

将 $x=-1,y=2$ 代入 $\dfrac{\partial f}{\partial y}$ 得

$$\left.\frac{\partial f}{\partial y}\right|_{\substack{x=-1\\y=2}}=3\times(-1)^2\times2^2=12.$$

例 6.3.2 求函数 $z=2x^y$ 的偏导数.

解 将 y 看作常数,对 x 求导数,得

$$\frac{\partial z}{\partial x}=2yx^{y-1}.$$

将 x 看作常数,对 y 求导数,得

$$\frac{\partial z}{\partial y}=2x^y\ln x.$$

例 6.3.3 求函数 $z=\sqrt{x^2+1}+\sin xy$ 的偏导数.

解 将 y 看作常数,对 x 求导数,得

$$\frac{\partial z}{\partial x} = \frac{x}{\sqrt{x^2 + 1}} + y\cos xy.$$

将 x 看作常数,对 y 求导数,得

$$\frac{\partial z}{\partial y} = x\cos xy.$$

例 6.3.4　求函数 $u = 3\sqrt{x^2 + 2xy + z^2}$ 的偏导数.

解　$\dfrac{\partial u}{\partial x} = \dfrac{3}{2}(x^2 + 2xy + z^2)^{-\frac{1}{2}} \cdot (2x + 2y) = \dfrac{3(x + y)}{\sqrt{x^2 + 2xy + z^2}},$

$\dfrac{\partial u}{\partial y} = \dfrac{3}{2}(x^2 + 2xy + z^2)^{-\frac{1}{2}} \cdot 2x = \dfrac{3x}{\sqrt{x^2 + 2xy + z^2}},$

$\dfrac{\partial u}{\partial z} = \dfrac{3}{2}(x^2 + 2xy + z^2)^{-\frac{1}{2}} \cdot 2z = \dfrac{3z}{\sqrt{x^2 + 2xy + z^2}}.$

二元函数 $z = f(x, y)$ 在点 (x_0, y_0) 处的偏导数的几何意义是:由偏导数的定义可知,$f'_x(x_0, y_0)$ 可看成函数 $z = f(x, y_0)$ 在点 x_0 处的导数,根据导数的几何意义可知,$f'_x(x_0, y_0)$ 表示曲线 $\begin{cases} z = f(x, y), \\ y = y_0 \end{cases}$ 在点 $M_0(x_0, y_0, f(x_0, y_0))$ 处的切线对 x 轴的斜率. 同理,$f'_y(x_0, y_0)$ 表示曲线 $\begin{cases} z = f(x, y), \\ x = x_0 \end{cases}$ 在点 $M_0(x_0, y_0, f(x_0, y_0))$ 处的切线对 y 轴的斜率(见图 6.3.1).

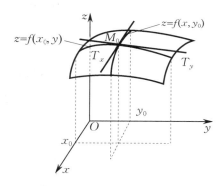

图 6.3.1　偏导数的几何意义

例 6.3.5　求函数

$$f(x, y) = \begin{cases} \dfrac{xy}{x^2 + y^2}, & x^2 + y^2 \neq 0, \\ 0, & x^2 + y^2 = 0 \end{cases}$$

在点 $(0, 0)$ 处的偏导数,并讨论其在点 $(0, 0)$ 处的连续性.

解　由于这个函数是分段函数,而点 $(0, 0)$ 是它的分段点,因此它在点 $(0, 0)$ 处的偏导数要用定义来求,即

$$f'_x(0, 0) = \lim_{\Delta x \to 0} \frac{f(0 + \Delta x, 0) - f(0, 0)}{\Delta x} = \lim_{\Delta x \to 0} \frac{0 - 0}{\Delta x} = 0,$$

$$f'_y(0, 0) = \lim_{\Delta y \to 0} \frac{f(0, 0 + \Delta y) - f(0, 0)}{\Delta y} = \lim_{\Delta y \to 0} \frac{0 - 0}{\Delta y} = 0,$$

从而函数 $f(x,y)$ 在点 $(0,0)$ 处的两个偏导数都存在. 由 §6.2 中的例 6.2.4 可知, 函数 $f(x,y)$ 在点 $(0,0)$ 处是不连续的.

二、高阶偏导数

二元函数的偏导数 $\dfrac{\partial z}{\partial x},\dfrac{\partial z}{\partial y}$ 仍是关于 x,y 的二元函数, 若它们的偏导数仍存在, 则称它们的偏导数为函数 $z=f(x,y)$ 的**二阶偏导数**, 记作

$$\frac{\partial^2 z}{\partial x^2}=\frac{\partial}{\partial x}\left(\frac{\partial z}{\partial x}\right),\quad \frac{\partial^2 z}{\partial x \partial y}=\frac{\partial}{\partial y}\left(\frac{\partial z}{\partial x}\right),$$

$$\frac{\partial^2 z}{\partial y \partial x}=\frac{\partial}{\partial x}\left(\frac{\partial z}{\partial y}\right),\quad \frac{\partial^2 z}{\partial y^2}=\frac{\partial}{\partial y}\left(\frac{\partial z}{\partial y}\right)$$

或

$$z''_{xx},\quad z''_{xy},\quad z''_{yx},\quad z''_{yy}$$

或

$$f''_{xx}(x,y),\quad f''_{xy}(x,y),\quad f''_{yx}(x,y),\quad f''_{yy}(x,y).$$

类似地, 可以定义更高阶的偏导数, 如

$$\frac{\partial}{\partial x}\left(\frac{\partial^2 z}{\partial x^2}\right)=\frac{\partial^3 z}{\partial x^3},\quad \frac{\partial}{\partial y}\left(\frac{\partial^2 z}{\partial x^2}\right)=\frac{\partial^3 z}{\partial x^2 \partial y},\quad \frac{\partial}{\partial x}\left(\frac{\partial^2 z}{\partial x \partial y}\right)=\frac{\partial^3 z}{\partial x \partial y \partial x}.$$

二阶偏导数 $\dfrac{\partial^2 z}{\partial x \partial y},\dfrac{\partial^2 z}{\partial y \partial x}$ 称为**混合偏导数**, 二阶及二阶以上的偏导数统称为**高阶偏导数**.

例 6.3.6 求函数 $z=f(x,y)=2xy^2+3x^2y^3-y^3$ 的二阶偏导数.

解 因为 $\dfrac{\partial z}{\partial x}=2y^2+6xy^3,\dfrac{\partial z}{\partial y}=4xy+9x^2y^2-3y^2$, 所以

$$\frac{\partial^2 z}{\partial x^2}=\frac{\partial}{\partial x}\left(\frac{\partial z}{\partial x}\right)=6y^3,\quad \frac{\partial^2 z}{\partial x \partial y}=\frac{\partial}{\partial y}\left(\frac{\partial z}{\partial x}\right)=4y+18xy^2,$$

$$\frac{\partial^2 z}{\partial y \partial x}=\frac{\partial}{\partial x}\left(\frac{\partial z}{\partial y}\right)=4y+18xy^2,\quad \frac{\partial^2 z}{\partial y^2}=\frac{\partial}{\partial y}\left(\frac{\partial z}{\partial y}\right)=4x+18x^2y-6y.$$

对于例 6.3.6, 我们发现 $\dfrac{\partial^2 z}{\partial x \partial y}=\dfrac{\partial^2 z}{\partial y \partial x}$. 一般地, 若混合偏导数 $\dfrac{\partial^2 z}{\partial x \partial y},\dfrac{\partial^2 z}{\partial y \partial x}$ 连续, 则 $\dfrac{\partial^2 z}{\partial x \partial y}=\dfrac{\partial^2 z}{\partial y \partial x}$. 这时, 混合偏导数与求导顺序无关.

例 6.3.7 求函数 $z=3x^2ye^y$ 的二阶偏导数.

解 因为 $\dfrac{\partial z}{\partial x}=6xye^y,\dfrac{\partial z}{\partial y}=3x^2(1+y)e^y$, 所以

$$\frac{\partial^2 z}{\partial x^2}=6ye^y,\quad \frac{\partial^2 z}{\partial x \partial y}=6x(1+y)e^y,$$

$$\frac{\partial^2 z}{\partial y^2}=3x^2(2+y)e^y.$$

例 6.3.8 设函数 $z=2\ln\sqrt{x^2+y^2}$, 求 $\dfrac{\partial^2 z}{\partial x^2},\dfrac{\partial^2 z}{\partial x \partial y},\dfrac{\partial^2 z}{\partial y^2}$.

解 因为 $\dfrac{\partial z}{\partial x}=\dfrac{2x}{x^2+y^2}$, $\dfrac{\partial z}{\partial y}=\dfrac{2y}{x^2+y^2}$, 所以

$$\frac{\partial^2 z}{\partial x^2}=\frac{2\cdot(x^2+y^2)-2x\cdot 2x}{(x^2+y^2)^2}=\frac{2(y^2-x^2)}{(x^2+y^2)^2},$$

$$\frac{\partial^2 z}{\partial x \partial y}=\frac{0\cdot(x^2+y^2)-2x\cdot 2y}{(x^2+y^2)^2}=-\frac{4xy}{(x^2+y^2)^2},$$

$$\frac{\partial^2 z}{\partial y^2}=\frac{2\cdot(x^2+y^2)-2y\cdot 2y}{(x^2+y^2)^2}=\frac{2(x^2-y^2)}{(x^2+y^2)^2}.$$

例 6.3.9 设函数 $z=\arctan\dfrac{y}{x}$, 求 $\dfrac{\partial^3 z}{\partial x^2 \partial y}$.

解 因为

$$\frac{\partial z}{\partial x}=\frac{1}{1+\left(\dfrac{y}{x}\right)^2}\cdot\left(-\frac{y}{x^2}\right)=-\frac{y}{x^2+y^2},\quad \frac{\partial^2 z}{\partial x^2}=\frac{2xy}{(x^2+y^2)^2},$$

所以

$$\frac{\partial^3 z}{\partial x^2 \partial y}=\frac{\partial}{\partial y}\left(\frac{\partial^2 z}{\partial x^2}\right)=\frac{2x\cdot(x^2+y^2)^2-2xy\cdot 2(x^2+y^2)\cdot 2y}{(x^2+y^2)^4}=\frac{2x(x^2-3y^2)}{(x^2+y^2)^3}.$$

习　题　6.3

1. 设函数 $z=2xy$, 利用偏导数的定义求 $\dfrac{\partial z}{\partial x}\bigg|_{\substack{x=1\\y=2}}$, $\dfrac{\partial z}{\partial y}\bigg|_{\substack{x=3\\y=-1}}$.

2. 求下列函数在指定点处的偏导数:

(1) $f(x,y)=x^2+2xy^2$, 求 $\dfrac{\partial f}{\partial x}\bigg|_{\substack{x=0\\y=1}}$, $\dfrac{\partial f}{\partial y}\bigg|_{\substack{x=2\\y=1}}$;

(2) $h(x,y)=\arctan xy$, 求 $\dfrac{\partial h}{\partial x}\bigg|_{\substack{x=1\\y=2}}$, $\dfrac{\partial h}{\partial y}\bigg|_{\substack{x=3\\y=1}}$.

3. 求下列函数的偏导数:

(1) $z=6x^3y^2$;

(2) $z=4\sqrt{x}+x^2y$;

(3) $z=\cos(3x+2y)$;

(4) $z=\dfrac{x+2y}{1-xy}$;

(5) $z=x^2\sin 2y$;

(6) $z=xe^y$;

(7) $z=\log_2 xy$;

(8) $z=\arctan\dfrac{x}{y}$;

(9) $z=-e^x\sin 3y$.

4. 求下列函数的二阶偏导数:

(1) $z=x^4+y^3-2xy$;

(2) $z=\tan(x+y)+x^2y$;

(3) $z=\log_2(x-y^2)$;

(4) $z=\sin(x-y)$;

(5) $z=x\sqrt{y}+x^4y$;

(6) $z=\cos(e^x-e^y)$.

5. 设函数 $z=\sin xy$, 求 $\dfrac{\partial^3 z}{\partial x \partial y^2}$.

§6.4 全 微 分

一、全微分

定义 6.4.1 设函数 $z = f(x, y)$ 在点 $P_0(x_0, y_0)$ 的某邻域 $U(P_0)$ 内有定义,自变量 x, y 分别在 x_0, y_0 处有增量 $\Delta x, \Delta y$,且 $(x_0 + \Delta x, y_0 + \Delta y) \in U(P_0)$,函数有相应的**全增量**

$$\Delta z = f(x_0 + \Delta x, y_0 + \Delta y) - f(x_0, y_0).$$

若全增量 Δz 可以表示为

$$\Delta z = A\Delta x + B\Delta y + o(\rho),$$

其中,A, B 仅与点 (x_0, y_0) 有关,而与 $\Delta x, \Delta y$ 无关,$\rho = \sqrt{(\Delta x)^2 + (\Delta y)^2}$,则称函数 $f(x, y)$ 在点 (x_0, y_0) 处**可微**,并称 $A\Delta x + B\Delta y$ 为函数 $f(x, y)$ 在点 (x_0, y_0) 处的**全微分**,记为 $\mathrm{d}z \big|_{(x_0, y_0)}$,即

$$\mathrm{d}z \big|_{(x_0, y_0)} = A\Delta x + B\Delta y.$$

用定义判别函数是否可微比较困难,下面给出函数可微的必要条件和充分条件.

定理 6.4.1(函数可微的必要条件) 设函数 $z = f(x, y)$ 在点 $P_0(x_0, y_0)$ 处可微,则

(1) 函数 $z = f(x, y)$ 在点 $P_0(x_0, y_0)$ 处连续;

(2) 函数 $z = f(x, y)$ 在点 $P_0(x_0, y_0)$ 处的偏导数 $f_x'(x_0, y_0)$ 与 $f_y'(x_0, y_0)$ 存在,且

函数可微的必要
条件的证明

$$\mathrm{d}z \big|_{(x_0, y_0)} = f_x'(x_0, y_0)\Delta x + f_y'(x_0, y_0)\Delta y.$$

定理 6.4.2(函数可微的充分条件) 若函数 $z = f(x, y)$ 在点 $P_0(x_0, y_0)$ 的某邻域内的偏导数 $f_x'(x_0, y_0), f_y'(x_0, y_0)$ 都存在,且这两个偏导数在点 $P_0(x_0, y_0)$ 处都连续,则函数 $z = f(x, y)$ 在点 $P_0(x_0, y_0)$ 处可微.

若函数 $z = f(x, y)$ 在区域 D 内的每一点处都可微,则称函数 $z = f(x, y)$ 在区域 D 内**可微**. 在区域 D 内,函数 $z = f(x, y)$ 的全微分为

$$\mathrm{d}z = f_x'(x, y)\mathrm{d}x + f_y'(x, y)\mathrm{d}y.$$

二元函数连续、可偏导、可微的关系如图 6.4.1 所示.

图 6.4.1 二元函数连续、可偏导、可微的关系

上述理论可推广到 $n(n \geqslant 3)$ 元函数上去. 例如,若三元函数 $u = f(x,y,z)$ 可微,则它的全微分为

$$du = f'_x(x,y,z)dx + f'_y(x,y,z)dy + f'_z(x,y,z)dz.$$

例 6.4.1 求下列函数的全微分:

(1) $z = 2e^{\frac{y}{x}}$; (2) $u = \ln(x^3 + y^2 + z^2)$.

解 (1) 由 $z'_x = -\dfrac{2y}{x^2}e^{\frac{y}{x}}, z'_y = \dfrac{2}{x}e^{\frac{y}{x}}$,得

$$dz = z'_x dx + z'_y dy = 2e^{\frac{y}{x}}\left(-\frac{y}{x^2}dx + \frac{1}{x}dy\right).$$

(2) 由 $u'_x = \dfrac{3x^2}{x^3 + y^2 + z^2}, u'_y = \dfrac{2y}{x^3 + y^2 + z^2}, u'_z = \dfrac{2z}{x^3 + y^2 + z^2}$,得

$$du = u'_x dx + u'_y dy + u'_z dz = \frac{1}{x^3 + y^2 + z^2}(3x^2 dx + 2y dy + 2z dz).$$

二、全微分在近似计算中的应用

设函数 $z = f(x,y)$ 在点 (x,y) 处可微,由全微分的定义可知

$$\Delta z = f(x + \Delta x, y + \Delta y) - f(x,y) = f'_x(x,y)\Delta x + f'_y(x,y)\Delta y + o(\rho),$$

当 $|\Delta x|$, $|\Delta y|$ 很小时,可用函数在这一点处的全微分 dz 近似代替函数的全增量 Δz,即

$$\Delta z \approx dz = f'_x(x,y)\Delta x + f'_y(x,y)\Delta y$$

或

$$f(x + \Delta x, y + \Delta y) \approx f(x,y) + f'_x(x,y)\Delta x + f'_y(x,y)\Delta y.$$

例 6.4.2 计算 $(0.99)^{2.02}$ 的近似值.

解 设函数 $f(x,y) = x^y$,计算函数在点 $(0.99, 2.02)$ 处的近似值即可.

取 $x = 1, y = 2, \Delta x = -0.01, \Delta y = 0.02$,且 $f'_x(x,y) = yx^{y-1}, f'_y(x,y) = x^y \ln x$,利用微分近似公式,得

$$f(0.99, 2.02) = f(1 - 0.01, 2 + 0.02) \approx f(1,2) + f'_x(1,2) \cdot (-0.01) + f'_y(1,2) \cdot 0.02$$
$$= 1^2 - 2 \times 1^1 \times 0.01 + 1^2 \times \ln 1 \times 0.02 = 0.98.$$

例 6.4.3 有一圆柱体受压后发生形变,它的半径由 20 cm 增加到 20.05 cm,高度由 100 cm 减少到 99 cm,求该圆柱体体积的近似变化.

解 设圆柱体的半径、高和体积分别为 r, h 和 V,则有

$$V = \pi r^2 h.$$

记 r, h 和 V 的增量分别为 $\Delta r, \Delta h$ 和 ΔV,则有

$$\Delta V \approx dV = V'_r \Delta r + V'_h \Delta h = 2\pi rh \Delta r + \pi r^2 \Delta h.$$

将 $r = 20$ cm, $h = 100$ cm, $\Delta r = 0.05$ cm, $\Delta h = -1$ cm 代入上式,得

$$\Delta V \approx [2\pi \times 20 \times 100 \times 0.05 + \pi \times 20^2 \times (-1)]\text{cm}^3 = -200\pi \text{ cm}^3.$$

因此该圆柱体受压后体积约减少了 200π cm³.

习 题 6.4

1. 求下列函数的全微分：

(1) $z = 2xy^3 - x^3y$;

(2) $z = \cos xy$;

(3) $z = \arctan(2x + y)$;

(4) $z = e^{x^2 y}$;

(5) $z = \dfrac{\ln xy}{2}$;

(6) $z = 2y^x$.

2. 求函数 $z = -e^{2xy}$ 在点 $(1, -2)$ 处的全微分.

3. 计算 $\sin 29° \tan 46°$ 的近似值.

4. 计算 $(1.04)^{2.02}$ 的近似值.

5. 有一长方体受压后发生形变，它的长由 10 cm 增加到 10.05 cm，宽由 40 cm 增加到 41 cm，求长方体底面面积的近似变化.

§6.5 多元复合函数及隐函数的微分法

对一元复合函数 $y = f[\varphi(x)]$ 求导数有链式法则 $\dfrac{\mathrm{d}y}{\mathrm{d}x} = \dfrac{\mathrm{d}y}{\mathrm{d}u} \cdot \dfrac{\mathrm{d}u}{\mathrm{d}x}$，其中，$u = \varphi(x)$，此链式法则可以推广到多元复合函数的情形.

一、多元复合函数的微分法

定理 6.5.1　设函数 $u = u(x, y), v = v(x, y)$ 在点 (x, y) 处有偏导数，函数 $z = f(u, v)$ 在对应点 (u, v) 处有连续偏导数，则复合函数 $z = f[u(x, y), v(x, y)]$ 在点 (x, y) 处有偏导数，且

定理 6.5.1 的证明

$$\frac{\partial z}{\partial x} = \frac{\partial z}{\partial u} \cdot \frac{\partial u}{\partial x} + \frac{\partial z}{\partial v} \cdot \frac{\partial v}{\partial x},$$

$$\frac{\partial z}{\partial y} = \frac{\partial z}{\partial u} \cdot \frac{\partial u}{\partial y} + \frac{\partial z}{\partial v} \cdot \frac{\partial v}{\partial y}.$$

此公式称为二元复合函数求导的**链式法则**.

下面用图示法来分析链式法则：

(1) 用图示法表示出函数的复合关系，如图 6.5.1 所示.

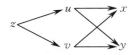

图 6.5.1　链式法则

(2) 函数对某自变量的偏导数的结构：

项数＝从因变量到该自变量的路径条数；

每一项＝函数对中间变量的偏导数×该中间变量对其指定自变量的偏导数.

(3) 口诀：分段用乘，分叉用加；单路全导，叉路偏导.

例 6.5.1 设函数 $z = uv, u = x + 2y, v = 3x - y$, 求 $\dfrac{\partial z}{\partial x}, \dfrac{\partial z}{\partial y}$.

解 $\dfrac{\partial z}{\partial x} = \dfrac{\partial z}{\partial u} \cdot \dfrac{\partial u}{\partial x} + \dfrac{\partial z}{\partial v} \cdot \dfrac{\partial v}{\partial x} = v \cdot 1 + u \cdot 3 = 3x - y + 3(x + 2y) = 6x + 5y,$

$\dfrac{\partial z}{\partial y} = \dfrac{\partial z}{\partial u} \cdot \dfrac{\partial u}{\partial y} + \dfrac{\partial z}{\partial v} \cdot \dfrac{\partial v}{\partial y} = v \cdot 2 + u \cdot (-1) = 2(3x - y) - (x + 2y) = 5x - 4y.$

例 6.5.2 设函数 $z = \mathrm{e}^u \sin v, u = 2x + 3y, v = xy$, 求 $\dfrac{\partial z}{\partial x}, \dfrac{\partial z}{\partial y}$.

解 $\dfrac{\partial z}{\partial x} = \dfrac{\partial z}{\partial u} \cdot \dfrac{\partial u}{\partial x} + \dfrac{\partial z}{\partial v} \cdot \dfrac{\partial v}{\partial x} = \mathrm{e}^u \sin v \cdot 2 + \mathrm{e}^u \cos v \cdot y$

$\qquad = \mathrm{e}^u (2\sin v + y\cos v) = \mathrm{e}^{2x+3y}(2\sin xy + y\cos xy),$

$\dfrac{\partial z}{\partial y} = \dfrac{\partial z}{\partial u} \cdot \dfrac{\partial u}{\partial y} + \dfrac{\partial z}{\partial v} \cdot \dfrac{\partial v}{\partial y} = \mathrm{e}^u \sin v \cdot 3 + \mathrm{e}^u \cos v \cdot x$

$\qquad = \mathrm{e}^u (3\sin v + x\cos v) = \mathrm{e}^{2x+3y}(3\sin xy + x\cos xy).$

推广:(1) 只有一个自变量的情形(见图 6.5.2). 若函数 $z = f(u,v)$ 具有连续偏导数, 函数 $u = u(x)$ 和 $v = v(x)$ 可导, 则复合函数 $z = f[u(x), v(x)]$ 对 x 的**全导数**为

$$\frac{\mathrm{d}z}{\mathrm{d}x} = \frac{\partial z}{\partial u} \cdot \frac{\mathrm{d}u}{\mathrm{d}x} + \frac{\partial z}{\partial v} \cdot \frac{\mathrm{d}v}{\mathrm{d}x}.$$

(2) 只有一个中间变量的情形(见图 6.5.3). 若函数 $z = f(u)$ 具有连续导数, 函数 $u = u(x,y)$ 具有连续偏导数, 则复合函数 $z = f[u(x,y)]$ 具有连续偏导数, 且

$$\frac{\partial z}{\partial x} = \frac{\mathrm{d}z}{\mathrm{d}u} \cdot \frac{\partial u}{\partial x}, \qquad \frac{\partial z}{\partial y} = \frac{\mathrm{d}z}{\mathrm{d}u} \cdot \frac{\partial u}{\partial y}.$$

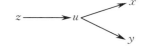

图 6.5.2　只有一个自变量的情形　　　　**图 6.5.3　只有一个中间变量的情形**

(3) 中间变量既有一元函数又有多元函数的情形(见图 6.5.4). 若函数 $z = f(u,v,x)$ 具有连续偏导数, 函数 $u = u(x,y)$ 和 $v = v(x,y)$ 也具有连续偏导数, 则复合函数 $z = f[u(x,y), v(x,y), x]$ 具有连续偏导数, 且

$$\frac{\partial z}{\partial x} = \frac{\partial f}{\partial x} + \frac{\partial f}{\partial u} \cdot \frac{\partial u}{\partial x} + \frac{\partial f}{\partial v} \cdot \frac{\partial v}{\partial x}, \tag{6.5.1}$$

$$\frac{\partial z}{\partial y} = \frac{\partial f}{\partial u} \cdot \frac{\partial u}{\partial y} + \frac{\partial f}{\partial v} \cdot \frac{\partial v}{\partial y}.$$

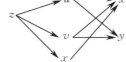

图 6.5.4　中间变量既有一元函数又有多元函数的情形

> **注意** 在式(6.5.1)中,为了防止混淆,右边采用符号$\dfrac{\partial f}{\partial x}$,而不是$\dfrac{\partial z}{\partial x}$,具体意义是:$\dfrac{\partial z}{\partial x}$是把复合函数$z=f[u(x,y),v(x,y),x]$中的自变量$y$看作不变的情况下对$x$的偏导数($x$作为复合函数的自变量),$\dfrac{\partial f}{\partial x}$是把复合函数$z=f(u,v,x)$中的$u,v$看作不变的情况下对$x$的偏导数($x$作为复合函数的中间变量).

例 6.5.3 求下列偏导数:

(1) 设函数$z=\dfrac{v}{u}$,且$u=\ln x,v=2^x$,求$\dfrac{\mathrm{d}z}{\mathrm{d}x}$;

(2) 设函数$z=\sin u$,且$u=\dfrac{x}{y}+\dfrac{y}{x}$,求$\dfrac{\partial z}{\partial x},\dfrac{\partial z}{\partial y}$;

(3) 设函数$z=uv\ln x$,且$u=x^2,v=x-y$,求$\dfrac{\partial z}{\partial x},\dfrac{\partial z}{\partial y}$.

解 (1) $\dfrac{\mathrm{d}z}{\mathrm{d}x}=\dfrac{\partial z}{\partial u}\cdot\dfrac{\mathrm{d}u}{\mathrm{d}x}+\dfrac{\partial z}{\partial v}\cdot\dfrac{\mathrm{d}v}{\mathrm{d}x}=-\dfrac{v}{u^2}\cdot\dfrac{1}{x}+\dfrac{1}{u}\cdot 2^x\ln 2=\dfrac{2^x\ln 2}{\ln x}-\dfrac{2^x}{x\ln^2 x}$.

(2) $\dfrac{\partial z}{\partial x}=\dfrac{\mathrm{d}z}{\mathrm{d}u}\cdot\dfrac{\partial u}{\partial x}=\cos u\cdot\left(\dfrac{1}{y}-\dfrac{y}{x^2}\right)=\left(\dfrac{1}{y}-\dfrac{y}{x^2}\right)\cos\left(\dfrac{x}{y}+\dfrac{y}{x}\right)$,

$\dfrac{\partial z}{\partial y}=\dfrac{\mathrm{d}z}{\mathrm{d}u}\cdot\dfrac{\partial u}{\partial y}=\cos u\cdot\left(-\dfrac{x}{y^2}+\dfrac{1}{x}\right)=\left(\dfrac{1}{x}-\dfrac{x}{y^2}\right)\cos\left(\dfrac{x}{y}+\dfrac{y}{x}\right)$.

(3) 设$z=f(u,v,x)=uv\ln x$,则有

$$\dfrac{\partial z}{\partial x}=\dfrac{\partial f}{\partial u}\cdot\dfrac{\mathrm{d}u}{\mathrm{d}x}+\dfrac{\partial f}{\partial v}\cdot\dfrac{\partial v}{\partial x}+\dfrac{\partial f}{\partial x}=v\ln x\cdot 2x+u\ln x\cdot 1+\dfrac{uv}{x}$$

$$=2x(x-y)\ln x+x^2\ln x+x(x-y),$$

$$\dfrac{\partial z}{\partial y}=\dfrac{\partial f}{\partial v}\cdot\dfrac{\partial v}{\partial y}=u\ln x\cdot(-1)=-x^2\ln x.$$

二、隐函数的微分法

若函数的因变量可由自变量的解析表达式直接表示,则称此函数为**显函数**,如$y=x^2\sin x$;若函数的自变量和因变量之间的函数关系由方程$F(x,y)=0$(或$F(x,y,z)=0$)所确定,则称方程$F(x,y)=0$(或$F(x,y,z)=0$)确定了一个**隐函数**$y=f(x)$(或$z=f(x,y)$).

有的隐函数可以通过方程写成显函数,如通过方程$x^2+y^2=1(y\geqslant 0)$可以把y表示为x的显函数$y=\sqrt{1-x^2}$;有的隐函数则不能表示成显函数,如方程$\sin xy+xy^2=2$.

下面给出隐函数的求导法则.

隐函数存在
定理 1 的证明

定理 6.5.2(隐函数存在定理 1) 设函数$F(x,y)$在点$P_0(x_0,y_0)$的某邻域内具有连续偏导数,且$F(x_0,y_0)=0,F'_y(x_0,y_0)\neq 0$,则方程$F(x,y)=0$在点$P_0(x_0,y_0)$的某邻域内恒能唯一确定一个具有连续导数的函数$y=f(x)$,它满足条件$y_0=f(x_0)$,且

$$\frac{\mathrm{d}y}{\mathrm{d}x} = -\frac{F'_x}{F'_y}.$$

例 6.5.4 求由方程 $x^2 + 2xy - y^2 = a^2$ 所确定的隐函数 $y = f(x)$ 的一阶导数 $\frac{\mathrm{d}y}{\mathrm{d}x}$.

解 设函数 $F(x, y) = x^2 + 2xy - y^2 - a^2$，则 $F'_x = 2x + 2y$，$F'_y = 2x - 2y$，故

$$\frac{\mathrm{d}y}{\mathrm{d}x} = -\frac{F'_x}{F'_y} = \frac{x + y}{y - x}.$$

定理 6.5.3（隐函数存在定理 2） 设函数 $F(x, y, z)$ 在点 $P_0(x_0, y_0, z_0)$ 的某邻域内具有连续偏导数，且 $F(x_0, y_0, z_0) = 0$，$F'_z(x_0, y_0, z_0) \neq 0$，则方程 $F(x, y, z) = 0$ 在点 $P_0(x_0, y_0, z_0)$ 的某邻域内恒能唯一确定一个具有连续偏导数的函数 $z = f(x, y)$，它满足条件 $z_0 = f(x_0, y_0)$，且

隐函数存在
定理 2 的证明

$$\frac{\partial z}{\partial x} = -\frac{F'_x}{F'_z}, \quad \frac{\partial z}{\partial y} = -\frac{F'_y}{F'_z}.$$

例 6.5.5 求由方程 $\frac{x}{z} = \ln\frac{z}{y}$ 所确定的隐函数 $z = f(x, y)$ 的偏导数 $\frac{\partial z}{\partial x}$ 和 $\frac{\partial z}{\partial y}$.

解 设函数 $F(x, y, z) = \frac{x}{z} - \ln\frac{z}{y}$，则

$$F'_x = \frac{1}{z}, \quad F'_y = -\frac{y}{z} \cdot \left(-\frac{z}{y^2}\right) = \frac{1}{y}, \quad F'_z = -\frac{x}{z^2} - \frac{y}{z} \cdot \frac{1}{y} = -\frac{x + z}{z^2},$$

故

$$\frac{\partial z}{\partial x} = -\frac{F'_x}{F'_z} = \frac{z}{x + z}, \quad \frac{\partial z}{\partial y} = -\frac{F'_y}{F'_z} = \frac{z^2}{y(x + z)}.$$

习 题 6.5

1. 求下列函数的偏导数 $\frac{\partial z}{\partial x}, \frac{\partial z}{\partial y}$:

(1) $z = u^2 + v^2, u = x + y, v = x - y$;

(2) $z = u^2 \ln v, u = \frac{x}{y}, v = 2x - 3y$;

(3) $z = \mathrm{e}^u \sin v, u = xy, v = x + y$;

(4) $z = u^2 v + u v^2, u = x \sin y, v = x \cos y$.

2. 求下列函数的导数 $\frac{\mathrm{d}z}{\mathrm{d}t}$:

(1) $z = uv, u = \mathrm{e}^t, v = \cos t$;

(2) $z = \mathrm{e}^{x + 2y}, x = \sin t, y = t^3$;

(3) $z = \frac{v}{u}, u = \mathrm{e}^t, v = 1 - \mathrm{e}^{3t}$;

(4) $z = \ln(u + v) + \mathrm{e}^t, u = 2t, v = t^2$.

3. 求由下列方程所确定的隐函数 $y = f(x)$ 的导数 $\frac{\mathrm{d}y}{\mathrm{d}x}$:

(1) $xy - \mathrm{e}^x + \mathrm{e}^y = 0$;

(2) $x - y - \mathrm{e}^y = 0$;

(3) $\sin y + \mathrm{e}^x - xy^2 = 0$;

(4) $y = 1 + x\mathrm{e}^y$;

(5) $\ln(x^2 + y^2) = \arctan\frac{y}{x}$;

(6) $x^y = y^x$.

4. 求由下列方程所确定的隐函数 $z = f(x, y)$ 的偏导数 $\dfrac{\partial z}{\partial x}, \dfrac{\partial z}{\partial y}$:

(1) $e^z = xyz$;
(2) $xz^2 - yz^3 + xy = 0$;

(3) $z^2 - 3xyz = 0$;
(4) $2xy^2 + \ln xyz = 0$;

(5) $\sin(x + 3z) = x - 2y + 3z$;
(6) $x^2 \sin y + e^x \arctan z - \sqrt{y} \ln z = 3$.

*5. 设函数 $z = f(\sin x, x^2 - y^2)$,且 f 具有一阶连续偏导数,求 $\dfrac{\partial z}{\partial x}, \dfrac{\partial z}{\partial y}$.

*6. 设函数 $w = f(x + y + z, xyz)$,且 f 具有二阶连续偏导数,求 $\dfrac{\partial w}{\partial x}$.

*7. 求由方程 $F(x^2 + 2z, 3y + z^2) = 0$ 所确定的隐函数 $z = f(x, y)$ 的偏导数 $\dfrac{\partial z}{\partial x}, \dfrac{\partial z}{\partial y}$.

§6.6　多元函数的极值与最值

一、多元函数的极值

定义 6.6.1　设函数 $z = f(x, y)$ 在点 $P_0(x_0, y_0)$ 的某邻域内有定义. 对于该邻域内任意异于 $P_0(x_0, y_0)$ 的点 (x, y),若有

$$f(x, y) > f(x_0, y_0) \quad (\text{或 } f(x, y) < f(x_0, y_0)),$$

则称函数 $f(x, y)$ 在点 $P_0(x_0, y_0)$ 处取得**极小值**(或**极大值**).

极大值和极小值统称为**极值**,使函数取得极值的点称为**极值点**.

例 6.6.1　函数 $z = x^2 + y^2$ 在点 $(0, 0)$ 处取得极小值. 从几何上看,$z = x^2 + y^2$ 表示一开口向上的抛物面,点 $(0, 0, 0)$ 是它的顶点(见图 6.6.1).

例 6.6.2　函数 $z = -\sqrt{x^2 + y^2}$ 在点 $(0, 0)$ 处取得极大值. 从几何上看,$z = -\sqrt{x^2 + y^2}$ 表示一开口向下的圆锥面,点 $(0, 0, 0)$ 是它的顶点(见图 6.6.2).

例 6.6.3　函数 $z = y^2 - x^2$ 在点 $(0, 0)$ 处没有极值. 从几何上看,$z = y^2 - x^2$ 表示一双曲抛物面(马鞍面)(见图 6.6.3).

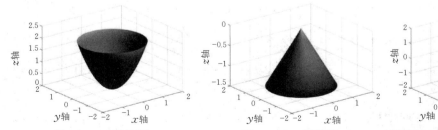

图 6.6.1　抛物面　　　　图 6.6.2　圆锥面　　　　图 6.6.3　双曲抛物面(马鞍面)

与导数在一元函数极值的研究中一样,偏导数也是研究多元函数极值的主要手段. 如果二元函数 $z=f(x,y)$ 在点 $P_0(x_0,y_0)$ 处取得极值,那么固定 $y=y_0$,一元函数 $z=f(x,y_0)$ 在点 $x=x_0$ 处必取得相同的极值;同理,固定 $x=x_0$,一元函数 $z=f(x_0,y)$ 在点 $y=y_0$ 处必取得相同的极值. 因此,由一元函数极值存在的必要条件,可得到二元函数极值存在的必要条件.

定理 6.6.1(极值存在的必要条件) 若函数 $z=f(x,y)$ 在点 $P_0(x_0,y_0)$ 处的两个一阶偏导数存在,且在点 (x_0,y_0) 处取得极值,则

$$f'_x(x_0,y_0)=0, \quad f'_y(x_0,y_0)=0.$$

极值存在的必要条件的证明

若函数 $z=f(x,y)$ 在点 (x_0,y_0) 处同时满足 $f'_x(x_0,y_0)=0, f'_y(x_0,y_0)=0$,则称点 (x_0,y_0) 为函数 $z=f(x,y)$ 的驻点.

在例 6.6.3 中,点 $(0,0)$ 是函数 $z=y^2-x^2$ 的驻点,但点 $(0,0)$ 并不是函数的极值点. 因此驻点不一定是极值点. 一阶偏导数不存在的点也可能是极值点,例如,函数 $z=-\sqrt{x^2+y^2}$ 在点 $(0,0)$ 处取得极大值,但它在点 $(0,0)$ 处的两个偏导数都不存在. 由此可见,极值点可能是驻点及一阶偏导数不存在的点.

下面给出驻点是否为极值点的判断方法,而对一阶偏导数不存在的点不做讨论.

定理 6.6.2(极值存在的充分条件) 设函数 $z=f(x,y)$ 在点 $P_0(x_0,y_0)$ 的某邻域内具有二阶连续偏导数,且点 (x_0,y_0) 为它的驻点,令

$$A=f''_{xx}(x_0,y_0), \quad B=f''_{xy}(x_0,y_0), \quad C=f''_{yy}(x_0,y_0).$$

(1) 若 $AC-B^2>0$,则函数 $z=f(x,y)$ 在点 (x_0,y_0) 处取得极值,且当 $A<0$ 时 $f(x_0,y_0)$ 为极大值,当 $A>0$ 时 $f(x_0,y_0)$ 为极小值.

(2) 若 $AC-B^2<0$,则函数 $z=f(x,y)$ 在点 (x_0,y_0) 处没有极值.

(3) 若 $AC-B^2=0$,则函数 $z=f(x,y)$ 在点 (x_0,y_0) 处是否取得极值,需进一步讨论.

求具有二阶连续偏导数的函数 $z=f(x,y)$ 的极值的一般步骤如下:

(1) 解方程组 $\begin{cases} f'_x(x,y)=0, \\ f'_y(x,y)=0, \end{cases}$ 求出所有驻点;

(2) 求出二阶偏导数 $f''_{xx}, f''_{xy}, f''_{yy}$,以及每个驻点对应的 A, B, C;

(3) 确定 $AC-B^2$ 的符号,按极值存在的充分条件判别驻点是否为极值点;

(4) 把极值点代回原函数 $z=f(x,y)$,求出对应的极值.

例 6.6.4 求函数 $f(x,y)=y^3-x^2+6x-12y+5$ 的极值.

解 解方程组

$$\begin{cases} f'_x(x,y)=-2x+6=0, \\ f'_y(x,y)=3y^2-12=0, \end{cases}$$

得驻点 $(3,2)$ 和 $(3,-2)$,且

$$f''_{xx}=-2, \quad f''_{xy}=0, \quad f''_{yy}=6y.$$

在点 $(3,2)$ 处,$A=-2, B=0, C=12$,则 $AC-B^2=-24<0$,故 $f(3,2)$ 不是极值.

在点 $(3,-2)$ 处,$A=-2, B=0, C=-12$,则 $AC-B^2=24>0$,且 $A<0$,故 $f(3,-2)=30$ 是极大值.

当所求得的驻点较多时,在判别驻点是否为极值点时采用列表的方式讨论将更简便.

例 6.6.5 求函数 $f(x,y)=x^3+y^3-3x^2+3y^2-9x+3$ 的极值.

解 解方程组

$$\begin{cases} f'_x(x,y)=3x^2-6x-9=0, \\ f'_y(x,y)=3y^2+6y=0, \end{cases}$$

得驻点 $(-1,0),(3,0),(-1,-2),(3,-2)$,且

$$f''_{xx}=6x-6, \quad f''_{xy}=0, \quad f''_{yy}=6y+6.$$

列表 6.6.1,讨论如下:

表 6.6.1 讨论极值

驻点 (x_0,y_0)	A	B	C	$AC-B^2$	$f(x_0,y_0)$
$(-1,0)$	-12	0	6	-72	不是极值
$(3,0)$	12	0	6	72	极小值 -24
$(-1,-2)$	-12	0	-6	72	极大值 12
$(3,-2)$	12	0	-6	-72	不是极值

因此点 $(-1,0),(3,-2)$ 不是极值点;点 $(3,0)$ 是极小值点,极小值 $f(3,0)=-24$;点 $(-1,-2)$ 是极大值点,极大值 $f(-1,-2)=12$.

二、多元函数的最值

我们已经知道有界闭区域上的连续函数必有最大值和最小值. 如果最值点在区域内,那么这个点一定是极值点. 另外,最值点也可能在边界上. 因此,要在有界闭区域上求连续函数的最值,只要先求出区域内部的驻点及驻点处的函数值,再求出边界上的最值,最后将这些函数值进行比较,最大的便为最大值,最小的便为最小值.

例 6.6.6 求函数 $f(x,y)=x^2y(4-x-y)$ 在由直线 $x+y=6$、x 轴和 y 轴所围成区域 D 上的最大值和最小值.

解 首先求区域 D 内的驻点. 解方程组

$$\begin{cases} f'_x(x,y)=xy(8-3x-2y)=0, \\ f'_y(x,y)=x^2(4-x-2y)=0, \end{cases}$$

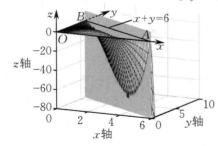

图 6.6.4 例 6.6.6 的示意图

得驻点 $(2,1)\in D$,函数 $f(x,y)$ 在点 $(2,1)$ 处的函数值为 $f(2,1)=4$.

然后讨论边界上的最值(见图 6.6.4). 在边界 $OB=\{(x,y)\,|\,x=0,0\leqslant y\leqslant 6\}$ 和 $OA=\{(x,y)\,|\,y=0,0\leqslant x\leqslant 6\}$ 上的函数值 $f(x,y)=0$;在边界 $AB=\{(x,y)\,|\,x+y=6,0<x<6\}$ 上,将 $y=6-x$ 代入函数 $f(x,y)$ 得

$$f(x)=2x^2(x-6) \quad (0<x<6).$$

现在的问题转化为求一元函数 $f(x)=2x^2(x-6)$ 的最值问题. 令 $f'(x)=6x(x-4)=0$,得驻点 $x=4(x=0$ 略去$)$. 又 $f''(x)=12x-24$,则 $f''(4)>0$,所以函数 $f(x,y)$ 在边界上的最

小值为 $f(4,2)=-64$,最大值为 0.

综上可得,函数 $f(x,y)$ 在区域 D 上的最大值为 $f(2,1)=4$,最小值为 $f(4,2)=-64$.

在实际问题中,函数的最值一般是在开区域内讨论的,如果在开区域内函数只有唯一一驻点,那么函数一定在该驻点处取得最大值或最小值.

例 6.6.7　某农场要用铁板制造一个体积为 $25\ \mathrm{m}^3$ 的有盖长方体水箱,问:当长、宽、高各为多少时,才能使用料最省?

解　设水箱的长、宽、高分别为 x,y,z(单位:m),表面积为 S(单位:m^2),则要求使得 $S=2(xy+yz+xz)$ 取得最小值的点 (x,y,z). 由于 $25=xyz$ 恒成立,将 $z=\dfrac{25}{xy}$ 代入 S 的表达式可得

$$S=2\left(xy+\frac{25}{x}+\frac{25}{y}\right)\quad(x>0,y>0).$$

联立方程组

$$\begin{cases}\dfrac{\partial S}{\partial x}=2\left(y-\dfrac{25}{x^2}\right)=0,\\[2mm]\dfrac{\partial S}{\partial y}=2\left(x-\dfrac{25}{y^2}\right)=0,\end{cases}$$

得唯一驻点为 $(\sqrt[3]{25},\sqrt[3]{25})$. 由题意知最小值一定存在,故当长、宽、高分别为 $\sqrt[3]{25}\ \mathrm{m}$,$\sqrt[3]{25}\ \mathrm{m}$,$\sqrt[3]{25}\ \mathrm{m}$ 时,用料最省.

例 6.6.8　设 Q_1 为产品 A 的需求量,Q_2 为产品 B 的需求量,它们的需求函数分别为
$$Q_1=16-2P_1+4P_2,\quad Q_2=20+4P_1-10P_2,$$
其中,P_1,P_2 分别为产品 A 和产品 B 的价格,总成本函数为 $C=3Q_1+2Q_2$,问:价格 P_1,P_2 取何值时,可使总利润最大.

解　根据题意可知,总收益函数为 $R=P_1Q_1+P_2Q_2$. 于是总利润函数为
$$\begin{aligned}L=R-C&=(P_1-3)Q_1+(P_2-2)Q_2\\&=(P_1-3)(16-2P_1+4P_2)+(P_2-2)(20+4P_1-10P_2).\end{aligned}$$
联立方程组

$$\begin{cases}\dfrac{\partial L}{\partial P_1}=14-4P_1+8P_2=0,\\[2mm]\dfrac{\partial L}{\partial P_2}=28+8P_1-20P_2=0,\end{cases}$$

得唯一驻点为 $\left(\dfrac{63}{2},14\right)$. 由题意知最大值一定存在,故当价格 $P_1=\dfrac{63}{2}$,$P_2=14$ 时,总利润最大.

三、条件极值与拉格朗日乘数法

函数的自变量只受定义域约束的极值问题称为**无条件极值问题**,如例 6.6.6. 但在实际问题中,经常会遇到对函数自变量有约束条件的极值问题,如例 6.6.7. 函数的自变量除受定义域约束外,还有其他条件限制的极值问题称为**条件极值问题**.

要解决条件极值问题,可以将条件极值问题转化为无条件极值问题,如例 6.6.7,还可以

用**拉格朗日乘数法**直接求条件极值.

求函数 $u=f(x,y)$ 在约束条件 $\varphi(x,y)=0$ 下的极值,拉格朗日乘数法的具体步骤如下:

(1) 构造辅助函数
$$L(x,y,\lambda)=f(x,y)+\lambda\varphi(x,y),$$
其中,λ 为待定常数(称为**拉格朗日乘数**),$L(x,y,\lambda)$ 称为**拉格朗日函数**;

(2) 分别求 $L(x,y,\lambda)$ 对 x,y,λ 的偏导数,联立方程组
$$\begin{cases} L'_x=f'_x(x,y)+\lambda\varphi'_x(x,y)=0, \\ L'_y=f'_y(x,y)+\lambda\varphi'_y(x,y)=0, \\ L'_\lambda=\varphi(x,y)=0; \end{cases}$$

(3) 求解上述方程组,得条件极值的驻点 (x,y);

(4) 判别驻点是否为极值点(若是实际问题,且只存在唯一驻点,则该驻点一定是最值点).

例 6.6.9 某农厂要用铁板制造一个体积为 V 的有盖长方体水箱,问:当长、宽、高各为多少时,才能使用料最省?

解 设水箱的长、宽、高分别为 x,y,z,表面积为 S,问题是求函数 $S=2(xy+yz+xz)$ 在约束条件 $V=xyz$ 下的最小值.

构造拉格朗日函数
$$L(x,y,z,\lambda)=2(xy+yz+xz)+\lambda(xyz-V),$$
分别求 $L(x,y,z,\lambda)$ 对 x,y,z,λ 的偏导数,并令它们为零,联立方程组
$$\begin{cases} L'_x=2(y+z)+\lambda yz=0, \\ L'_y=2(x+z)+\lambda xz=0, \\ L'_z=2(x+y)+\lambda xy=0, \\ L'_\lambda=xyz-V=0, \end{cases}$$

得 $x=y=z=\sqrt[3]{V}$. 又因 $(\sqrt[3]{V},\sqrt[3]{V},\sqrt[3]{V})$ 是唯一驻点,故 $(\sqrt[3]{V},\sqrt[3]{V},\sqrt[3]{V})$ 为最小值点,即当长、宽、高各为 $\sqrt[3]{V},\sqrt[3]{V},\sqrt[3]{V}$ 时,用料最省.

例 6.6.10 某公司可通过网络平台和交互网络电视两种方式做某种产品的广告销售,根据统计,销售总收益 z(单位:万元)与网络平台广告费 x(单位:万元)及交互网络电视广告费 y(单位:万元)之间的关系如下:
$$z=16x+22y-(x^2+2xy+2y^2)+50.$$
现投入 10 万元,求最优的广告策略.

解 这是条件极值问题,是求函数 $z=16x+22y-(x^2+2xy+2y^2)+50$ 在约束条件 $x+y=10$ 下的最大值.

构造拉格朗日函数
$$L(x,y,\lambda)=16x+22y-(x^2+2xy+2y^2)+50+\lambda(x+y-10),$$
分别求 $L(x,y,\lambda)$ 对 x,y,λ 的偏导数,并令它们为零,联立方程组
$$\begin{cases} L'_x=16-2x-2y+\lambda=0, \\ L'_y=22-2x-4y+\lambda=0, \\ L'_\lambda=x+y-10=0, \end{cases}$$

得 $x=7,y=3$,即$(7,3)$是函数 $z=16x+22y-(x^2+2xy+2y^2)+50$ 的唯一驻点. 故当网络平台广告费为 7 万元,而交互网络电视广告费为 3 万元时,公司总收益最大.

拉格朗日乘数法还可以推广到自变量多于两个且约束条件多于一个的情形. 例如,求函数 $u=f(x,y,z)$ 在约束条件 $\varphi(x,y,z)=0,\psi(x,y,z)=0$ 下的极值.

首先构造拉格朗日函数
$$L(x,y,z,\lambda,\mu)=f(x,y,z)+\lambda\varphi(x,y,z)+\mu\psi(x,y,z),$$
其中,λ,μ 为拉格朗日乘数,然后分别求 $L(x,y,z,\lambda,\mu)$ 对 x,y,z,λ,μ 的偏导数,并令它们为零,联立方程组,解得驻点(可能为极值点).

习 题 6.6

1. 求函数 $f(x,y)=x^3+y^3-3xy$ 的极值.

2. 求函数 $f(x,y)=(x-1)^2+(y-4)^2$ 的极值.

3. 求函数 $f(x,y)=3xy-x^3-y^3$ 的极值.

4. 求函数 $f(x,y)=x^3-y^3+3x^2+3y^2-9x$ 的极值.

5. 求函数 $z=xy$ 在约束条件 $x+y=1$ 下的极大值.

6. 求由方程 $x^2+y^2+z^2-2x+2y-4z-10=0$ 所确定的函数 $z=f(x,y)$ 的极值.

7. 某农厂要用铁板做一个体积为 $2\,\mathrm{m}^3$ 的有盖长方体水箱,问:当长、宽、高各为多少时,才能使用料最省?

8. 欲围一个面积为 $60\,\mathrm{m}^2$ 的矩形场地,正面所用材料造价为 $10\,$元$/\mathrm{m}$,其余三面造价为 $5\,$元$/\mathrm{m}$,问:场地的长、宽各为多少时,所用材料费最少?

9. 求表面积为 a^2 的长方体的最大体积.

10. 设公司销售总收益 R(单位:万元)与投入在两种广告宣传上的费用 x,y(单位:万元)之间的关系为
$$R=\frac{200x}{x+5}+\frac{100y}{10+y},$$
总利润等于销售总收益的 $\dfrac{1}{5}$,并要扣除广告费用. 已知广告费用总预算金额为 25 万元,问:如何分配两种广告费用可以使得总利润最大?

11. 设农场的火龙果的产量 Q 与投入的劳动力 x 和原料 y 的成本有关. 已知它们的函数关系为 $Q(x,y)=60x^3y$,若劳动力单位成本为 100 元,原料单位成本为 200 元,则在投入 40 000 元资金用于生产的情况下,问:如何安排劳动力和原料可使产量最大?

§6.7 多元函数微分学应用案例

一、如何购物最满意

日常生活中,人们常常碰到如何分配一定的钱购买两种物品的问题,由于钱数固定,因此如果购买其中一种物品较多,那么势必要少买另外一种物品,甚至不能再买,这样就不能令人

满意. 如何花费一定的钱, 达到令人最满意的效果呢? 经济学家借助"效用函数"来解决这一问题. 所谓**效用函数**, 就是描述人们分别购买两种物品 x,y 单位时满意程度的量, 通常效用函数采用 $u(x,y)=\ln x+\ln y$ 的形式, 当效用函数取得最大值时, 购物方案分配最佳.

例 6.7.1 假设小王有 2 000 元, 决定同时购买两种急需物品 A 和 B. 已知 A 物品每件 8 元, B 物品每件 10 元, 问: 如何分配这 2 000 元才能达到最满意的效果?

解 设小王购买 A 物品 x 件, B 物品 y 件, 该问题为求函数 $u(x,y)=\ln x+\ln y$ 在约束条件 $8x+10y=2\,000$ 下的最大值.

构造拉格朗日函数
$$L(x,y,\lambda)=\ln x+\ln y+\lambda(8x+10y-2\,000),$$
分别求 $L(x,y,\lambda)$ 对 x,y,λ 的偏导数, 并令它们为零, 联立方程组
$$\begin{cases} L'_x=\dfrac{1}{x}+8\lambda=0,\\[2mm] L'_y=\dfrac{1}{y}+10\lambda=0,\\[2mm] L'_\lambda=8x+10y-2\,000=0, \end{cases}$$
解得 $x=125,y=100$. 根据问题的实际意义, 当购买 A 物品 125 件, B 物品 100 件时可达到最满意的效果.

二、如何才能使醋酸回收的效果最好

某种溶液中含有 A 和 B 两种物质, 现欲提取出物质 A, 可以采用这样的方法: 在该种溶液中加入第三种物质 C, 其中, C 与 B 不互溶, 利用 A 在 C 中的溶解度较大的特点, 将 A 提取出来, 这就是化工中的萃取过程.

例 6.7.2 现有醋酸水溶液, 利用苯作为溶剂, 设苯的总体积为 m, 进行三次萃取来回收醋酸. 设醋酸水溶液的体积为 a, 其中, 醋酸的初始浓度为 x_0, 且每次萃取时都遵守定律 $y_i=kx_i(i=1,2,3)$, 其中, k 为常数, y_i,x_i 分别表示第 i 次萃取时苯中的醋酸浓度及水溶液中的醋酸浓度. 问: 每次应取多少苯才能使得从水溶液中萃取的醋酸最多?

解 记苯的三次提取量分别为 m_1,m_2,m_3. 第一次取苯时醋酸量的平衡计算为
$$醋酸的总量=苯中的醋酸量+水溶液中的醋酸量.$$
由醋酸量的平衡计算, 得
$$ax_0=m_1y_1+ax_1,$$
再结合萃取时遵守的定律, 得
$$x_1=\frac{ax_0}{a+m_1k}.$$
同理, 第二、第三次取苯时, 分别有
$$x_2=\frac{ax_1}{a+m_2k},\quad x_3=\frac{ax_2}{a+m_3k}.$$
由此可得
$$x_3=\frac{a^3x_0}{(a+m_1k)(a+m_2k)(a+m_3k)}.$$

在苯的量一定的情况下，为了得到最完全的萃取，x_3 应为最小值. 为此，设函数 $u = (a+m_1k)(a+m_2k)(a+m_3k)$，现在求 u 在约束条件 $m_1+m_2+m_3=m$ 下的最大值.

构造拉格朗日函数

$$L(m_1,m_2,m_3,\lambda) = (a+m_1k)(a+m_2k)(a+m_3k) + \lambda(m_1+m_2+m_3-m),$$

分别求 $L(m_1,m_2,m_3,\lambda)$ 对 m_1,m_2,m_3,λ 的偏导数，并令它们为零，联立方程组

$$
\begin{cases}
\dfrac{\partial L}{\partial m_1} = k(a+m_2k)(a+m_3k) + \lambda = 0, \\[2mm]
\dfrac{\partial L}{\partial m_2} = k(a+m_1k)(a+m_3k) + \lambda = 0, \\[2mm]
\dfrac{\partial L}{\partial m_3} = k(a+m_1k)(a+m_2k) + \lambda = 0, \\[2mm]
\dfrac{\partial L}{\partial \lambda} = m_1+m_2+m_3-m = 0,
\end{cases}
$$

得 $m_1=m_2=m_3=\dfrac{m}{3}$，即驻点唯一. 因此，进行三次萃取来回收醋酸，每次取 $\dfrac{m}{3}$ 的苯，可使从水溶液中萃取的醋酸最多.

三、如何喷浇绿地最节水

例 6.7.3　　城市水资源问题正随着城市现代化的加速变得日益突出，迫切需要采取措施进行综合治理. 缓解缺水状况有两种方式：一是开源，二是节流. 开源是一个巨大而复杂的工程，节流则需从小处着眼，汇细流而成大海. 公共绿地的浇灌是一个长期且大量用水的项目，目前有移动水车浇灌和固定喷水龙头旋转喷浇两种方式. 移动水车主要用于道路两侧狭长绿地的浇灌，固定喷水龙头主要用于公园、小区、广场等观赏性绿地的喷浇.

观赏性绿地的草根很短，根系寻水性能较差，不能蓄水，故喷水龙头的喷浇区域要保证对绿地的全面覆盖. 据观察，绿地喷水龙头分布方式和喷射半径的设定具有较大的随意性. 考虑将喷水龙头的喷射半径设定为可变量，问：对各喷水龙头喷射半径如何设定，可以使有效覆盖率最高？

解　　假设喷水龙头对喷射半径内的绿地做均匀喷浇，喷射半径可取任意值；绿地区域为正方形区域. 绿地区域 D 的面积为 S，绿地内放置 n 个喷水龙头，第 i 个喷水龙头的喷射半径为 r_i，旋转角度为 θ_i（以 rad 制），所形成的喷浇区域 D_i 的面积为 S_i.

要使有效覆盖率（绿地面积与受水面积的比值）达到最大，相当于求受水面积 $\displaystyle\sum_{i=1}^{n} S_i = \dfrac{1}{2}\sum_{i=1}^{n}\theta_i r_i^2$ 在约束条件 $\displaystyle\bigcup_{i=1}^{n} D_i \supseteq D$ 下的最小值.

采用如图 6.7.1 所示的分布方式，设正方形的边长为 $2a$，以正方形的中心为圆心、R 为半径作圆（称为大圆），再分别以正方形的四个顶点为圆心、r 为半径作圆（称为小圆），使得正方形被覆盖.

为了使绿地面积与受水面积的比值达到最大，就要选择适当的半径 R 和 r，使大圆和小圆的面积之和

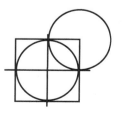

图 6.7.1　节水设计

达到最小,则此问题为求函数 $y = \pi(R^2 + r^2)$ 在约束条件 $\sqrt{R^2 - a^2} + r = a$ 下的最小值.

构造拉格朗日函数

$$L(R, r, \lambda) = \pi(R^2 + r^2) + \lambda(\sqrt{R^2 - a^2} + r - a),$$

分别求 $L(R, r, \lambda)$ 对 R, r, λ 的偏导数,并令它们为零,联立方程组

$$\begin{cases} L'_R = 2\pi R + \dfrac{\lambda R}{\sqrt{R^2 - a^2}} = 0, \\[2mm] L'_r = 2\pi r + \lambda = 0, \\[2mm] L'_\lambda = \sqrt{R^2 - a^2} + r - a = 0, \end{cases}$$

得 $R = \dfrac{\sqrt{5}}{2}a, r = \dfrac{a}{2}$,即驻点唯一. 因此,当大圆半径为 $\dfrac{\sqrt{5}}{2}a$、小圆半径为 $\dfrac{a}{2}$ 时,可以使有效覆盖率最高.

习 题 6.7

1. 一家制造公司生产 A,B 两种产品,除 400 000 元的固定费用外,A 产品的成本为 1 950 元／件,B 产品的成本为 2 250 元／件. 制造公司建议 A 产品的零售价格为 3 390 元／件,B 产品的零售价格为 3 990 元／件. 但根据销售人员估计,在竞争市场上,一种类型的产品每多销售出一件,它的价格就下降 0.1 元／件. 此外,一种类型的产品的销售也会影响另一种类型的产品的销售:每销售一件 B 产品,估计 A 产品的零售价格下降 0.03 元／件;每销售一件 A 产品,估计 B 产品的零售价格下降 0.04 元／件. 问:该公司应该生产每种产品多少件,才能使总利润最大?

2. 远离公路的地方开设了一所学校,为了方便学生购物,现决定沿着公路的一侧寻址修建超市. 以学校位置为坐标原点建立坐标系,假设超市的坐标为 (x, y),经勘测数据拟合所得公路方程为 $21xy - 440y = 1$,问:超市修建在何处才能使得超市和学校之间的直线距离最短?

3. 设某公司销售总收益 R(单位:万元)与投入在两种广告宣传上的费用 x, y(单位:万元)之间的关系为

$$R = 15 + 14x + 32y - 8xy - 2x^2 - 10y^2.$$

已知广告费用总预算金额为 150 万元,问:如何分配两种广告费用可以使得总利润最大?

§6.8 MATLAB 在多元函数微分学中的应用

前面介绍了多元函数微分学的一些基本概念和方法,例如,多元函数的概念、极限、偏导数、全微分、极值和最值等. 本节主要介绍 MATLAB 在多元函数微分学中的应用.

一、用 MATLAB 对多元函数进行作图

MATLAB 中可用于对函数作图的命令有很多,下面将使用 meshgrid 和 mesh 命令进行矩阵作图,以及使用 ezsurf 和 fimplicit3 命令进行绘图,具体如表 6.8.1 所示.

表 6.8.1　对多元函数作图的命令

命令	功能
$[X,Y]$ = meshgrid(x,y)	基于向量 x 和 y 中包含的坐标返回二维网格坐标
mesh(X,Y,Z)	生成由矩阵 X,Y 和 Z 指定的三维网格图
ezsurf(f)	创建一个函数 $f(x,y)$ 的表面图,f 是一个代表两个变量的数学函数的字符串,如 x 和 y
fimplicit3（@(variables)function)	绘制二元隐函数的图形,其中,variables 是方程 $f(\cdot,\cdot,\cdot)=0$ 中的全部变量,function 是确定隐函数的三元方程 $f(\cdot,\cdot,\cdot)=0$ 的左端项,即三元函数 $f(\cdot,\cdot,\cdot)$

注意

（1）矩阵运算与数组运算的区别:A.^n 表示数组 A 中各元素的 n 次幂,A^n 表示矩阵 A 的 n 次幂;A.*B 表示数组 A 与数组 B 对应元素相乘,A*B 表示矩阵 A 与矩阵 B 相乘.

（2）作图命令的区别:MATLAB 提供了一系列作图命令,常见的包括绘制二维曲线的 plot 命令,绘制二维隐函数曲线的 ezplot 命令,绘制三维曲面的 mesh 和 surf 命令,绘制三维显函数曲面的 ezmesh 和 ezsurf 命令. 另外,ez 系列的作图命令里只有 ezplot 是绘制隐函数曲线的,ezmesh 和 ezsurf 命令都是绘制显函数曲面的.而 fimplicit3 命令是绘制三维隐函数曲面的.

例 6.8.1　作出函数 $z=\ln(y^2-3x+2),x\in[-10,0],y\in[0,10]$ 的图形.

解　[MATLAB 操作命令]

```
x =-10:0.1:0;              %定义变量数组 x,以-10 为起点,每隔 0.1 取一个点,直到 0
y = 0:0.1:10;
[X,Y] = meshgrid(x,y);     %基于向量 x 和 y 中包含的坐标返回二维网格坐标
Z = log(Y.^2-3* X+2);
mesh(X,Y,Z)                %生成由 X,Y 和 Z 指定的三维网格图
xlabel('x轴');ylabel('y轴');zlabel('z轴');     %标注坐标轴名称"x轴,y轴,z轴"
```

[MATLAB 输出结果]

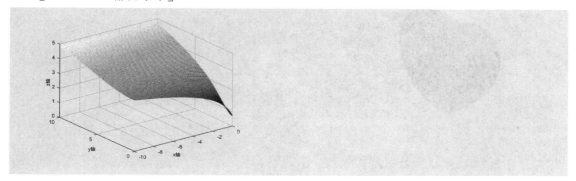

例 6.8.2 作出函数 $z = \dfrac{e^x + y}{x + y}, x \in [0,6], y \in [0,6]$ 的图形.

解 [MATLAB 操作命令]

```
clear                        %清空工作区中的所有变量
syms x y                     %定义两个变量 x 和 y
z = (exp(x) +y)/(x+y);       %输入函数表达式
ezsurf(z,[0 6 0 6])          %绘制函数 z 的曲面图
shading interp               %对曲面对象的颜色着色进行色彩的插值处理,使色彩平滑过渡
```

[MATLAB 输出结果]

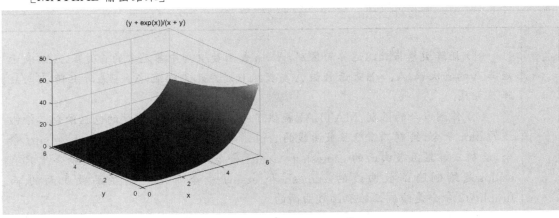

例 6.8.3 作出 $\left(x^2 + \dfrac{9}{4}y^2 + z^2 - 1\right)^3 = x^2 z^3 + \dfrac{9}{80}y^2 z^3$ 的图形.

解 [MATLAB 操作命令]

```
clear                        %清空工作区中的所有变量
f = @ (x,y,z)(x.^2+(9/4).* (y.^2)+(z.^2)-1).^3-
(x.^2).* (z.^3)-(9/80).* (y.^2).* (z.^3);    %输入三元函数 f
fimplicit3(f)                %绘制二元隐函数 f(x,y,z) =0 的曲面图形
axis equal                   %设置当前坐标系图形为方形
```

[MATLAB 输出结果]

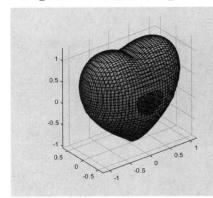

二、用 MATLAB 求多元函数的极限

在 MATLAB 中,求多元函数的极限是通过累次极限实现的. 与求一元函数的极限时相同,也使用 limit 命令,调用格式为

```
limit(exp,v,a)
```

它表示求当自变量 v 趋于 a 时符号表达式 exp 的极限.

例 6.8.4　求二重极限 $\lim\limits_{(x,y)\to(0,3)}\dfrac{\sin xy}{x}$.

解　[MATLAB 操作命令]

```
syms x y                    %定义符号变量 x,y
z = (sin(x* y))/x;          %输入函数表达式
lim_x = limit(z,x,0);       %把 y 看成常量,求当 x 趋于 0 时式子 z 的极限,记为 lim_x
lim_xy = limit(lim_x,y,3)   %求当 y 趋于 3 时式子 lim_x 的极限,并记为 lim_xy
```

[MATLAB 输出结果]

```
lim_xy =
  3
```

三、用 MATLAB 求多元函数的偏导数和全微分

在 MATLAB 中,求多元函数的偏导数仍采用 diff 命令,调用格式为

```
diff(exp,v,n)
```

它表示求符号表达式 exp 关于自变量 v 的 n 阶偏导数.

例 6.8.5　求函数 $z = x\sin(x+y)$ 的一阶及二阶偏导数.

解　[MATLAB 操作命令]

```
syms x y                    %定义符号变量 x,y
f = x* sin(x+y);            %输入二元函数表达式,并记为 f
dfx = diff(f,x)             %求式子 f 对自变量 x 的一阶偏导数
dfy = diff(f,y)
dfxy = diff(dfx,y)          %求式子 dfx 对自变量 y 的一阶偏导数
dfyx = diff(dfy,x)
dfxx = diff(f,x,2)          %求式子 f 对自变量 x 的二阶偏导数
dfyy = diff(f,y,2)
```

[MATLAB 输出结果]

```
dfx =
  sin(x+y) +x* cos(x+y)
dfy =
```

```
    x* cos(x+y)
dfxy =
    cos(x+y) -x* sin(x+y)
dfyx =
    cos(x+y) -x* sin(x+y)
dfxx =
    2* cos(x+y) -x* sin(x+y)
dfyy =
    -x* sin(x+y)
```

例 6.8.6 设函数 $z=f(x,y)$ 由方程 $\sin z=xyz$ 所确定,求 $\dfrac{\partial z}{\partial x},\dfrac{\partial z}{\partial y}$.

解 [MATLAB 操作命令]

```
syms x y z
f = sin(z) -x* y* z;
dzx =-diff(f,x)/diff(f,z)
dzy =-diff(f,y)/diff(f,z)
```

[MATLAB 输出结果]

```
dzx =
    (y* z)/(cos(z) -x* y)
dzy =
    (x* z)/(cos(z) -x* y)
```

例 6.8.7 求函数 $z=x^2\cos xy$ 的全微分 dz,并计算它在点 $(2,1)$ 处的全微分.

解 [MATLAB 操作命令]

```
syms x y dx dy
z = x^2* cos(x* y);
dzx = diff(z,x);
dzy = diff(z,y);
dz = dzx* dx+dzy* dy            % 写出全微分表达式
subs(subs(dz,x,2),y,1)         % 代入赋值
```

[MATLAB 输出结果]

```
dz =
    dx* (2* x* cos(x* y) -x^2* y* sin(x* y)) -dy* x^3* sin(x* y)
ans =
    dx* (4* cos(2) -4* sin(2)) -8* dy* sin(2)
```

四、用 MATLAB 求多元函数的极值

用 MATLAB 求多元函数的极值的步骤如下：

（1）求函数 f 的偏导数：$a = diff(f,x), b = diff(f,y)$；

（2）求驻点：$[sx,sy] = solve(a,b)$；

（3）求二阶偏导数和 $AC-B^2$：$A = diff(a,x), B = diff(a,y), C = diff(b,y), D = A*C-B\^2$；

（4）由 $AC-B^2$ 在驻点处的值的正负，判别极值点：$subs(subs(A,x,sx),y,sy)$；

（5）将极值点 (u,v) 代回函数 f，求极值：$subs(subs(f,x,u),y,v)$.

 **例 6.8.8** 求函数 $f(x,y) = x^3 - y^3 + 3x^2 + 3y^2 - 9x$ 的极值.

解 （1）求出函数的驻点.

［MATLAB 操作命令］

```
syms x y
f = x^3-y^3+3* x^2+3* y^2-9* x;
a = diff(f,x);
b = diff(f,y);
[sx,sy] = solve(a,b)
```

［MATLAB 输出结果］

```
sx =
  1   -3   1   -3
sy =
  0   0   2    2
```

（2）判别驻点是否为极值点.

［MATLAB 操作命令］

```
A = diff(a,x);B = diff(a,y);C = diff(b,y);D = A* C-B^2;
g1 = subs(subs(D,x,1),y,0);
if g1 > 0
    fprintf(' 驻点(1,0) 是极值点,');
else
    fprintf(' 驻点(1,0) 不是极值点,');
end
g2 = subs(subs(D,x,1),y,2);
if g2 > 0
    fprintf(' 驻点(1,2) 是极值点,');
else
    fprintf(' 驻点(1,2) 不是极值点,');
end
g3 = subs(subs(D,x,-3),y,0);
```

```
    if g3 > 0
        fprintf(' 驻点(-3,0) 是极值点,');
    else
        fprintf(' 驻点(-3,0) 不是极值点,');
    end
    g4 = subs(subs(D,x,-3),y,2);
    if g4 > 0
        fprintf(' 驻点(-3,2) 是极值点.');
    else
        fprintf(' 驻点(-3,2) 不是极值点.');
    end
```

[MATLAB 输出结果]

驻点(1,0) 是极值点,驻点(1,2) 不是极值点,驻点(-3,0) 不是极值点,驻点(-3,2) 是极值点.

(3) 根据上述结果,判别极值点是极大值点还是极小值点,并算出对应的极值.

[MATLAB 操作命令]

```
h1 = subs(subs(A,x,1),y,0);
if h1 > 0
    fprintf(' 驻点(1,0) 是极小值点,极小值为 ');
else
    fprintf(' 驻点(1,0) 是极大值点,极小值为 ');
end
subs(subs(f,x,1),y,0)
h2 = subs(subs(A,x,-3),y,2);
if h2 > 0
    fprintf(' 驻点(-3,2) 是极小值点,极小值为 ');
else
    fprintf(' 驻点(-3,2) 是极大值点,极大值为 ');
end
subs(subs(f,x,-3),y,2)
```

[MATLAB 输出结果]

驻点(1,0) 是极小值点,极小值为
ans =
  -5
驻点(-3,2) 是极大值点,极大值为
ans =
  31

也可以利用 fminsearch 命令求解极小值,具体如表 6.8.2 所示.

表 6.8.2　求极小值的命令

命令	功能
x = fminsearch(fun, x0)	从 x_0 开始,找到函数 fun 的极小值点 x
[x, fval] = fminsearch(...)	返回在结果 x 处的函数值

[MATLAB 操作命令]

```
syms x
fun = @ (x)x(1)^3-x(2)^3+3* x(1)^2+3* x(2)^2-9* x(1);
x0 = [0,0];
x = fminsearch(fun,x0)
[x,fval] = fminsearch(fun,x0)
```

[MATLAB 输出结果]

```
x =
  1.0000    0.0000
fval =
  -5.0000
```

习　题　6.8

1. 利用 MATLAB 画出下列函数的图形,并计算它们的一阶和二阶偏导数:

(1) $z = y\cos(x - y)$;

(2) $z = x^4 + y^2 - 4x^2 + y$;

(3) $z = x^3y + 3x^2y^2 - xy^3$;

(4) $z = \sqrt{\ln xy}$;

(5) $z = \sin xy + \cos^2 xy$;

(6) $z = \ln\tan\dfrac{x}{y}$;

(7) $z = \dfrac{x}{\sqrt{x^2 + y^2}}$;

(8) $z = (1 + xy)^y$.

2. 利用 MATLAB 画出下列方程所对应的图形,并计算其确定的函数 $z = f(x, y)$ 的一阶偏导数:

(1) $\cos z = xy + z$;

(2) $x + 2y + z - 2\sqrt{xyz} = 0$;

(3) $2\sin(x + 2y - 3z) = x + 2y - 3z$;

(4) $e^z - xyz = 0$.

3. 利用 MATLAB 求函数 $z = x^2y + x^2 - y^2$ 的全微分 dz,并计算它在点 $(1,2)$ 处的全微分.

4. 利用 MATLAB 求函数 $f(x, y) = -5x^2 - 10y^2 + 48x + 24y + 11$ 的极值.

数学文化欣赏

多元函数微分学的发展史

多元函数微分学是微积分学的一个重要组成部分,是源于解决实际问题的需要在一元函数微分学的基本思想的基础上产生的.其基本概念源于描述和分析物理现象和规律,例如琴弦的振动等问题.将一元函数的微分算法推广到多元函数而建立偏导数理论的主要是 18 世纪的数学家.

在微分学创始初期,很多关于力学研究的著作中,都出现了朴素的"偏导数"思想.例如,在 1720 年,数学家尼古拉·伯努利(Nicolaus Bernoulli)证明了在一定条件下,二元函数 $f(x,y)$ 对 x,y 求偏导数的结果与其求导顺序无关.而雅各布·伯努利(Jakob Bernoulli)在关于等周问题的著作中也是用了偏导数的概念.历史上的伯努利家族是一个非常厉害的家族,整个家族成员皆爱好数学、精通数学,这个家族 100 年间产生了十多位科学家和数学家.

偏导数的理论是由欧拉、方丹(Fontaine)、克莱罗(Clairaut)与达朗贝尔(d'Alembert)在各自的研究中共同建立起来的.1734 年,欧拉通过二阶偏导数的运算给出了两个二阶混合偏导数相等的条件,同时,他还研究了偏导数的运算法则、复合函数的偏导数等内容,通过一系列论文,他逐步发展了偏导数的理论.1739 年,克莱罗提出了全微分的概念.1743 年,达朗贝尔首次写出了偏微分方程,直到 1746 年他才宣告偏微分方程的诞生,并推广了偏导数的演算.关于偏导数的记号,最早都用记号 d 同时表示导数与偏导数,但这样不能很好地区别被求导的对象是一元函数还是多元函数,容易引起混淆,故引入不同的符号来区别求导对象的不同就十分必要.我们现在所使用的偏导数的记号 $\frac{\partial}{\partial x}, \frac{\partial}{\partial y}, \cdots$,直到 19 世纪 40 年代才由雅可比(Jacobi)在行列式理论中正式创用并逐渐普及.

总习题 6

一、单选题

1. 设 $f\left(x+y, \dfrac{y}{x}\right)=x^2-y^2$,则 $f(x,y)=($).

A. $\dfrac{y^2(1-x)}{1+x}$ B. $\dfrac{x^2(1-x)}{1+y}$ C. $\dfrac{y^2(1-y)}{1+x}$ D. $\dfrac{x^2(1-y)}{1+y}$

2. 二元函数 $z=\dfrac{1}{\ln(x+y)}$ 的定义域是(   ).

A. $x+y\neq 0$ B. $x+y>0$

C. $x+y\neq 1$ D. $x+y>0$ 且 $x+y\neq 1$

3. 二重极限 $\lim\limits_{(x,y)\to(0,0)}(1+x^2+y^2)^{\frac{1}{x^2+y^2}}=($).

A. 0   B. 1   C. 2   D. e

4. 设函数 $f(x,y)=\begin{cases} \dfrac{x^5+xy}{x^4+y^4}, & x^4+y^4\neq 0, \\ 0, & x^4+y^4=0, \end{cases}$ 则 $f'_x(0,0)=($).

A. -1 B. 0   C. 1   D. 不存在

5. 设函数 $z=x+y$, 则 $\dfrac{\partial^2 z}{\partial x \partial y}=($).

A. 0   B. 1   C. 2   D. 不存在

二、填空题

1. $\lim\limits_{(x,y)\to(2,0)} \dfrac{\sin xy}{y}=$ _____.

2. 已知函数 $z=f(x,y)$ 在点 $(1,2)$ 处连续, 则 $\lim\limits_{(x,y)\to(1,2)} f(x,y)=$ _____.

3. 设函数 $f(x,y)=\arcsin\sqrt{\dfrac{x}{y}}$, 则 $f'_x(1,2)=$ _____.

4. 函数 $z=4(x-y)-x^2-y^2$ 的极值点为 _____.

三、计算题

1. 求下列二阶偏导数:

(1) 已知函数 $z=e^{\frac{x}{y}}$, 求 $\dfrac{\partial^2 z}{\partial x \partial y}$;

(2) 已知函数 $f(x,y)=2x^2\arctan xy-3y^2\arctan xy$, 求 $\dfrac{\partial^2 f}{\partial x \partial y}$.

2. 求函数 $z=xe^y+2xy$ 在点 $(2,0)$ 处的全微分.

3. 求下列全导数或偏导数:

(1) 设函数 $z=e^{x+y^2}, x=\sin t, y=t^2$, 求 $\dfrac{dz}{dt}$;

(2) 设函数 $z=u^2+2uv+w^2, u=x^2+y^2, v=xy, w=x^2-y^2$, 求 $\dfrac{\partial z}{\partial x}, \dfrac{\partial z}{\partial y}$;

(3) 设函数 $z=uv+\tan x, u=e^x, v=3x-2y$, 求 $\dfrac{\partial z}{\partial x}, \dfrac{\partial z}{\partial y}$.

4. 求由下列方程所确定的隐函数的导数 $\dfrac{dy}{dx}$:

(1) $\sin y+e^x-xy^2=0$;   (2) $\ln\sqrt{x^2+y^2}=\arctan\dfrac{y}{x}$.

5. 求由下列方程所确定的隐函数的偏导数 $\dfrac{\partial z}{\partial x}, \dfrac{\partial z}{\partial y}$:

(1) $e^z=xyz$;   (2) $x+2y+z-2\sqrt{xyz}=0$.

6. 求函数 $f(x,y)=x^3-y^3+3x^2+3y^2-9x$ 的极值.

7.利用 MATLAB 求解下列问题：

(1) 求函数 $z = x^3 - 3y^2 + 4x^2 - y$ 的二阶偏导数；

(2) 设函数 $z = f(x,y)$ 由方程 $\mathrm{e}^z = xy - z$ 确定，试求 $\dfrac{\partial z}{\partial x}$，$\dfrac{\partial z}{\partial y}$；

(3) 求函数 $z = x^2 \cos y - y^2$ 的全微分 $\mathrm{d}z$，并计算它在点 $(-1,2)$ 处的全微分；

(4) 求函数 $f(x,y) = x^2 + xy + y^2 + x - y + 1$ 的极值.

四、应用题

1.假设在两个相互独立的城市出售同一种产品，这两个城市对这种产品的需求函数分别为

$$p_1 = 20 - Q_1, \quad p_2 = 14 - 2Q_2,$$

其中，p_1 和 p_2 分别表示这种产品在两个城市的售价（单位：万元/t），Q_1 和 Q_2 分别表示这种产品在两个城市的销售量（单位：t），且生产这种产品的总成本函数（单位：万元）为

$$C = 2Q_1 + 2Q_2 + 4,$$

试确定这种产品在两个城市的销售量 Q_1，Q_2，以使总利润达到最大.

2.设某工厂生产甲、乙两种产品，产量分别为 x 和 y（单位：千件），总利润函数（单位：万元）为

$$L(x,y) = 6x - x^2 + 16y - 4y^2 - 2.$$

已知生产这两种产品时，每千件产品均需消耗某种原料 $2\,000\,\mathrm{kg}$，现有该种原料 $12\,000\,\mathrm{kg}$，问：两种产品各生产多少时，总利润最大？

3.某工厂生产 A，B 两种零件，它们的成本分别为 5 和 2 元/件，两种零件一起组装成商品进行销售.设该工厂生产 A，B 两种零件的数量分别为 x 和 y（单位：万件），组装成商品的数量为 z（单位：万件），且每件商品的售价为 35 元，已知

$$z = 60 - \frac{1}{7}x^2 + x - \frac{1}{5}y^2 + \frac{6}{7}y,$$

问：如何安排两种零件的产量可使该工厂的利润最大？最大利润为多少？

4.某工厂生产打标机和切割机，它们的价格函数（单位：万元/台）分别为

$$P_1 = 10 - \frac{x}{4}, \quad P_2 = 8 - \frac{y}{2},$$

其中，x 和 y 分别表示这两种产品的销售量（单位：台），总成本函数（单位：万元）为 $C = 2x + y + 4$，问：两种产品的销售量分别为多少时，可使总利润最大？最大总利润为多少？

第7章 二重积分及其应用

定积分是一元函数的某种确定形式的和式的极限,它在经济学、物理学、几何学等学科中有广泛应用.本章把这种确定形式的和式的极限概念推广到二元函数,得到二重积分的概念.本章主要介绍二重积分的概念、性质、计算方法、应用,以及MATLAB在二重积分计算中的应用.

在学习中要敢于做减法,就是减去前人已经解决的部分,看看还有哪些问题没有解决,需要我们去探索解决.

——华罗庚

 §7.1　二重积分的概念与性质

一、二重积分的概念

1. 引例：曲顶柱体的体积

常见的柱体(见图7.1.1)称为**平顶柱体**,其体积＝底面积×高.形如图7.1.2所示的柱体称为**曲顶柱体**.下面讨论如何求曲顶柱体的体积.

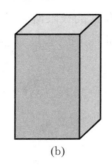

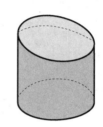

(a)　　　　　　　　(b)

图 7.1.1　　平顶柱体　　　　　　图 7.1.2　　曲顶柱体

设曲顶柱体(见图7.1.3)的底为 xOy 平面上的闭区域 D,它的侧面是以 D 的边界为准线且母线平行于 z 轴的柱面,它的顶为曲面 $z=f(x,y)$,其中, $f(x,y)$ 为 D 上的非负连续函数.显然,当点 (x,y) 在 D 上变动时,高 $f(x,y)$ 也会变动,因此曲顶柱体的体积不能利用平顶柱体的体积公式进行计算.我们采用类似于计算曲边梯形面积的方法计算曲顶柱体的体积,具体步骤如下:

(1) 分割:将曲顶柱体的底面任意分割为 n 个小区域(见图7.1.4)
$$\Delta\sigma_1, \quad \Delta\sigma_2, \quad \cdots, \quad \Delta\sigma_n,$$
其中, $\Delta\sigma_i$ 既表示第 i 个小区域,也表示它的面积.每个小区域 $\Delta\sigma_i$ 对应的小曲顶柱体的体积记为 ΔV_i,则曲顶柱体的体积为
$$V=\sum_{i=1}^{n}\Delta V_i.$$

(2) 以平代曲:当分割很细时,将每个小曲顶柱体用对应的小平顶柱体代替(见图7.1.5),在第 i 个小区域 $\Delta\sigma_i$ 上任取一点 (ξ_i,η_i),以 $\Delta\sigma_i$ 为底、 $f(\xi_i,\eta_i)$ 为高,则第 i 个小曲顶柱体的体积
$$\Delta V_i \approx f(\xi_i,\eta_i)\Delta\sigma_i \quad (i=1,2,\cdots,n).$$

(3) 求和:把 n 个小平顶柱体的体积加起来就得到整个曲顶柱体体积的近似值为
$$V=\sum_{i=1}^{n}\Delta V_i \approx \sum_{i=1}^{n}f(\xi_i,\eta_i)\Delta\sigma_i.$$

(4) 取极限:记 λ 为各小区域的直径(区域上任意两点间距离的最大值)的最大值,当 λ 越

来越小时,近似值 $f(\xi_i,\eta_i)\Delta\sigma_i$ 越来越接近小曲顶柱体的体积 $\Delta V_i(i=1,2,\cdots,n)$,因此整个曲顶柱体的体积为

$$V=\lim_{\lambda\to 0}\sum_{i=1}^{n}f(\xi_i,\eta_i)\Delta\sigma_i. \tag{7.1.1}$$

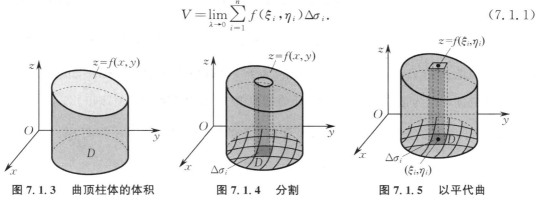

图 7.1.3　曲顶柱体的体积　　　图 7.1.4　分割　　　图 7.1.5　以平代曲

2. 二重积分的定义

在经济学、物理学、几何学和工程技术中,有许多量都可以归结为形如式(7.1.1)的和式的极限. 现将这类和式的极限加以抽象,得出如下定义.

定义 7.1.1　设 $f(x,y)$ 是有界闭区域 D 上的有界函数,将区域 D 任意分成 n 个小区域 $\Delta\sigma_1,\Delta\sigma_2,\cdots,\Delta\sigma_n$,其中,$\Delta\sigma_i$ 表示第 i 个小区域及其面积. 在每个 $\Delta\sigma_i$ 上任取一点 (ξ_i,η_i),做和式

$$\sum_{i=1}^{n}f(\xi_i,\eta_i)\Delta\sigma_i.$$

记 λ 为各小区域的直径的最大值,若

$$\lim_{\lambda\to 0}\sum_{i=1}^{n}f(\xi_i,\eta_i)\Delta\sigma_i$$

存在,且该极限值与区域的划分和点 (ξ_i,η_i) 的选取无关,则称函数 $f(x,y)$ 在区域 D 上**可积**,并将该极限值称为函数 $f(x,y)$ 在区域 D 上的**二重积分**,记为 $\iint\limits_{D}f(x,y)\mathrm{d}\sigma$,即

$$\iint\limits_{D}f(x,y)\mathrm{d}\sigma=\lim_{\lambda\to 0}\sum_{i=1}^{n}f(\xi_i,\eta_i)\Delta\sigma_i,$$

其中,$f(x,y)$ 称为**被积函数**,$f(x,y)\mathrm{d}\sigma$ 称为**被积表达式**,$\mathrm{d}\sigma$ 称为**面积元素**,x 与 y 称为**积分变量**,D 称为**积分区域**,$\sum_{i=1}^{n}f(\xi_i,\eta_i)\Delta\sigma_i$ 称为**积分和**.

因为二重积分的值与区域 D 的划分无关,为了方便计算,在直角坐标系下,可以用平行于两坐标轴的直网线来划分区域 D(见图7.1.6),即除了包含边界点的一些小区域外,其余小区域都是矩形区域. 设矩形区域 $\Delta\sigma_i$ 的边长分别为 Δx_i 和 Δy_i,则 $\Delta\sigma_i=\Delta x_i\Delta y_i$. 因此,在直角坐标系下,有时也把面积元素 $\mathrm{d}\sigma$ 记作 $\mathrm{d}x\mathrm{d}y$,二重积分可表示为

$$\iint\limits_{D}f(x,y)\mathrm{d}\sigma=\iint\limits_{D}f(x,y)\mathrm{d}x\mathrm{d}y.$$

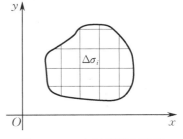

图 7.1.6　直网线划分区域

3. 二重积分的几何意义

当 $f(x,y) \geqslant 0$ 时, $\displaystyle\iint\limits_{D} f(x,y)\mathrm{d}\sigma$ 表示以区域 D 为底、曲面 $z=f(x,y)$ 为顶的曲顶柱体的体积;当 $f(x,y) < 0$ 时, $\displaystyle\iint\limits_{D} f(x,y)\mathrm{d}\sigma$ 表示以区域 D 为底、曲面 $z=f(x,y)$ 为顶的曲顶柱体的体积的负值;当 $f(x,y)$ 在区域 D 上既有大于零又有小于零的值时,把在 xOy 平面上方的曲顶柱体的体积取为正值,在 xOy 平面下方的曲顶柱体的体积取为负值,则 $\displaystyle\iint\limits_{D} f(x,y)\mathrm{d}\sigma$ 就表示这些曲顶柱体体积的代数和,即表示 xOy 平面上方的柱体体积减去 xOy 平面下方的柱体体积.

二、二重积分的性质

二重积分与定积分有类似的性质,现叙述如下.

性质 1 设 C 为常数,则 $\displaystyle\iint\limits_{D} Cf(x,y)\mathrm{d}\sigma = C\iint\limits_{D} f(x,y)\mathrm{d}\sigma$.

性质 2 $\displaystyle\iint\limits_{D}[f(x,y) \pm g(x,y)]\mathrm{d}\sigma = \iint\limits_{D} f(x,y)\mathrm{d}\sigma \pm \iint\limits_{D} g(x,y)\mathrm{d}\sigma$.

性质 1 和性质 2 称为二重积分的**线性性质**.

性质 3 $\displaystyle\iint\limits_{D} 1\mathrm{d}\sigma = S$,其中, S 为区域 D 的面积.

由二重积分的几何意义可知,性质 3 表明以 D 为底、1 为高的平顶柱体的体积在数值上等于柱体的底面积.

性质 4(区域可加性) $\displaystyle\iint\limits_{D} f(x,y)\mathrm{d}\sigma = \iint\limits_{D_1} f(x,y)\mathrm{d}\sigma + \iint\limits_{D_2} f(x,y)\mathrm{d}\sigma$,其中, $D = D_1 + D_2$.

性质 5(保号性) 若在闭区域 D 上有 $f(x,y) \leqslant g(x,y)$,则

$$\iint\limits_{D} f(x,y)\mathrm{d}\sigma \leqslant \iint\limits_{D} g(x,y)\mathrm{d}\sigma.$$

由性质 5 和二重积分的几何意义可知,

$$\left| \iint\limits_{D} f(x,y)\mathrm{d}\sigma \right| \leqslant \iint\limits_{D} |f(x,y)|\mathrm{d}\sigma.$$

性质 6(二重积分的估值不等式) 记 M 和 m 分别为函数 $f(x,y)$ 在闭区域 D 上的最大值和最小值, S 为 D 的面积,则

$$mS \leqslant \iint\limits_{D} f(x,y)\,\mathrm{d}\sigma \leqslant MS.$$

性质 7(二重积分的中值定理) 设函数 $f(x,y)$ 在闭区域 D 上连续, S 为 D 的面积,则在 D 上至少存在一点 (ξ,η),使得

$$\iint\limits_{D} f(x,y)\,\mathrm{d}\sigma = f(\xi,\eta)S.$$

性质7表明在闭区域 D 上,以曲面 $z=f(x,y)$ 为顶的曲顶柱体的体积等于以 D 内某一点 (ξ,η) 处的函数值 $f(\xi,\eta)$ 为高的平顶柱体的体积.

例 7.1.1 设积分区域 D 是由半径为 4 的圆所围成的,求二重积分 $\iint\limits_{D} 5\mathrm{d}\sigma$.

解 显然,积分区域 D 的面积为 $S=16\pi$,由二重积分的性质可知,

$$\iint\limits_{D} 5\mathrm{d}\sigma = 5\iint\limits_{D} 1\mathrm{d}\sigma = 5S = 5 \times 16\pi = 80\pi.$$

例 7.1.2 比较二重积分 $\iint\limits_{D}(x+y)\mathrm{d}\sigma$ 与 $\iint\limits_{D}(x+y)^2\mathrm{d}\sigma$ 的大小,其中,积分区域 D 是由 x 轴、y 轴和直线 $x+y=1$ 所围成的(见图 7.1.7).

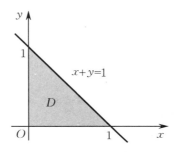

图 7.1.7 例 7.1.2 的示意图

解 显然,在积分区域 D 上,$0 \leqslant x+y \leqslant 1$,所以 $x+y \geqslant (x+y)^2$,因此

$$\iint\limits_{D}(x+y)\mathrm{d}\sigma \geqslant \iint\limits_{D}(x+y)^2\mathrm{d}\sigma.$$

例 7.1.3 估计二重积分 $I=\iint\limits_{D}(x^2+y^2)\mathrm{d}\sigma$ 的值,其中,积分区域 $D=\{(x,y)\,|\,0 \leqslant x \leqslant 1, 0 \leqslant y \leqslant 2\}$.

解 因为积分区域 D 的面积为 $S=1 \times 2=2$,且在 D 上函数 $f(x,y)=x^2+y^2$ 的最大值和最小值分别为

$$M=1^2+2^2=5, \quad m=0^2+0^2=0,$$

所以

$$0 \times 2 \leqslant I \leqslant 5 \times 2, \quad 即 \quad 0 \leqslant I \leqslant 10.$$

习 题 7.1

1. 比较下列二重积分的大小:

(1) $I_1=\iint\limits_{D}\ln(x+y)\mathrm{d}\sigma$ 与 $I_2=\iint\limits_{D}\ln^2(x+y)\mathrm{d}\sigma$,其中,积分区域 D 是由直线 $x=1, x+y=2$ 和 x 轴所围成的;

(2) $I_1 = \iint\limits_{D} (x+y)^2 \mathrm{d}\sigma$ 与 $I_2 = \iint\limits_{D} (x+y)^3 \mathrm{d}\sigma$,其中,积分区域 D 是由圆 $\left(x - \dfrac{1}{4}\right)^2 + \left(y - \dfrac{1}{4}\right)^2 = \dfrac{1}{8}$ 所围成的;

(3) $I_1 = \iint\limits_{D} 2^{x+y} \mathrm{d}\sigma$ 与 $I_2 = \iint\limits_{D} 3^{x+y} \mathrm{d}\sigma$,其中,积分区域 D 是由圆 $(x-2)^2 + (y-1)^2 = 2$ 所围成的;

(4) $I_1 = \iint\limits_{D_1} xy \mathrm{d}\sigma$ 与 $I_2 = \iint\limits_{D_2} xy \mathrm{d}\sigma$,其中,积分区域 $D_1 = \{(x,y) \mid x^2 + y^2 \leqslant 1\}$,$D_2 = \{(x,y) \mid |x| + |y| \leqslant 1\}$.

2. 估计下列二重积分的值:

(1) $I = \iint\limits_{D} \mathrm{e}^{x+y} \mathrm{d}\sigma$,其中,积分区域 D 是由圆 $(x-2)^2 + (y-1)^2 = 2$ 所围成的;

(2) $I = \iint\limits_{D} xy(x+y+1) \mathrm{d}\sigma$,其中,积分区域 $D = \{(x,y) \mid 0 \leqslant x \leqslant 1, 0 \leqslant y \leqslant 1\}$.

*3. 利用二重积分的定义证明 $\iint\limits_{D} \mathrm{d}\sigma = S$,其中,$S$ 为积分区域 D 的面积.

*4. 利用二重积分的性质证明不等式

$$1 \leqslant \iint\limits_{D} (\sin x^2 + \cos y^2) \mathrm{d}\sigma \leqslant \sqrt{2},$$

其中,积分区域 $D = \{(x,y) \mid 0 \leqslant x \leqslant 1, 0 \leqslant y \leqslant 1\}$.

§7.2　二重积分的计算方法

类似于定积分,由定义计算二重积分是很困难的. 本节讨论二重积分的计算方法,其基本思想是将二重积分化为二次积分.

下面主要介绍直角坐标系下二重积分的计算方法.

在具体讨论二重积分的计算方法之前,先介绍 X-型区域和 Y-型区域的概念.

(1) X-型区域:$D = \{(x,y) \mid a \leqslant x \leqslant b, \varphi_1(x) \leqslant y \leqslant \varphi_2(x)\}$,其中,$\varphi_1(x)$,$\varphi_2(x)$ 在区间 $[a,b]$ 上连续. 这种区域的特点是平面图形的上、下边是曲边,左、右边平行于 y 轴(或者为一个点). 用一条平行于 y 轴的直线滑过区域,该直线与区域的上、下边界分别只有一个交点(当上、下边界重合时只有一个交点). 这种区域也称为**上下结构**的区域(见图 7.2.1).

(2) Y-型区域:$D = \{(x,y) \mid c \leqslant y \leqslant d, \psi_1(y) \leqslant x \leqslant \psi_2(y)\}$,其中,$\psi_1(y)$,$\psi_2(y)$ 在区间 $[c,d]$ 上连续. 这种区域的特点是平面图形的左、右边是曲边,上、下边平行于 x 轴(或者为一个点). 用一条平行于 x 轴的直线滑过区域,该直线与区域的左、右边界分别只有一个交点(当左、右边界重合时只有一个交点). 这种区域也称为**左右结构**的区域(见图 7.2.2).

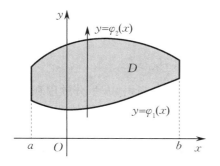

图 7.2.1　X-型区域

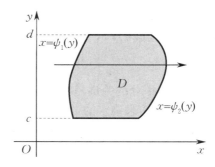

图 7.2.2　Y-型区域

假定函数 $z=f(x,y)\geqslant 0$,且积分区域为 X-型区域:

$$D=\{(x,y)\mid a\leqslant x\leqslant b,\varphi_1(x)\leqslant y\leqslant\varphi_2(x)\},$$

其中,$\varphi_1(x),\varphi_2(x)$ 在区间 $[a,b]$ 上连续. 根据二重积分的几何意义可知,二重积分 $\displaystyle\iint\limits_D f(x,y)\mathrm{d}\sigma$ 的值等于以积分区域 D 为底、曲面 $z=f(x,y)$ 为顶的曲顶柱体的体积.下面通过计算曲顶柱体的体积来寻求二重积分的计算方法.

对于任意取定的 $x\in[a,b]$,在点 x 处用平行于 yOz 平面的平面去截该曲顶柱体,如图 7.2.3 所示.首先计算所得截面的面积. 该截面是一个以区间 $[\varphi_1(x),\varphi_2(x)]$ 为底的曲边梯形,其中,x 是区间 $[a,b]$ 上的任一点. 由定积分在平面图形面积中的应用可知,该截面的面积为

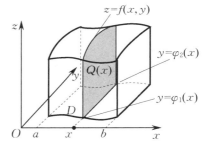

平行截面面积
已知的立体体积

$$Q(x)=\int_{\varphi_1(x)}^{\varphi_2(x)}f(x,y)\,\mathrm{d}y.$$

再由定积分在平行截面面积已知的立体体积中的应用可知,曲顶柱体的体积为

$$\iint\limits_D f(x,y)\,\mathrm{d}\sigma=\int_a^b Q(x)\,\mathrm{d}x=\int_a^b\left[\int_{\varphi_1(x)}^{\varphi_2(x)}f(x,y)\,\mathrm{d}y\right]\mathrm{d}x,$$

上述公式通常记为

$$\iint\limits_D f(x,y)\,\mathrm{d}\sigma=\int_a^b\mathrm{d}x\int_{\varphi_1(x)}^{\varphi_2(x)}f(x,y)\,\mathrm{d}y.\tag{7.2.1}$$

图 7.2.3　平行截面面积已知的立体体积

注意	当 $f(x,y)<0$ 时,式(7.2.1) 仍然成立.

式(7.2.1) 的积分区域为 X-型区域,积分顺序是先对 y 后对 x 的二次积分.类似地,若积分区域为 Y-型区域:

$$D=\{(x,y)\mid c\leqslant y\leqslant d,\psi_1(y)\leqslant x\leqslant\psi_2(y)\},$$

则积分顺序是先对 x 后对 y 的二次积分,即

$$\iint\limits_D f(x,y)\,\mathrm{d}\sigma=\int_c^d\mathrm{d}y\int_{\psi_1(y)}^{\psi_2(y)}f(x,y)\mathrm{d}x.\tag{7.2.2}$$

若积分区域 D 既不是 X-型区域,也不是 Y-型区域,则先把它分割成若干块 X-型区域或 Y-型区域,然后在每块区域上应用式(7.2.1) 或(7.2.2),再利用二重积分的区域可加性即可计算出所给二重积分.

若积分区域 D 既可写成 X-型区域 $D = \{(x,y) \mid a \leqslant x \leqslant b, \varphi_1(x) \leqslant y \leqslant \varphi_2(x)\}$,也可写成 Y-型区域 $D = \{(x,y) \mid c \leqslant y \leqslant d, \psi_1(y) \leqslant x \leqslant \psi_2(y)\}$,则

$$\int_a^b \mathrm{d}x \int_{\varphi_1(x)}^{\varphi_2(x)} f(x,y) \mathrm{d}y = \int_c^d \mathrm{d}y \int_{\psi_1(y)}^{\psi_2(y)} f(x,y) \mathrm{d}x.$$

计算二重积分的关键是将二重积分化为二次积分. 由上述分析可知,积分顺序和积分限是根据积分区域 D 来确定的,因此,在计算二重积分时,可以先画出积分区域的图形,然后根据积分区域的类型确定积分顺序和积分限.

一般地,若积分区域 D 是 X-型区域,则积分顺序是先对 y 后对 x 的二次积分,第一次积分的积分上、下限由下往上找,即将积分区域 D 的上、下边界的函数写成 x 的函数,下边界函数为积分下限,上边界函数为积分上限;第二次积分的积分上、下限由左往右找,即积分区域 D 的左边界的横坐标为积分下限,右边界的横坐标为积分上限. 若积分区域是 Y-型区域,则积分顺序是先对 x 后对 y 的二次积分,第一次积分的积分上、下限由左往右找,即将积分区域 D 的左、右边界的函数写成 y 的函数,左边界函数为积分下限,右边界函数为积分上限;第二次积分的积分上、下限由下往上找,即积分区域 D 的下边界的纵坐标为积分下限,上边界的纵坐标为积分上限.

例 7.2.1 求二重积分 $\iint\limits_D x^2 y \mathrm{d}\sigma$,其中,$D$ 是由直线 $y = x$,$y = 1$,$x = 2$ 所围成的闭区域.

解 方法 1 画出积分区域 D,此区域可看成 X-型区域[见图 7.2.4(a)],即

$$D = \{(x,y) \mid 1 \leqslant x \leqslant 2, 1 \leqslant y \leqslant x\},$$

故

$$\iint\limits_D x^2 y \mathrm{d}\sigma = \int_1^2 \mathrm{d}x \int_1^x x^2 y \mathrm{d}y = \int_1^2 \frac{x^2 y^2}{2} \bigg|_1^x \mathrm{d}x$$

$$= \int_1^2 \left(\frac{x^4}{2} - \frac{x^2}{2} \right) \mathrm{d}x = \left(\frac{x^5}{10} - \frac{x^3}{6} \right) \bigg|_1^2 = \frac{29}{15}.$$

方法 2 画出积分区域 D,此区域可看成 Y-型区域[见图 7.2.4(b)],即

$$D = \{(x,y) \mid 1 \leqslant y \leqslant 2, y \leqslant x \leqslant 2\},$$

故

$$\iint\limits_D x^2 y \mathrm{d}\sigma = \int_1^2 \mathrm{d}y \int_y^2 x^2 y \mathrm{d}x = \int_1^2 \frac{x^3 y}{3} \bigg|_y^2 \mathrm{d}y$$

$$= \int_1^2 \left(\frac{8y}{3} - \frac{y^4}{3} \right) \mathrm{d}y = \left(\frac{8y^2}{6} - \frac{y^5}{15} \right) \bigg|_1^2 = \frac{29}{15}.$$

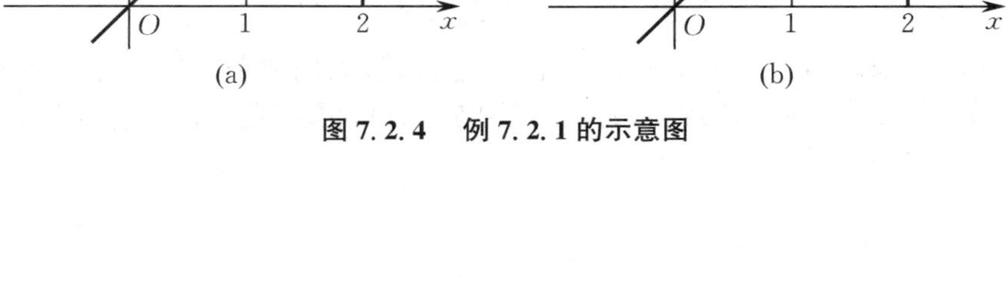

图 7.2.4 例 7.2.1 的示意图

例 7.2.2 求二重积分 $\iint\limits_{D} 2xy\,\mathrm{d}\sigma$，其中，$D$ 是由直线 $y=x+2$ 及抛物线 $y=x^2$ 所围成的闭区域.

解 方法1 画出积分区域 D，将 D 看成 X-型区域[见图 7.2.5(a)]，联立方程组

$$\begin{cases} y=x^2, \\ y=x+2, \end{cases}$$

解得交点坐标分别为 $(-1,1)$，$(2,4)$，则

$$D=\{(x,y)\mid -1\leqslant x\leqslant 2, x^2\leqslant y\leqslant x+2\}.$$

于是

$$\iint\limits_{D} 2xy\,\mathrm{d}\sigma=\int_{-1}^{2}\mathrm{d}x\int_{x^2}^{x+2}2xy\,\mathrm{d}y=\int_{-1}^{2}xy^2\Big|_{x^2}^{x+2}\mathrm{d}x=\int_{-1}^{2}(-x^5+x^3+4x^2+4x)\,\mathrm{d}x$$

$$=\left(-\frac{x^6}{6}+\frac{x^4}{4}+\frac{4}{3}x^3+2x^2\right)\Big|_{-1}^{2}=\frac{45}{4}.$$

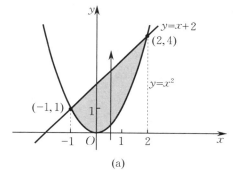
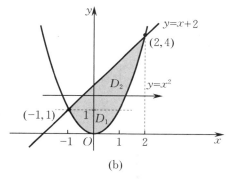

(a)　　　　　　　　　　(b)

图 7.2.5 例 7.2.2 的示意图

方法2 画出积分区域 D，将 D 看成 Y-型区域[见图 7.2.5(b)]，则将 D 分成两块区域 D_1, D_2，其中，

$$D_1=\{(x,y)\mid 0\leqslant y\leqslant 1, -\sqrt{y}\leqslant x\leqslant\sqrt{y}\},$$
$$D_2=\{(x,y)\mid 1\leqslant y\leqslant 4, y-2\leqslant x\leqslant\sqrt{y}\}.$$

于是

$$\iint\limits_{D_1} 2xy\,\mathrm{d}\sigma=\int_{0}^{1}\mathrm{d}y\int_{-\sqrt{y}}^{\sqrt{y}}2xy\,\mathrm{d}x=\int_{0}^{1}yx^2\Big|_{-\sqrt{y}}^{\sqrt{y}}\mathrm{d}y=0,$$

$$\iint\limits_{D_2} 2xy\,\mathrm{d}\sigma=\int_{1}^{4}\mathrm{d}y\int_{y-2}^{\sqrt{y}}2xy\,\mathrm{d}x=\int_{1}^{4}yx^2\Big|_{y-2}^{\sqrt{y}}\mathrm{d}y$$

$$=\int_{1}^{4}(-y^3+5y^2-4y)\,\mathrm{d}y=\left(-\frac{y^4}{4}+\frac{5y^3}{3}-2y^2\right)\Big|_{1}^{4}=\frac{45}{4},$$

故

$$\iint\limits_{D} 2xy\,\mathrm{d}\sigma=\iint\limits_{D_1} 2xy\,\mathrm{d}\sigma+\iint\limits_{D_2} 2xy\,\mathrm{d}\sigma=0+\frac{45}{4}=\frac{45}{4}.$$

由例 7.2.2 可知，将二重积分化为二次积分时需要选择恰当的积分顺序，一般遵循如下原则：

（1）积分要容易计算；

（2）积分区域尽量不分块或少分块.

对于给定的二次积分，如果计算烦琐，甚至无法计算出结果，那么可以通过交换二次积分的积分顺序来简化计算. 一般地，交换给定的二次积分的积分顺序的步骤如下：

（1）根据给定的二次积分的积分限，画出对应二重积分的积分区域 D；

（2）根据积分区域 D 的形状，按新的积分顺序确定积分限；

（3）写出结果.

例如，交换二次积分 $\int_a^b \mathrm{d}x \int_{\varphi_1(x)}^{\varphi_2(x)} f(x,y)\mathrm{d}y$ 的积分顺序的步骤如下：

（1）根据其积分限

$$a \leqslant x \leqslant b, \quad \varphi_1(x) \leqslant y \leqslant \varphi_2(x),$$

分别令 $x=a,x=b,y=\varphi_1(x),y=\varphi_2(x)$，在同一直角坐标系下画出它们的图形，由这四条曲线所围成的闭区域即为二次积分对应的二重积分的积分区域 D；

（2）根据积分区域 D 的形状，按新的积分顺序确定积分限为

$$c \leqslant y \leqslant d, \quad \psi_1(y) \leqslant x \leqslant \psi_2(y);$$

（3）写出结果

$$\int_a^b \mathrm{d}x \int_{\varphi_1(x)}^{\varphi_2(x)} f(x,y)\mathrm{d}y = \int_c^d \mathrm{d}y \int_{\psi_1(y)}^{\psi_2(y)} f(x,y)\mathrm{d}x.$$

例 7.2.3 交换二次积分 $\int_0^1 \mathrm{d}x \int_{x^2}^{\sqrt{x}} f(x,y)\mathrm{d}y$ 的积分顺序.

解 依题意可知，题设二次积分的积分限为

$$0 \leqslant x \leqslant 1, \quad x^2 \leqslant y \leqslant \sqrt{x},$$

分别令 $x=0,x=1,y=x^2,y=\sqrt{x}$，在同一直角坐标系下画出它们的图形，由这四条曲线所围成的闭区域即为题设二次积分对应的二重积分的积分区域 D，如图 7.2.6 所示. 重新确定积分限为

$$0 \leqslant y \leqslant 1, \quad y^2 \leqslant x \leqslant \sqrt{y},$$

所以

$$\int_0^1 \mathrm{d}x \int_{x^2}^{\sqrt{x}} f(x,y)\mathrm{d}y = \int_0^1 \mathrm{d}y \int_{y^2}^{\sqrt{y}} f(x,y)\mathrm{d}x.$$

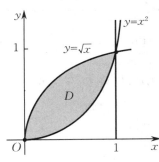

图 7.2.6 例 7.2.3 的示意图

例 7.2.4 交换二次积分

$$I = \int_2^4 \mathrm{d}x \int_2^x f(x,y)\mathrm{d}y + \int_4^6 \mathrm{d}x \int_{x-2}^4 f(x,y)\mathrm{d}y$$

的积分顺序.

解 依题意可知，题设二次积分的积分限为

$$2 \leqslant x \leqslant 4, \quad 2 \leqslant y \leqslant x,$$
$$4 \leqslant x \leqslant 6, \quad x-2 \leqslant y \leqslant 4,$$

分别令 $x=2,x=4,y=2,y=x$ 和 $x=4,x=6,y=x-2,y=4$，在同一直角坐标系下画出它们的图形，由这些曲线所围成的闭区域即为题设二次积分对应的二重

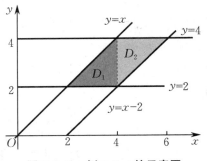

图 7.2.7 例 7.2.4 的示意图

积分的积分区域 $D = D_1 \bigcup D_2$,如图 7.2.7 所示.重新确定积分限为

$$2 \leqslant y \leqslant 4, \quad y \leqslant x \leqslant y+2,$$

所以

$$I = \int_2^4 \mathrm{d}y \int_y^{y+2} f(x,y)\mathrm{d}x.$$

极坐标系下二重
积分的计算方法

习 题 7.2

1.求下列二重积分:

(1) $\iint\limits_D xy\mathrm{d}\sigma$,其中,$D$ 是由直线 $y = x, y = 1, x = 2$ 所围成的有界闭区域;

(2) $\iint\limits_D (x^2 + y)\mathrm{d}\sigma$,其中,$D$ 是由抛物线 $x^2 = y$ 与 $y^2 = x$ 所围成的有界闭区域;

(3) $\iint\limits_D xy\mathrm{d}\sigma$,其中,$D$ 是由直线 $y = x - 2$ 和抛物线 $y^2 = x$ 所围成的有界闭区域;

(4) $\iint\limits_D e^{x+y}\mathrm{d}\sigma$,其中,$D$ 是由直线 $x = 0, x = 1, y = 0, y = 1$ 所围成的有界闭区域;

(5) $\iint\limits_D x^2 y\mathrm{d}\sigma$,其中,$D$ 是由直线 $x = 0, y = 0$ 与圆 $x^2 + y^2 = 1$ 所围成的位于第一象限的有界闭区域;

(6) $\iint\limits_D (y - 2x)\mathrm{d}\sigma$,其中,$D$ 是由直线 $y = 1, 2x - y + 3 = 0, x + y - 3 = 0$ 所围成的有界闭区域;

(7) $\iint\limits_D xy\mathrm{d}\sigma$,其中,$D$ 是由曲线 $y = x^2, y = 4x - x^2$ 所围成的有界闭区域;

(8) $\iint\limits_D x\mathrm{d}\sigma$,其中,$D$ 是以 $(0,0), (1,2), (2,1)$ 为顶点的三角形闭区域;

(9) $\iint\limits_D (x^2 + y)\mathrm{d}\sigma$,其中,$D$ 是由直线 $x = 0, x = 2, y = 0, y = 1$ 所围成的有界闭区域;

(10) $\iint\limits_D (3x + 2y)\mathrm{d}\sigma$,其中,$D$ 是由直线 $x = 0, y = 0, x + y = 2$ 所围成的有界闭区域;

(11) $\iint\limits_D x^2 y\mathrm{d}\sigma$,其中,$D$ 是由直线 $x = 1, y = 0, y = x$ 所围成的有界闭区域;

(12) $\iint\limits_D x^2 e^{-y^2}\mathrm{d}\sigma$,其中,$D$ 是以 $(0,0), (1,1), (0,1)$ 为顶点的三角形闭区域.

2.交换下列二次积分的积分顺序:

(1) $\int_0^1 \mathrm{d}x \int_0^{1-x} f(x,y)\mathrm{d}y$;

(2) $\int_0^1 \mathrm{d}x \int_x^{\sqrt{x}} f(x,y)\mathrm{d}y$;

(3) $\int_0^1 \mathrm{d}y \int_0^y f(x,y)\mathrm{d}x$;

(4) $\int_0^2 \mathrm{d}y \int_0^{\sqrt{y}} f(x,y)\mathrm{d}x$;

(5) $\int_0^1 \mathrm{d}x \int_0^{2x} f(x,y)\mathrm{d}y + \int_1^3 \mathrm{d}x \int_0^{3-x} f(x,y)\mathrm{d}y$.

§7.3 二重积分的应用

二重积分在实际生活中有着广泛的应用,下面讨论二重积分在平均利润问题与计算土方量问题上的应用.

一、平均利润问题

例 7.3.1 对某电器商销售的两种型号的电视进行调查,发现销售第 Ⅰ 种型号的电视机 x 台、第 Ⅱ 种型号的电视机 y 台时的总利润为

$$L(x,y)=-(x-200)^2-(y-100)^2+5\,000(元).$$

现已知一周销售第 Ⅰ 种型号的电视机的数量在150至200台之间变化,销售第 Ⅱ 种型号的电视机的数量在80至100台之间变化,试求销售这两种型号的电视机一周的平均利润.

解 设销售这两种型号的电视机一周的平均利润为 $\overline{L}$,依题意可知

$$\overline{L}=\frac{1}{(200-150)\times(100-80)}\iint\limits_{D}L(x,y)\,\mathrm{d}x\mathrm{d}y$$

$$=\frac{1}{1\,000}\int_{150}^{200}\mathrm{d}x\int_{80}^{100}[-(x-200)^2-(y-100)^2+5\,000]\mathrm{d}y$$

$$=\frac{1}{1\,000}\int_{150}^{200}\left[-y(x-200)^2-\frac{1}{3}(y-100)^3+5\,000y\right]\Big|_{80}^{100}\mathrm{d}x$$

$$=\frac{1}{1\,000}\int_{150}^{200}\left[-20(x-200)^2-\frac{8\,000}{3}+100\,000\right]\mathrm{d}x$$

$$=\frac{1}{1\,000}\left[-\frac{20}{3}(x-200)^3+\frac{292\,000}{3}x\right]\Big|_{150}^{200}=\frac{12\,100}{3},$$

即销售这两种型号的电视机一周的平均利润为 $\dfrac{12\,100}{3}$ 元.

二、计算土方量问题

例 7.3.2 为助力乡村振兴,政府相关部门特地修建一条穿过某座山坡的公路,要在该山坡中开辟出一条长400 m、宽20 m 的通道.据测量,以公路出发点一侧为坐标原点,往出发点另一侧方向为 x 轴($0\leqslant x\leqslant20$),往公路延伸方向为 y 轴($0\leqslant y\leqslant400$),山坡的高度为 $z=3x^2+y(\mathrm{m})$.试计算需要挖出的土方量.

解 设需要挖出的土方量(单位:m^3)为 I,依题意可知

$$I=\iint\limits_{D}z\mathrm{d}\sigma=\int_{0}^{400}\mathrm{d}y\int_{0}^{20}(3x^2+y)\,\mathrm{d}x$$

$$=\int_{0}^{400}(x^3+xy)\Big|_{0}^{20}\mathrm{d}y=\int_{0}^{400}(8\,000+20y)\,\mathrm{d}y$$

$$=(8\,000y+10y^2)\Big|_{0}^{400}=4\,800\,000,$$

即需要挖出的土方量为 $4\,800\,000\ \text{m}^3$.

习　题　7.3

1.某工厂生产 A,B 两种电子产品,其售价分别为 $1\,000$ 元 / 件和 900 元 / 件.由以往的经验可知,生产 x 件 A 产品和生产 y 件 B 产品的总成本为
$$C(x) = 40\,000 + 200x + 300y + 3x^2 + 3y^2 + xy(\text{元}),$$
一周内销售 A 产品的件数在 100 至 150 之间,一周内销售 B 产品的件数在 70 至 90 之间.试求一周内销售这两种产品的平均利润.

2.为修建高速公路,要在一山坡中开辟出一条长 300 m、宽 20 m 的通道.据测量,以公路出发点一侧为坐标原点,往出发点另一侧方向为 x 轴($0 \leqslant x \leqslant 20$),往公路延伸方向为 y 轴($0 \leqslant y \leqslant 300$),山坡的高度为 $z = xy(\text{m})$.试计算需要挖出的土方量.

§7.4　MATLAB 在二重积分计算中的应用

和定积分计算一样,利用 MATLAB 计算二重积分,输出结果有符号解和数值解两种.本节主要介绍利用 int 和 integral2 两个命令计算二重积分的方法.其中,利用 int 命令计算二重积分,需要先将二重积分化为二次积分,然后利用两次 int 命令计算出积分结果,并且输出的结果是符号解;利用 integral2 命令计算二重积分,只需要知道积分区域,不必将二重积分化为二次积分就可以直接计算出积分值,并且输出的结果是数值解.

一、利用 int 命令计算二重积分

根据 §7.2 的介绍可知,计算二重积分的基本思想是将二重积分转化为二次积分,然后利用定积分的计算方法进行计算,因此,在 MATLAB 中只需使用 int 命令即可计算二重积分.

求二重积分的基本命令如表 7.4.1 所示.

表 7.4.1　利用 int 命令计算二重积分

命令	功能
syms x y	定义符号变量 x,y
int(int(f,y,y1(x),y2(x)),x,a,b)	求 $\int_a^b \left[\int_{y_1(x)}^{y_2(x)} f(x,y)\,\mathrm{d}y \right] \mathrm{d}x$
int(int(f,x,x1(y),x2(y)),y,c,d)	求 $\int_c^d \left[\int_{x_1(y)}^{x_2(y)} f(x,y)\,\mathrm{d}x \right] \mathrm{d}y$
double	将符号解化为数值解
fplot(f)	绘制函数 f 的图形
fimplicit(F(x,y))	绘制隐函数 $F(x,y) = 0$ 的图形

命令	功能
xlabel('x')	为图形添加 x 轴说明
ylabel('y')	为图形添加 y 轴说明

例 7.4.1 计算二重积分 $\iint\limits_{D} \dfrac{xy}{1+xy} \mathrm{d}x\,\mathrm{d}y$，其中，$D = \{(x,y) \mid 0 \leqslant x \leqslant 1, 0 \leqslant y \leqslant 1\}$.

解 积分区域 D 是矩形区域，可自由选择积分顺序.

方法 1 ［MATLAB 操作命令］

```
syms x y                              %定义符号变量 x, y
int(int((x* y)/(1+x* y),x,0,1),y,0,1)  %按先对 x 后对 y 的积分顺序进行计算
```

［MATLAB 输出结果］

```
ans =
  1-pi^2/12
```

方法 2 ［MATLAB 操作命令］

```
syms x y
int(int((x* y)/(1+x* y),y,0,1),x,0,1)  %按先对 y 后对 x 的积分顺序进行计算
```

［MATLAB 输出结果］

```
ans =
  1-pi^2/12
```

方法 3 ［MATLAB 操作命令］

```
syms x y
double(int(int((x* y)/(1+x* y),y,0,1),x,0,1))  %将结果化为数值解
```

［MATLAB 输出结果］

```
ans =
  0.1775
```

例 7.4.2 计算二重积分 $\iint\limits_{D} \dfrac{\sin y}{y} \mathrm{d}x\,\mathrm{d}y$，其中，$D$ 是由抛物线 $y^2 = x$ 与直线 $y = x - 2$ 所围成的闭区域.

解 （1）绘制积分区域 D.

［MATLAB 操作命令］

```
syms x y
fimplicit(y^2-x);  %画出函数 y^2 = x 的图形
hold on;
```

```
fimplicit(y-x+2);      % 画出函数 y = x-2 的图形
xlabel('x');           % 为图形添加 x 轴说明
ylabel('y');           % 为图形添加 y 轴说明
```

〔MATLAB 输出结果〕

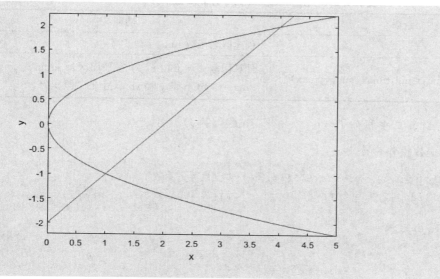

（2）计算二重积分.将 D 看成 Y-型区域,则 $D = \{(x,y) \mid -1 \leqslant y \leqslant 2, y^2 \leqslant x \leqslant y+2\}$.

〔MATLAB 操作命令〕

```
syms x y
x1 = y^2;
x2 = y+2;
int(int(sin(y)/y,x,x1,x2),y,-1,2)
```

〔MATLAB 输出结果〕

```
ans =
  2* sinint(1) +2* sinint(2) +2* cos(1) +cos(2) -sin(1) -sin(2)
```

〔MATLAB 操作命令〕

```
double(ans)     % 将结果化为数值解
```

〔MATLAB 输出结果〕

```
ans =
  4.0167
```

二、二重积分的数值计算

事实上,计算函数的原函数比较困难,且原函数可由初等函数表示的也不多,大部分可积

函数的原函数无法用初等函数表示,有些甚至无法用解析表达式表示.然而,在很多情况下,人们只需要数值解就可以解决相关问题.数值积分为我们提供了不依赖原函数求得函数积分的方法,方便工程技术人员获得问题的数值解(也称近似解).

integral2 命令计算二重积分的输出结果就是数值解,并且不必将二重积分化为二次积分,只要知道积分区域就可以直接计算出积分值,相关命令及功能如表 7.4.2 所示.

表 7.4.2　利用 integral2 命令计算二重积分

命令	功能
fun $=$ @(x,y)	创建匿名函数 fun
I $=$ integral2(fun,xmin,xmax,ymin,ymax)	计算函数 $z=\text{fun}(x,y)$ 在平面区域 $\text{xmin} \leqslant x \leqslant \text{xmax}$ 和 $\text{ymin} \leqslant y \leqslant \text{ymax}$ 上的二重积分

例 7.4.3　计算二重积分 $I=\int_{-1}^{1}\int_{-2}^{2}\mathrm{e}^{-x^2 y}\sin(x^2+y)\mathrm{d}x\,\mathrm{d}y$.

解　[MATLAB 操作命令]

```
fun = @(x,y) exp(-x.^2.*y.*sin(x.^2+y));      %创建匿名函数 fun
I = integral2(fun, -2,2,-1,1)                  %计算二重积分
```

[MATLAB 输出结果]

```
I =
  14.2339
```

例 7.4.4　计算函数 $f(x,y)=\dfrac{1}{\sqrt{x+y^2}(1+x+y)^3}$ 在 $0 \leqslant x \leqslant 2, x \leqslant y \leqslant 1+2x$

所表示的闭区域上的二重积分.

解　[MATLAB 操作命令]

```
fun = @(x,y) 1./(sqrt(x+y.^2).*(1+x+y).^3);   %创建匿名函数 fun
ymin = @(x) x;                                 %创建匿名函数 ymin
ymax = @(x) 1+2.*x;                            %创建匿名函数 ymax
I = integral2(fun,0,2,ymin,ymax)              %计算二重积分
```

[MATLAB 输出结果]

```
I =
  0.1960
```

习　题　7.4

1. 利用 MATLAB 计算二重积分 $\iint_D \dfrac{y}{x}\mathrm{d}x\,\mathrm{d}y$,其中,$D$ 是由直线 $y=2x, y=x, x=2, x=4$ 所围成的闭区域.

2. 利用 MATLAB 计算二重积分 $\iint\limits_{D} xy\,\mathrm{d}x\,\mathrm{d}y$，其中，$D$ 是由直线 $y=1,x=2,y=x$ 所围成的闭区域.

3. 利用 MATLAB 计算二重积分 $\iint\limits_{D} xy\,\mathrm{d}x\,\mathrm{d}y$，其中，$D$ 是由抛物线 $y^2=x$ 与直线 $y=x-2$ 所围成的闭区域.

4. 利用 MATLAB 计算二重积分 $\iint\limits_{D} \sin y^2\,\mathrm{d}x\,\mathrm{d}y$，其中，$D$ 是由直线 $y=x,y=1$ 及 y 轴所围成的闭区域.

5. 利用 MATLAB 计算二重积分 $\iint\limits_{D} (xy+x)\,\mathrm{d}x\,\mathrm{d}y$，其中，$D$ 是由曲线 $y=x^2$ 与 $y=4x-x^2$ 所围成的闭区域.

6. 利用 MATLAB 计算二重积分 $\iint\limits_{D} x^2\mathrm{e}^{-y^2}\,\mathrm{d}x\,\mathrm{d}y$，其中，$D$ 是以 $(0,0),(1,1),(0,1)$ 为顶点的三角形闭区域.

7. 利用 MATLAB 计算二重积分 $\iint\limits_{D} \dfrac{x}{y+1}\,\mathrm{d}x\,\mathrm{d}y$，其中，$D$ 是由曲线 $y=x^2+1$ 与直线 $y=2x,x=0$ 所围成的闭区域.

 数学文化欣赏

笛卡儿 —— 近代数学的奠基人

笛卡儿(Descartes)是法国著名的数学家、哲学家、物理学家. 他引入了坐标的概念，并将几何坐标体系公式化而被称为解析几何之父. 他在哲学和物理学方面也做出了很大贡献，是欧洲近代哲学的奠基人之一，被黑格尔(Hegel)称为"现代哲学之父". 他的力学宇宙观、对科研的积极态度、在科学中强调使用数学、提倡在初期采取怀疑主义、重视认识论等五个观念对欧洲思想有非常重大的影响. 他在科学界和哲学界的影响巨大，被誉为"近代科学的始祖".

笛卡儿家境富裕，受过良好的教育，服过兵役，有广泛的游历，视野开阔，在数学、物理学、天文学、气象学、哲学及其他几个学科领域内都独立从事过重要研究. 他认为除了数学外，任何其他领域的知识都并非是无懈可击的. 他对数学最重要的贡献是创立了解析几何，引入了坐标系及线段的运算概念，成功地运用代数的方法来研究几何问题，很好地把几何学和代数联系到一起，突破了传统的数学框架，具有划时代的科学意义. 笛卡儿在其著作《几何学》中证明了几何问题可以归结成代数问题，从而通过代数转换来发现、证明几何性质. 恩格斯(Engels)对《几何学》的历史价值赞誉道："数学中的转折点是笛卡儿的变数." 此外，笛卡儿还引入了很多数学符号，包括已知数 a,b,c、未知数 x,y,z 及指数的表示方法等.

笛卡儿在数学上的成就促进了微积分的诞生，为后人研究微积分打下了坚实的基础. 他敢于怀疑、勤于学习、乐于研究、善于发现、勇于创新的精神值得我们学习.

总 习 题 7

一、单选题

1. 设 $I_1 = \iint\limits_D \cos\sqrt{x^2+y^2}\,\mathrm{d}\sigma$，$I_2 = \iint\limits_D \cos(x^2+y^2)\,\mathrm{d}\sigma$，$I_3 = \iint\limits_D \cos(x^2+y^2)^2\,\mathrm{d}\sigma$，其中，闭区域 $D = \{(x,y)\,|\,x^2+y^2 \leqslant 1\}$，则（　　）.

A. $I_3 > I_2 > I_1$　　　B. $I_1 > I_2 > I_3$　　　C. $I_2 > I_1 > I_3$　　　D. $I_3 > I_1 > I_2$

2. 设闭区域 D_k 是圆形区域 $D = \{(x,y)\,|\,x^2+y^2 \leqslant 1\}$ 位于第 $k(k=1,2,3,4)$ 象限的部分，记 $I_k = \iint\limits_{D_k}(y-x)\,\mathrm{d}\sigma$，则（　　）.

A. $I_1 > 0$　　　　　B. $I_2 > 0$　　　　　C. $I_3 > 0$　　　　　D. $I_4 > 0$

二、填空题

1. 设闭区域 $D = \{(x,y)\,|\,0 \leqslant x \leqslant 1, 0 \leqslant y \leqslant 1\}$，则 $\iint\limits_D \mathrm{e}^{x+y}\,\mathrm{d}x\,\mathrm{d}y =$ _____.

2. 设闭区域 $D = \{(x,y)\,|\,1 \leqslant x \leqslant 2, 1 \leqslant y \leqslant x\}$，则 $\iint\limits_D xy\,\mathrm{d}x\,\mathrm{d}y =$ _____.

三、计算题

1. 计算下列二重积分：

(1) $\iint\limits_D (x+y)\,\mathrm{d}\sigma$，其中，$D$ 是由直线 $y=x$，$y=1$，$x=2$ 所围成的闭区域；

(2) $\iint\limits_D (x+y^2)\,\mathrm{d}\sigma$，其中，$D$ 是由抛物线 $x^2=y$ 与 $y^2=x$ 所围成的闭区域；

(3) $\iint\limits_D (x^3+3x^2y+y^3)\,\mathrm{d}\sigma$，其中，闭区域 $D = \{(x,y)\,|\,0 \leqslant x \leqslant 1, 0 \leqslant y \leqslant 1\}$；

(4) $\iint\limits_D xy\,\mathrm{d}\sigma$，其中，$D$ 是由直线 $y=x$，$y=-x$ 与抛物线 $y=2-x^2$ 所围成的在 x 轴上方的闭区域；

(5) $\iint\limits_D (\sin x + \cos y)\,\mathrm{d}\sigma$，其中，$D$ 是由直线 $x=\pi$，$y=\dfrac{\pi}{2}$ 及两坐标轴所围成的闭区域；

(6) $\iint\limits_D (x^2+y^2)\,\mathrm{d}\sigma$，其中，$D$ 是由直线 $y=x$，$y=x+1$，$y=1$，$y=3$ 所围成的闭区域；

(7) $\iint\limits_D (x^2-y^2)\,\mathrm{d}\sigma$，其中，闭区域 $D = \{(x,y)\,|\,0 \leqslant x \leqslant \pi, 0 \leqslant y \leqslant \sin x\}$.

2. 交换下列二次积分的积分顺序：

(1) $\int_{-1}^{0} \mathrm{d}y \int_{0}^{1+y} f(x,y)\,\mathrm{d}x$；

(2) $\int_{-1}^{2} \mathrm{d}x \int_{x^2+1}^{x+3} f(x,y)\,\mathrm{d}y$；

(3) $\int_{0}^{1} \mathrm{d}x \int_{0}^{\sqrt{2x-x^2}} f(x,y)\,\mathrm{d}y + \int_{1}^{2} \mathrm{d}x \int_{0}^{2-x} f(x,y)\,\mathrm{d}y$；

(4) $\int_{0}^{1} \mathrm{d}x \int_{x^2}^{2-x} f(x,y)\,\mathrm{d}y$；

(5) $\int_{0}^{1} \mathrm{d}x \int_{0}^{x} f(x,y)\,\mathrm{d}y + \int_{1}^{3} \mathrm{d}x \int_{0}^{\frac{3-x}{2}} f(x,y)\,\mathrm{d}y$.

第8章 微分方程初步

微积分的研究对象是函数关系，在实际问题中，不仅要研究变量之间的函数关系，还要研究这些变量与它们的导数或微分之间的联系.其中，研究这些变量与它们的导数或微分之间的联系可建立关于未知函数的导数或微分的方程，即微分方程.微分方程的应用十分广泛，主要用于解决与导数有关的问题.在物理学、化学、工程学、经济学、人口统计学等领域，很多问题都可以用微分方程进行求解.因此微分方程是解决实际问题和进行科学研究的强有力的工具.

本章主要介绍微分方程的基本概念和几种常见的微分方程的求解方法，并给出微分方程在某些领域应用的实际案例.

差之毫厘，谬以千里.

——《礼记·经解》

§8.1　微分方程的基本概念

一、引例

例 8.1.1　一曲线通过点 $(1,2)$，且在曲线上任一点 (x,y) 处的切线斜率为 $2x$，求该曲线的方程.

解　设所求曲线的方程为 $y=y(x)$，根据导数的几何意义可知，未知函数 $y=y(x)$ 应满足关系式

$$\frac{\mathrm{d}y}{\mathrm{d}x}=2x. \tag{8.1.1}$$

此外，未知函数 $y=y(x)$ 还应满足条件

$$y\Big|_{x=1}=2. \tag{8.1.2}$$

对式 (8.1.1) 等号两边同时积分，得

$$y=\int 2x\,\mathrm{d}x,\quad 即\quad y=x^2+C\quad （C 为任意常数）. \tag{8.1.3}$$

将条件 $y\Big|_{x=1}=2$ 代入式 (8.1.3)，得 $2=1^2+C$，即 $C=1$. 因此所求曲线的方程为

$$y=x^2+1.$$

例 8.1.2　一列车在平直线路上以 $20\ \mathrm{m/s}$ 的速度行驶，当制动时列车获得加速度 $-0.4\ \mathrm{m/s^2}$. 问：开始制动后多长时间列车才能停住？列车在这段时间内行驶了多少路程？

解　设列车在开始制动后 t s 时行驶了 s m，速度为 v m/s. 根据题意可知，反映制动阶段列车运动规律的函数 $s=s(t)$ 应满足关系式

$$\frac{\mathrm{d}^2 s}{\mathrm{d}t^2}=-0.4. \tag{8.1.4}$$

此外，未知函数 $s=s(t)$ 还应满足条件

$$s\Big|_{t=0}=0,\quad v\Big|_{t=0}=s'\Big|_{t=0}=20. \tag{8.1.5}$$

对式 (8.1.4) 等号两边同时积分，得

$$v=\frac{\mathrm{d}s}{\mathrm{d}t}=-0.4t+C_1, \tag{8.1.6}$$

对式 (8.1.6) 等号两边同时积分，得

$$s=-0.2t^2+C_1 t+C_2, \tag{8.1.7}$$

其中，C_1, C_2 为任意常数. 将条件 $v\Big|_{t=0}=s'\Big|_{t=0}=20$ 代入式 (8.1.6)，得 $C_1=20$，将条件 $s\Big|_{t=0}=0$ 代入式 (8.1.7)，得 $C_2=0$.

于是可得

$$v=-0.4t+20, \tag{8.1.8}$$

$$s = -0.2t^2 + 20t. \tag{8.1.9}$$

在式(8.1.8)中令 $v = 0$,得列车从开始制动到完全停住所需的时间为

$$t = \frac{20}{0.4} = 50(\text{s}).$$

再把 $t = 50$ 代入式(8.1.9),可以得到列车在制动阶段行驶的路程为

$$s = -0.2 \times 50^2 + 20 \times 50 = 500(\text{m}).$$

上述引例满足的关系式 $\frac{dy}{dx} = 2x$ 和 $\frac{d^2s}{dt^2} = -0.4$ 都含有未知函数的导数,我们把具有该特点的等式进行归类,引入微分方程的定义.

二、基本概念

定义 8.1.1 含有未知函数及其导数(或微分)的等式称为**微分方程**.

根据未知函数的类型可将微分方程分为两类:

(1) **常微分方程**:未知函数是一元函数的微分方程.

(2) **偏微分方程**:未知函数是多元函数的微分方程.

此外,根据未知函数及其导数的特点可将微分方程分为两类:如果一个微分方程中的未知函数及其各阶导数都是一次幂,则称其为**线性微分方程**;否则,称其为**非线性微分方程**.

例如,$y' = 2x$ 是常微分方程,$x\frac{\partial z}{\partial x} + y\frac{\partial z}{\partial y} = 0$ 是偏微分方程,$\frac{d^2y}{dx^2} + b\frac{dy}{dx} + cy = f(x)$ 是线性微分方程,$\left(\frac{dy}{dx}\right)^2 + x\frac{dy}{dx} + y = 0$ 是非线性微分方程.

在本书中,我们只讨论常微分方程,并把常微分方程简称为微分方程.

定义 8.1.2 微分方程中出现的未知函数的最高阶导数(或微分)的阶数称为微分方程的**阶**.

例如,$x(y')^3 + 4yy' - 3xy^5 = 0$ 是一阶微分方程,$y'' + y' - \cos x = 0$ 是二阶微分方程,$y^{(4)} + xy = e^x$ 是四阶微分方程.

定义 8.1.3 把函数代入微分方程中,若能使方程成为恒等式,则称这个函数为该微分方程的**解**.

例如,函数 $y = -x^2, y = -x^2 + 2, y = -x^2 + C(C$ 为任意常数) 都是微分方程 $y' + 2x = 0$ 的解;函数 $y = \sin x, y = \cos x, y = C_1\sin x + C_2\cos x(C_1, C_2$ 为任意常数) 都是微分方程 $y'' + y = 0$ 的解. 由此可知,微分方程的解可能含有任意常数,也可能不含有任意常数.下面根据微分方程的解是否含有任意常数给出不同形式的解的定义.

(1) 通解.若微分方程中含有相互独立的任意常数,且任意常数的个数与微分方程的阶数相等,则称此解为微分方程的**通解**.例如,函数 $y = C_1e^x + C_2e^{-x}(C_1, C_2$ 为任意常数) 是微分方程 $y'' - y = 0$ 的通解.

通解中任意常数的相互独立是指不能通过合并减少通解中任意常数的个数.另外,通解不一定包含微分方程的全部解.例如,函数 $y = \frac{1}{x+C}(C$ 为任意常数) 是微分方程 $y' + y^2 = 0$ 的通解,而函数 $y = 0$ 也是该微分方程的解,但 $y = 0$ 不包含在通解中.不包含在微分方程通解中的解称为**奇解**.此外,若函数 $y = \varphi(x)$ 是微分方程的通解,且该函数由关系式 $\psi(x, y) = 0$ 所确

定,则称 $\varphi(x,y)=0$ 为微分方程的**隐式通解**,函数 $y=\varphi(x)$ 称为**显式通解**.例如,$\ln|y|=x^2+C_1$(C_1 为任意常数)和 $y=Ce^{x^2}$(C 为任意常数)分别为微分方程 $\dfrac{\mathrm{d}y}{\mathrm{d}x}=2xy$ 的隐式通解和显式通解.

(2) 特解.微分方程的不含任意常数的解称为其**特解**.例如,函数 $y=e^x$ 是微分方程 $y''-y'=0$ 的特解.

定义 8.1.4 用来确定 n 阶微分方程通解中任意常数的条件

$$y\Big|_{x=x_0}=y_0,\quad y'\Big|_{x=x_0}=y'_0,\quad \cdots,\quad y^{(n-1)}\Big|_{x=x_0}=y_0^{(n-1)}$$

称为微分方程的**初始条件**,其中,$x_0,y_0,y'_0,\cdots,y_0^{(n-1)}$ 都是给定值.

特别地,求微分方程满足初始条件的特解的问题称为微分方程的**初值问题**.

求微分方程特解的步骤如下:

(1) 求出微分方程的通解;

(2) 根据实际情况给出确定通解中 n 个常数的条件(初始条件)

$$y\Big|_{x=x_0}=y_0,\quad y'\Big|_{x=x_0}=y'_0,\quad \cdots,\quad y^{(n-1)}\Big|_{x=x_0}=y_0^{(n-1)};$$

(3) 求出满足初始条件的微分方程的特解.

习　题　8.1

1.指出下列微分方程的阶数:

(1) $x\dfrac{\mathrm{d}^2y}{\mathrm{d}x^2}-2\left(\dfrac{\mathrm{d}y}{\mathrm{d}x}\right)^3+5xy=0$;

(2) $x\left(\dfrac{\mathrm{d}y}{\mathrm{d}x}\right)^2-2\dfrac{\mathrm{d}y}{\mathrm{d}x}+4x=0$;

(3) $xy'''+y^5y'-x^4y=0$;

(4) $x^2(y'')^4+(7x-6)y^{12}=0$.

2.指出下列给定函数是否是其对应微分方程的解:

(1) $\dfrac{\mathrm{d}y}{\mathrm{d}x}=x^2+2x,\ y=x^2+\dfrac{x^3}{3}$;

(2) $y'-y=0,\ y=Ce^x$(C 为任意常数);

(3) $y''-y'=0,\ y=\sin x+\cos x$;

(4) $y'+2y=10,\ y=5e^{-2x}+5$.

3.求曲线族 $x^2+Cy^2=1$ 满足的微分方程,其中,C 为任意常数.

4.设函数 $y=(x^2+C)\sin x$(C 为任意常数)是微分方程 $\dfrac{\mathrm{d}y}{\mathrm{d}x}-y\cot x-2x\sin x=0$ 的通解,求满足初始条件 $y\Big|_{x=\frac{\pi}{2}}=0$ 的特解.

§8.2　一阶微分方程

一阶微分方程的一般形式为

$$F(x, y, y') = 0,$$

其等价形式为

$$\frac{\mathrm{d}y}{\mathrm{d}x} = F(x, y) \quad \text{或} \quad P(x, y)\mathrm{d}x = Q(x, y)\mathrm{d}y. \tag{8.2.1}$$

本节主要介绍几种特殊类型的一阶微分方程的解法.

一、可分离变量的微分方程

形如

$$\frac{\mathrm{d}y}{\mathrm{d}x} = f(x)g(y) \tag{8.2.2}$$

的一阶微分方程称为**可分离变量的微分方程**.

求解可分离变量的微分方程的步骤如下：

(1) 设 $g(y) \neq 0$，分离变量，将方程(8.2.2)写成

$$\frac{\mathrm{d}y}{g(y)} = f(x)\mathrm{d}x.$$

(2) 对上式等号两边同时积分，得

$$\int \frac{\mathrm{d}y}{g(y)} = \int f(x)\,\mathrm{d}x.$$

记 $G(y)$ 和 $F(x)$ 分别为 $\dfrac{1}{g(y)}$ 和 $f(x)$ 的一个原函数，则 $G(y) = F(x) + C$（C 为任意常数）就是方程(8.2.2)的通解.

(3) 若存在常数 y_0，使得 $g(y_0) = 0$，则常数函数 $y = y_0$ 为方程(8.2.2)的特解. 若解出来的通解中不包含使 $g(y) = 0$ 的特解，则可扩大任意常数 C 的取值范围，将 $g(y) = 0$ 的特解包含在通解中.

例 8.2.1 求下列微分方程的通解：

(1) $\dfrac{\mathrm{d}y}{\mathrm{d}x} = 2xy$；　　　　　　　　　　(2) $\dfrac{\mathrm{d}y}{\mathrm{d}x} = -\dfrac{y}{x}$；

(3) $\dfrac{\mathrm{d}y}{\mathrm{d}x} = 1 + x + y^2 + xy^2$.

解 (1) 该方程为可分离变量的微分方程. 当 $y \neq 0$ 时，分离变量得

$$\frac{\mathrm{d}y}{y} = 2x\mathrm{d}x,$$

对上式等号两边同时积分，得

$$\int \frac{\mathrm{d}y}{y} = \int 2x\,\mathrm{d}x,$$

即

$$\ln|y| = x^2 + C_1.$$

故 $\ln|y| = x^2 + C_1$（C_1 为任意常数）为原微分方程的隐式通解，显然，$y = 0$ 是原微分方程的特解.

上述隐式通解可以显化，即对所得结果的等号两边同时取 e 指数，得

$$\mathrm{e}^{\ln|y|} = \mathrm{e}^{x^2 + C_1} = \mathrm{e}^{x^2}\mathrm{e}^{C_1}, \quad \text{即} \quad y = \pm \mathrm{e}^{C_1}\mathrm{e}^{x^2},$$

从而有

$$y = C\mathrm{e}^{x^2} \quad (C = \pm\mathrm{e}^{C_1} \text{ 为任意非零常数}).$$

又因为 $y=0$ 是原微分方程的特解,此时扩大 C 的取值范围,可将特解包含在通解中. 因此所求通解为

$$y = C\mathrm{e}^{x^2} \quad (C \text{ 为任意常数}).$$

(2) 该方程为可分离变量的微分方程. 当 $y \neq 0$ 时,分离变量得

$$\frac{\mathrm{d}y}{y} = -\frac{\mathrm{d}x}{x},$$

对上式等号两边同时积分,得

$$\int \frac{\mathrm{d}y}{y} = -\int \frac{\mathrm{d}x}{x},$$

即

$$\ln|y| = -\ln|x| + C.$$

故原微分方程的隐式通解为

$$\ln|y| = -\ln|x| + C \quad (C \text{ 为任意常数}),$$

显然,$y=0$ 是原微分方程的特解.

(3) 原微分方程可化为

$$\frac{\mathrm{d}y}{\mathrm{d}x} = (1+x)(1+y^2),$$

该方程为可分离变量的微分方程. 分离变量得

$$\frac{\mathrm{d}y}{1+y^2} = (1+x)\mathrm{d}x,$$

对上式等号两边同时积分,得

$$\int \frac{\mathrm{d}y}{1+y^2} = \int (1+x)\mathrm{d}x,$$

即

$$\arctan y = \frac{1}{2}x^2 + x + C.$$

故原微分方程的隐式通解为

$$\arctan y = \frac{1}{2}x^2 + x + C \quad (C \text{ 为任意常数}).$$

例 8.2.2 求微分方程 $\begin{cases} \dfrac{\mathrm{d}y}{\mathrm{d}x} = \mathrm{e}^{x-y} \\ y\big|_{x=0} = 0 \end{cases}$ 的特解.

解 原微分方程可化为

$$\frac{\mathrm{d}y}{\mathrm{d}x} = \mathrm{e}^x \mathrm{e}^{-y},$$

该方程为可分离变量的微分方程. 分离变量得

$$\mathrm{e}^y \mathrm{d}y = \mathrm{e}^x \mathrm{d}x,$$

对上式等号两边同时积分,得

$$\int e^y \mathrm{d}y = \int e^x \mathrm{d}x,$$

即

$$e^y = e^x + C.$$

故原微分方程的隐式通解为

$$e^y = e^x + C \quad (C \text{ 为任意常数}).$$

将初始条件 $y\big|_{x=0} = 0$ 代入上述隐式通解,解得 $C = 0$,故原微分方程的特解为 $e^y = e^x$.

例 8.2.3 求下列微分方程的通解:

(1) $\dfrac{\mathrm{d}y}{\mathrm{d}x} = \dfrac{y}{3x+1}$; (2) $x^2 \sin x^3 \mathrm{d}x - e^y \mathrm{d}y = 0$;

(3) $\dfrac{\mathrm{d}y}{\mathrm{d}x} = \dfrac{x\sqrt{1+x^2}}{y}$.

解 (1) 该方程为可分离变量的微分方程. 当 $y \neq 0$ 时,分离变量得

$$\frac{\mathrm{d}y}{y} = \frac{\mathrm{d}x}{3x+1},$$

对上式等号两边同时积分,得

$$\int \frac{\mathrm{d}y}{y} = \int \frac{\mathrm{d}x}{3x+1} = \frac{1}{3} \int \frac{1}{3x+1} \mathrm{d}(3x+1),$$

即

$$\ln|y| = \frac{1}{3}\ln|3x+1| + C.$$

故原微分方程的隐式通解为

$$\ln|y| = \frac{1}{3}\ln|3x+1| + C \quad (C \text{ 为任意常数}).$$

(2) 该方程为可分离变量的微分方程. 分离变量得

$$e^y \mathrm{d}y = x^2 \sin x^3 \mathrm{d}x,$$

对上式等号两边同时积分,得

$$\int e^y \mathrm{d}y = \int x^2 \sin x^3 \mathrm{d}x = \frac{1}{3} \int \sin x^3 \mathrm{d}(x^3),$$

即

$$e^y = -\frac{1}{3}\cos x^3 + C.$$

故原微分方程的隐式通解为

$$e^y = -\frac{1}{3}\cos x^3 + C \quad (C \text{ 为任意常数}).$$

(3) 该方程为可分离变量的微分方程. 分离变量得

$$y\mathrm{d}y = x\sqrt{1+x^2}\mathrm{d}x,$$

对上式等号两边同时积分,得

$$\int y \mathrm{d}y = \int x \sqrt{1+x^2}\, \mathrm{d}x = \frac{1}{2}\int \sqrt{1+x^2}\, \mathrm{d}(1+x^2),$$

即

$$\frac{1}{2}y^2 = \frac{1}{3}(1+x^2)^{\frac{3}{2}} + C.$$

故原微分方程的隐式通解为

$$\frac{1}{2}y^2 = \frac{1}{3}(1+x^2)^{\frac{3}{2}} + C \quad (C \text{ 为任意常数}).$$

二、齐次微分方程

形如

$$\frac{\mathrm{d}y}{\mathrm{d}x} = \varphi\left(\frac{y}{x}\right) \tag{8.2.3}$$

的一阶微分方程称为**齐次微分方程**.

齐次微分方程可通过变量替换 $u = \dfrac{y}{x}$ 化为可分离变量的微分方程进行求解,步骤如下:

(1) 做变量替换 $u = \dfrac{y}{x}$,则 $y = xu$,将其等号两边同时对 x 求导,得

$$\frac{\mathrm{d}y}{\mathrm{d}x} = u + x\,\frac{\mathrm{d}u}{\mathrm{d}x};$$

(2) 将上式代入方程(8.2.3),则方程化为可分离变量的微分方程

$$\frac{\mathrm{d}y}{\mathrm{d}x} = u + x\,\frac{\mathrm{d}u}{\mathrm{d}x} = \varphi(u),$$

分离变量得

$$\frac{\mathrm{d}u}{\varphi(u) - u} = \frac{\mathrm{d}x}{x};$$

(3) 对上式等号两边同时积分,得

$$\int \frac{\mathrm{d}u}{\varphi(u) - u} = \int \frac{\mathrm{d}x}{x},$$

求出不定积分后,将 $u = \dfrac{y}{x}$ 回代,即可得方程(8.2.3)的通解.

> **注意** 若 $\varphi(u) - u = 0$,即 $\varphi\left(\dfrac{y}{x}\right) = \dfrac{y}{x}$,得 $\dfrac{\mathrm{d}y}{\mathrm{d}x} = \dfrac{y}{x}$,这是一个可分离变量的微分方程,则由可分离变量的微分方程的解法可求得其通解为 $y = Cx$ (C 为任意常数).

例 8.2.4 求微分方程 $\dfrac{\mathrm{d}y}{\mathrm{d}x} = \dfrac{y}{x} + \cos^2 \dfrac{y}{x}$ 的通解.

解 该方程为齐次微分方程.做变量替换 $u = \dfrac{y}{x}$,则 $y = xu$,从而 $\dfrac{\mathrm{d}y}{\mathrm{d}x} = u + x\,\dfrac{\mathrm{d}u}{\mathrm{d}x}$. 将之代入原微分方程得

$$u + x\frac{\mathrm{d}u}{\mathrm{d}x} = u + \cos^2 u,$$

分离变量得

$$\frac{\mathrm{d}u}{\cos^2 u} = \frac{\mathrm{d}x}{x},$$

对上式等号两边同时积分,得

$$\int \frac{\mathrm{d}u}{\cos^2 u} = \int \frac{\mathrm{d}x}{x},$$

即

$$\tan u = \ln|x| + C.$$

将 $u = \dfrac{y}{x}$ 回代,得原微分方程的隐式通解为

$$\tan\frac{y}{x} = \ln|x| + C \quad (C \text{ 为任意常数}).$$

例 8.2.5 求微分方程 $2xy\mathrm{d}y - (x^2 + 2y^2)\mathrm{d}x = 0$ 的通解.

解 原微分方程可化为 $\dfrac{\mathrm{d}y}{\mathrm{d}x} = \dfrac{x}{2y} + \dfrac{y}{x}$,该方程为齐次微分方程. 做变量替换 $u = \dfrac{y}{x}$,则 $y = xu$,从而 $\dfrac{\mathrm{d}y}{\mathrm{d}x} = u + x\dfrac{\mathrm{d}u}{\mathrm{d}x}$. 将之代入原微分方程得

$$u + x\frac{\mathrm{d}u}{\mathrm{d}x} = \frac{1}{2u} + u,$$

分离变量得

$$2u\,\mathrm{d}u = \frac{\mathrm{d}x}{x},$$

对上式等号两边同时积分,得

$$\int 2u\,\mathrm{d}u = \int \frac{\mathrm{d}x}{x},$$

即

$$u^2 = \ln|x| + C.$$

将 $u = \dfrac{y}{x}$ 回代,得原微分方程的隐式通解为

$$y^2 = (\ln|x| + C)x^2 \quad (C \text{ 为任意常数}).$$

例 8.2.6 求微分方程 $x\dfrac{\mathrm{d}y}{\mathrm{d}x} - y = 2\sqrt{xy}\ (x > 0)$ 的通解.

解 原微分方程可化为 $\dfrac{\mathrm{d}y}{\mathrm{d}x} = \dfrac{2\sqrt{xy} + y}{x} = 2\sqrt{\dfrac{y}{x}} + \dfrac{y}{x}$,该方程为齐次微分方程. 做变量替换 $u = \dfrac{y}{x}$,则 $y = xu$,从而 $\dfrac{\mathrm{d}y}{\mathrm{d}x} = u + x\dfrac{\mathrm{d}u}{\mathrm{d}x}$. 将之代入原微分方程得

$$u + x\frac{\mathrm{d}u}{\mathrm{d}x} = 2\sqrt{u} + u,$$

分离变量得

$$\frac{\mathrm{d}u}{2\sqrt{u}}=\frac{\mathrm{d}x}{x},$$

对上式等号两边同时积分,得

$$\int\frac{\mathrm{d}u}{2\sqrt{u}}=\int\frac{\mathrm{d}x}{x},$$

即

$$\sqrt{u}=\ln x+C.$$

将 $u=\dfrac{y}{x}$ 回代,得原微分方程的隐式通解为

$$\sqrt{\frac{y}{x}}=\ln x+C \quad (C \text{ 为任意常数}).$$

例 8.2.7 求微分方程 $y'=\mathrm{e}^{-\frac{y}{x}}+\dfrac{y}{x}$ 的通解.

解 该方程为齐次微分方程.做变量替换 $u=\dfrac{y}{x}$,则 $y=xu$,从而 $\dfrac{\mathrm{d}y}{\mathrm{d}x}=u+x\dfrac{\mathrm{d}u}{\mathrm{d}x}$. 将之代入原微分方程得

$$u+x\frac{\mathrm{d}u}{\mathrm{d}x}=\mathrm{e}^{-u}+u,$$

分离变量得

$$\mathrm{e}^u\,\mathrm{d}u=\frac{\mathrm{d}x}{x},$$

对上式等号两边同时积分,得

$$\int\mathrm{e}^u\,\mathrm{d}u=\int\frac{\mathrm{d}x}{x},$$

即

$$\mathrm{e}^u=\ln|x|+C.$$

将 $u=\dfrac{y}{x}$ 回代,得原微分方程的隐式通解为

$$\mathrm{e}^{\frac{y}{x}}=\ln|x|+C \quad (C \text{ 为任意常数}).$$

三、一阶线性微分方程

形如

$$\frac{\mathrm{d}y}{\mathrm{d}x}+P(x)y=Q(x) \tag{8.2.4}$$

的微分方程称为**一阶线性微分方程**,其中,$P(x),Q(x)$ 是某一区间 I 上的连续函数.

当 $Q(x)\equiv0$ 时,方程(8.2.4)变为

$$\frac{\mathrm{d}y}{\mathrm{d}x}+P(x)y=0, \tag{8.2.5}$$

称方程(8.2.5)为**一阶齐次线性微分方程**.

一阶齐次线性微分方程是可分离变量的微分方程.当 $y\neq0$ 时,分离变量得

$$\frac{\mathrm{d}y}{y}=-P(x)\mathrm{d}x,$$

对上式等号两边同时积分,得

$$\ln|y| = \int -P(x)\mathrm{d}x + C_1,$$

即

$$y = C\mathrm{e}^{-\int P(x)\mathrm{d}x} \quad (C = \pm\mathrm{e}^{C_1} \text{ 为任意非零常数}).$$

显然,$y=0$ 为方程(8.2.5)的解,故一阶齐次线性微分方程(8.2.5)的通解为

$$y = C\mathrm{e}^{-\int P(x)\mathrm{d}x} \quad (C \text{ 为任意常数}). \tag{8.2.6}$$

当 $Q(x) \not\equiv 0$ 时,方程(8.2.4)称为**一阶非齐次线性微分方程**.

一阶非齐次线性微分方程可用**常数变易法**求解,常数变易法是指将函数(8.2.6)中的常数 C 换成未知函数 $C(x)$,并设方程(8.2.4)有如下形式的解:

$$y = C(x)\mathrm{e}^{-\int P(x)\mathrm{d}x}. \tag{8.2.7}$$

为确定 $C(x)$ 的表达式,将函数(8.2.7)及其导数代入方程(8.2.4),得

$$C'(x)\mathrm{e}^{-\int P(x)\mathrm{d}x} - P(x)C(x)\mathrm{e}^{-\int P(x)\mathrm{d}x} + P(x)C(x)\mathrm{e}^{-\int P(x)\mathrm{d}x} = Q(x),$$

化简得

$$C'(x)\mathrm{e}^{-\int P(x)\mathrm{d}x} = Q(x),$$

即

$$C'(x) = Q(x)\mathrm{e}^{\int P(x)\mathrm{d}x}.$$

对上式等号两边同时积分,得

$$C(x) = \int Q(x)\mathrm{e}^{\int P(x)\mathrm{d}x}\mathrm{d}x + C \quad (C \text{ 为任意常数}).$$

将上式代入 $y = C(x)\mathrm{e}^{-\int P(x)\mathrm{d}x}$,得原微分方程的通解为

$$y = \mathrm{e}^{-\int P(x)\mathrm{d}x}\left[\int Q(x)\mathrm{e}^{\int P(x)\mathrm{d}x}\mathrm{d}x + C\right] \quad (C \text{ 为任意常数}). \tag{8.2.8}$$

例 8.2.8 求微分方程 $\dfrac{\mathrm{d}y}{\mathrm{d}x} + 2xy = 0$ 的通解.

解 该方程为一阶齐次线性微分方程,其中,$P(x) = 2x$,将其代入通解公式(8.2.6),得原微分方程的通解为

$$y = C\mathrm{e}^{-\int P(x)\mathrm{d}x} = C\mathrm{e}^{-\int 2x\mathrm{d}x} = C\mathrm{e}^{-x^2} \quad (C \text{ 为任意常数}).$$

例 8.2.9 求微分方程 $\dfrac{\mathrm{d}y}{\mathrm{d}x} = -y + 8$ 的通解.

解 原微分方程可化为 $\dfrac{\mathrm{d}y}{\mathrm{d}x} + y = 8$,该方程为一阶非齐次线性微分方程,其中,$P(x) = 1$,$Q(x) = 8$,将其代入通解公式(8.2.8),得原微分方程的通解为

$$y = \mathrm{e}^{-\int 1\mathrm{d}x}\left(\int 8\mathrm{e}^{\int 1\mathrm{d}x}\mathrm{d}x + C\right) = \mathrm{e}^{-x}(8\mathrm{e}^x + C) = 8 + C\mathrm{e}^{-x} \quad (C \text{ 为任意常数}).$$

例 8.2.10 求微分方程 $\dfrac{\mathrm{d}y}{\mathrm{d}x} + 2xy = 2x\mathrm{e}^{-x^2}$ 的通解.

解 该方程为一阶非齐次线性微分方程,其中,$P(x) = 2x$,$Q(x) = 2x\mathrm{e}^{-x^2}$,将其代入通解公式(8.2.8),得原微分方程的通解为

$$y = \mathrm{e}^{-\int 2x\,\mathrm{d}x}\left(\int 2x\,\mathrm{e}^{-x^2} \cdot \mathrm{e}^{\int 2x\,\mathrm{d}x}\,\mathrm{d}x + C\right) = \mathrm{e}^{-x^2}\left(\int 2x\,\mathrm{d}x + C\right) = \mathrm{e}^{-x^2}(x^2 + C) \quad (C \text{ 为任意常数}).$$

习 题 8.2

1.求下列微分方程的通解或满足初始条件的特解：

(1) $\dfrac{\mathrm{d}y}{\mathrm{d}x} = x^2 y$;

(2) $\mathrm{d}y - 2x^2\,\mathrm{d}x = 0$;

(3) $y\dfrac{\mathrm{d}y}{\mathrm{d}x} - (\mathrm{e}^x + x) = 0$;

(4) $x\,\mathrm{d}y - (1 + y^2)\,\mathrm{d}x = 0, y\Big|_{x=\mathrm{e}} = 0$;

(5) $y' = 2^{x+y}$;

(6) $\sqrt{1-x^2}\,\mathrm{d}y - \sqrt{1-y^2}\,\mathrm{d}x = 0$;

(7) $\mathrm{e}^x\,\mathrm{d}x + (1 + 2y)^5\,\mathrm{d}y = 0$;

(8) $\mathrm{d}y - \dfrac{\mathrm{e}^{\frac{1}{x}}}{x^2}\,\mathrm{d}x = 0, y\Big|_{x=1} = 0$;

(9) $x\,\mathrm{e}^x\,\mathrm{d}x - \sin y\,\mathrm{d}y = 0$;

(10) $\dfrac{1}{1 + \sqrt{x}} = y^3\dfrac{\mathrm{d}y}{\mathrm{d}x}$.

2.求下列微分方程的通解或满足初始条件的特解：

(1) $y' = \dfrac{y}{x} + 1$;

(2) $x^3\dfrac{\mathrm{d}y}{\mathrm{d}x} = y(y^2 + x^2)$;

(3) $x\,\mathrm{d}y - (y - x^3)\,\mathrm{d}x = 0$;

(4) $y^2 + x^2 = xy\dfrac{\mathrm{d}y}{\mathrm{d}x}, y\Big|_{x=1} = 1$;

(5) $\dfrac{\mathrm{d}y}{\mathrm{d}x} = \dfrac{y}{x} + 3\tan\dfrac{y}{x}$.

3.求下列微分方程的通解或满足初始条件的特解：

(1) $y' + y = \mathrm{e}^{-x}\cos x, y\Big|_{x=0} = 0$;

(2) $y' - y = \mathrm{e}^x, y\Big|_{x=0} = 0$;

(3) $\dfrac{\mathrm{d}y}{\mathrm{d}x} + 2xy = \mathrm{e}^{-x^2}$;

(4) $y' - \dfrac{y}{x} = 2x^2 (x > 0)$;

(5) $xy' + y = \sin x (x > 0)$;

(6) $y' + y\cos x = \mathrm{e}^{-\sin x}$.

§8.3   二阶线性微分方程

一、二阶线性微分方程的概念

形如

$$y'' + P(x)y' + Q(x)y = f(x) \tag{8.3.1}$$

的微分方程称为**二阶线性微分方程**.

当 $f(x) \equiv 0$ 时,方程(8.3.1)变为

$$y'' + P(x)y' + Q(x)y = 0, \tag{8.3.2}$$

称方程(8.3.2)为**二阶齐次线性微分方程**.

当 $f(x) \not\equiv 0$ 时,方程(8.3.1)称为**二阶非齐次线性微分方程**.

方程(8.3.2)称为二阶非齐次线性微分方程(8.3.1)对应的二阶齐次线性微分方程.

二、二阶线性微分方程解的结构

1. 二阶齐次线性微分方程解的结构

定理8.3.1 的证明

定理 8.3.1 若 $y_1(x)$ 与 $y_2(x)$ 是方程(8.3.2)的两个解,则
$$y = C_1 y_1(x) + C_2 y_2(x) \tag{8.3.3}$$
也是方程(8.3.2)的解,其中,C_1, C_2 为任意常数.

下面引入一个新的概念.

定义 8.3.1 设 $y_1(x), y_2(x), \cdots, y_n(x)$ 为定义在区间 I 上的 n 个函数,对于任给的 n 个常数 $k_1, k_2, \cdots, k_n$,线性运算式
$$k_1 y_1(x) + k_2 y_2(x) + \cdots + k_n y_n(x)$$
称为函数组 $y_1(x), y_2(x), \cdots, y_n(x)$ 的一个**线性组合**.

由线性组合的定义可知,式(8.3.3)为函数组 $y_1(x)$ 与 $y_2(x)$ 的一个线性组合. 定理 8.3.1 表明微分方程的两个解的线性组合仍是该微分方程的解.

定义 8.3.2 设 $y_1(x), y_2(x), \cdots, y_n(x)$ 为定义在区间 I 上的 n 个函数. 若存在 n 个不全为零的常数 $k_1, k_2, \cdots, k_n$,使得
$$k_1 y_1(x) + k_2 y_2(x) + \cdots + k_n y_n(x) = 0$$
在区间 I 上恒成立,则称这 n 个函数在区间 I 上**线性相关**;否则,称这 n 个函数在区间 I 上**线性无关**,即要使得 $k_1 y_1(x) + k_2 y_2(x) + \cdots + k_n y_n(x) = 0$ 在区间 I 上恒成立,则必有 $k_1 = k_2 = \cdots = k_n = 0$.

特别地,由线性相关性的定义可知,给定函数 $y_1(x)$ 与 $y_2(x)$,若这两个函数满足 $y_1(x) = k y_2(x)$,其中,k 为常数,则 $y_1(x)$ 与 $y_2(x)$ 是线性相关的;否则,$y_1(x)$ 与 $y_2(x)$ 是线性无关的. 例如,给定函数 $y_1(x) = e^x$,$y_2(x) = e^{-x}$,由 $\dfrac{y_1(x)}{y_2(x)} = \dfrac{e^x}{e^{-x}} = e^{2x} \neq$ 常数可知,$y_1(x)$ 与 $y_2(x)$ 是线性无关的;给定函数 $y_1(x) = 2x$,$y_2(x) = x$,由 $\dfrac{y_1(x)}{y_2(x)} = \dfrac{2x}{x} = 2$ 可知,$y_1(x)$ 与 $y_2(x)$ 是线性相关的.

基于线性无关的概念,可以得到方程(8.3.2)的通解结构的定理.

定理 8.3.2 若 $y_1(x)$ 与 $y_2(x)$ 是方程(8.3.2)的两个线性无关的特解,则
$$y = C_1 y_1(x) + C_2 y_2(x) \quad (C_1, C_2 \text{ 为任意常数})$$
是方程(8.3.2)的通解.

2. 二阶非齐次线性微分方程解的结构

关于二阶非齐次线性微分方程(8.3.1)解的结构有如下定理成立.

定理8.3.3 的证明

定理 8.3.3 设 y^* 是方程(8.3.1)的一个特解,而 Y 是其对应的二阶齐次线性微分方程(8.3.2)的通解,则
$$y = Y + y^* \tag{8.3.4}$$
是二阶非齐次线性微分方程(8.3.1)的通解.

定理 8.3.4　设 y_1^* 与 y_2^* 分别是微分方程

$$y'' + P(x)y' + Q(x)y = f_1(x) \quad \text{与} \quad y'' + P(x)y' + Q(x)y = f_2(x)$$

的特解,则 $y_1^* + y_2^*$ 是微分方程

$$y'' + P(x)y' + Q(x)y = f_1(x) + f_2(x)$$

的特解.

三、二阶常系数齐次线性微分方程

形如

$$y'' + py' + qy = 0 \tag{8.3.5}$$

的微分方程称为**二阶常系数齐次线性微分方程**,其中,p,q 均为常数.

观察发现,方程(8.3.5)中的未知函数与其一阶、二阶导数只相差一个常数因子,而指数函数恰好也有这个特点,于是,假设方程(8.3.5)的解为 $y = \mathrm{e}^{\lambda x}$,其中,$\lambda$ 为常数.对 $y = \mathrm{e}^{\lambda x}$ 求一阶、二阶导数,得

$$y' = \lambda \mathrm{e}^{\lambda x}, \quad y'' = \lambda^2 \mathrm{e}^{\lambda x}.$$

将 y, y', y'' 代入方程(8.3.5)得

$$\lambda^2 \mathrm{e}^{\lambda x} + p\lambda \mathrm{e}^{\lambda x} + q\mathrm{e}^{\lambda x} = (\lambda^2 + p\lambda + q)\mathrm{e}^{\lambda x} = 0.$$

因为 $\mathrm{e}^{\lambda x} \neq 0$,所以要使上式成立,必须有

$$\lambda^2 + p\lambda + q = 0.$$

因此 $y = \mathrm{e}^{\lambda x}$ 是方程(8.3.5)的解的充要条件为 λ 是一元二次方程

$$\lambda^2 + p\lambda + q = 0 \tag{8.3.6}$$

的根.方程(8.3.6)称为方程(8.3.5)的**特征方程**,解出的根 λ 称为**特征根**.

设 λ_1, λ_2 是特征方程(8.3.6)的两个根,下面根据 λ_1, λ_2 的三种取值情况讨论方程(8.3.5)通解的表达式.

(1) 当 $\Delta = p^2 - 4q > 0$ 时,λ_1, λ_2 是两个不相等的实根,即 $\lambda_1 \neq \lambda_2$,则 $y_1 = \mathrm{e}^{\lambda_1 x}$,$y_2 = \mathrm{e}^{\lambda_2 x}$ 是方程(8.3.5)的两个线性无关的特解 $\left(\text{因为} \dfrac{\mathrm{e}^{\lambda_1 x}}{\mathrm{e}^{\lambda_2 x}} = \mathrm{e}^{(\lambda_1 - \lambda_2)x} \neq \text{常数}\right)$.根据定理 8.3.2 可知,方程(8.3.5)的通解为

$$y = C_1 \mathrm{e}^{\lambda_1 x} + C_2 \mathrm{e}^{\lambda_2 x} \quad (C_1, C_2 \text{ 为任意常数}).$$

(2) 当 $\Delta = p^2 - 4q = 0$ 时,λ_1, λ_2 是两个相等的实根,即 $\lambda_1 = \lambda_2 = \lambda$,则 $y_1 = \mathrm{e}^{\lambda x}$ 是方程(8.3.5)的一个特解.根据线性无关的性质可知,当 $\dfrac{y_2}{y_1} = u(x) \neq \text{常数}$ 时,y_1, y_2 线性无关,因此,假设方程(8.3.5)的另外一个特解为

$$y_2 = y_1 u(x) = \mathrm{e}^{\lambda x} u(x).$$

下面分两步求解函数 $u(x)$:

① 对 y_2 求一阶、二阶导数,有

$$y'_2 = \mathrm{e}^{\lambda x}(u' + \lambda u), \quad y''_2 = \mathrm{e}^{\lambda x}(u'' + 2\lambda u' + \lambda^2 u);$$

② 将 y_2, y'_2, y''_2 代入方程(8.3.5),并化简得

$$\mathrm{e}^{\lambda x}[u'' + (2\lambda + p)u' + (\lambda^2 + p\lambda + q)u] = 0.$$

因为 $\mathrm{e}^{\lambda x} \neq 0$,而 λ 为二重特征根,所以有

$$2\lambda + p = 0 \quad 和 \quad \lambda^2 + p\lambda + q = 0,$$

从而解得 $u'' = 0$. 对该式等号两边连续积分两次,得

$$u = D_1 x + D_2 \quad (D_1, D_2 \text{ 为任意常数}).$$

根据 $\dfrac{y_2}{y_1} = u(x) \neq$ 常数,要求 $u(x)$ 不为常数,故考虑最简单的情形,取 $D_1 = 1, D_2 = 0$,对应 $u = x$. 由此可得,方程(8.3.5)的另一个特解为 $y_2 = xe^{\lambda x}$,此时,y_1, y_2 线性无关,根据定理8.3.2可知,方程(8.3.5)的通解为

$$y = (C_1 + C_2 x)e^{\lambda x} \quad (C_1, C_2 \text{ 为任意常数}).$$

(3) 当 $\Delta = p^2 - 4q < 0$ 时,$\lambda_{1,2} = \alpha \pm i\beta$ 是一对共轭复根,则

$$y = C_1 e^{(\alpha+i\beta)x} + C_2 e^{(\alpha-i\beta)x} \quad (C_1, C_2 \text{ 为任意常数})$$

为方程(8.3.5)的复数形式解. 由于这种复数形式解在应用时不方便,在求解实际问题时,常常需要实数形式的通解,因此利用欧拉公式 $e^{ix} = \cos x + i\sin x$,另取方程(8.3.5)的两个线性无关解为

$$y_1 = \frac{1}{2}\left[e^{(\alpha+i\beta)x} + e^{(\alpha-i\beta)x}\right] = \frac{1}{2}\left[e^{\alpha x}(\cos\beta x + i\sin\beta x) + e^{\alpha x}(\cos\beta x - i\sin\beta x)\right] = e^{\alpha x}\cos\beta x,$$

$$y_2 = \frac{1}{2i}\left[e^{(\alpha+i\beta)x} - e^{(\alpha-i\beta)x}\right] = \frac{1}{2i}\left[e^{\alpha x}(\cos\beta x + i\sin\beta x) - e^{\alpha x}(\cos\beta x - i\sin\beta x)\right] = e^{\alpha x}\sin\beta x.$$

因为 $\dfrac{y_2}{y_1} = \dfrac{e^{\alpha x}\sin\beta x}{e^{\alpha x}\cos\beta x} = \tan\beta x \neq$ 常数,所以 y_1, y_2 是线性无关的. 根据定理 8.3.2 可知,方程(8.3.5)的通解为

$$y = e^{\alpha x}(C_1\cos\beta x + C_2\sin\beta x) \quad (C_1, C_2 \text{ 为任意常数}).$$

例 8.3.1　求微分方程 $y'' + 3y' - 10y = 0$ 的通解.

解　原微分方程的特征方程为

$$\lambda^2 + 3\lambda - 10 = 0,$$

解得其特征根为 $\lambda_1 = 2, \lambda_2 = -5$. 故原微分方程的通解为

$$y = C_1 e^{\lambda_1 x} + C_2 e^{\lambda_2 x} = C_1 e^{2x} + C_2 e^{-5x} \quad (C_1, C_2 \text{ 为任意常数}).$$

例 8.3.2　求微分方程 $y'' + 6y' + 9y = 0$ 的通解.

解　原微分方程的特征方程为

$$\lambda^2 + 6\lambda + 9 = 0,$$

解得其特征根为 $\lambda_1 = \lambda_2 = \lambda = -3$. 故原微分方程的通解为

$$y = (C_1 + C_2 x)e^{\lambda x} = (C_1 + C_2 x)e^{-3x} \quad (C_1, C_2 \text{ 为任意常数}).$$

例 8.3.3　求微分方程 $y'' + 2y' + 5y = 0$ 的通解.

解　原微分方程的特征方程为

$$\lambda^2 + 2\lambda + 5 = 0,$$

解得其特征根为 $\lambda_{1,2} = \alpha \pm i\beta = -1 \pm 2i$. 故原微分方程的通解为

$$y = e^{\alpha x}(C_1\cos\beta x + C_2\sin\beta x) = e^{-x}(C_1\cos 2x + C_2\sin 2x) \quad (C_1, C_2 \text{ 为任意常数}).$$

通过上述例题,可归纳出求二阶常系数齐次线性微分方程 $y'' + py' + qy = 0$ 通解的方法:

(1) 写出微分方程的特征方程 $\lambda^2 + p\lambda + q = 0$;

(2) 求出特征方程的两个根 λ_1, λ_2;

（3）根据特征根的不同情形,按照表 8.3.1 写出微分方程的通解.

表 8.3.1　二阶常系数齐次线性微分方程的通解

特征方程 $\lambda^2 + p\lambda + q = 0$ 的两个根 λ_1, λ_2	微分方程 $y'' + py' + qy = 0$ 的通解
两个不相等的实根 $\lambda_1 \neq \lambda_2$	$y = C_1 e^{\lambda_1 x} + C_2 e^{\lambda_2 x}$（$C_1, C_2$ 为任意常数）
两个相等的实根 $\lambda_1 = \lambda_2 = \lambda$	$y = (C_1 + C_2 x)e^{\lambda x}$（$C_1, C_2$ 为任意常数）
一对共轭复根 $\lambda_{1,2} = \alpha \pm i\beta$	$y = e^{\alpha x}(C_1 \cos\beta x + C_2 \sin\beta x)$（$C_1, C_2$ 为任意常数）

四、二阶常系数非齐次线性微分方程

形如

$$y'' + py' + qy = f(x) \tag{8.3.7}$$

的微分方程称为**二阶常系数非齐次线性微分方程**,其中,p, q 均为常数.

根据定理 8.3.3 可知,求二阶常系数非齐次线性微分方程(8.3.7)的通解,关键在于求出它的一个特解和对应的二阶常系数齐次线性微分方程(8.3.5)的通解. 由于前面已经介绍了二阶常系数齐次线性微分方程(8.3.5)通解的求法,因此这里主要介绍二阶常系数非齐次线性微分方程(8.3.7)特解的求法.

一般情况下,二阶常系数非齐次线性微分方程(8.3.7)的特解与等号右边的函数 $f(x)$ 有关,下面仅就 $f(x)$ 的两种特殊情形讨论二阶常系数非齐次线性微分方程特解的形式.

1. $f(x) = P_m(x) e^{\lambda x}$ 型,其中,$P_m(x)$ 为 m 次多项式,λ 为常数

由于方程(8.3.7)等号右边的函数 $f(x)$ 是多项式与指数函数的乘积,而多项式与指数函数乘积的导数仍然是同一类型,因此,假设 $y^* = Q(x)e^{\lambda x}$（$Q(x)$ 是待定多项式）是方程(8.3.7)的特解. 对 y^* 求一阶、二阶导数,得

$$y^{*\prime} = Q'(x)e^{\lambda x} + \lambda Q(x)e^{\lambda x},$$
$$y^{*\prime\prime} = Q''(x)e^{\lambda x} + 2\lambda Q'(x)e^{\lambda x} + \lambda^2 Q(x)e^{\lambda x},$$

将 $y^*, y^{*\prime}, y^{*\prime\prime}$ 代入方程(8.3.7),整理得

$$Q''(x) + (2\lambda + p)Q'(x) + (\lambda^2 + p\lambda + q)Q(x) = P_m(x). \tag{8.3.8}$$

要使式(8.3.8)成立,则要求多项式等号两边的次数相同且同次幂的系数相等. 下面分三种情况讨论方程(8.3.7)的特解形式:

（1）若 λ 不是特征根,即 $\lambda^2 + p\lambda + q \neq 0$,则式(8.3.8)等号左边的最高次幂项为 $(\lambda^2 + p\lambda + q)Q(x)$,等号右边的 $P_m(x)$ 是 m 次多项式,要使式(8.3.8)成立,其等号左边的多项式 $Q(x)$ 也应该为 m 次多项式. 因此,设 $Q(x) = Q_m(x)$,则方程(8.3.7)的特解为

$$y^* = Q_m(x)e^{\lambda x}.$$

（2）若 λ 是特征单根,即 $\lambda^2 + p\lambda + q = 0$,但 $2\lambda + p \neq 0$,则式(8.3.8)等号左边的最高次幂项为 $(2\lambda + p)Q'(x)$,等号右边的 $P_m(x)$ 是 m 次多项式,要使式(8.3.8)成立,其等号左边的多项式 $Q'(x)$ 也应该为 m 次多项式,积分后 $Q(x)$ 成为 $m+1$ 次多项式. 因此,设 $Q(x) = xQ_m(x)$,则方程(8.3.7)的特解为

$$y^* = xQ_m(x)e^{\lambda x}.$$

（3）若 λ 是二重特征根,即 $\lambda^2 + p\lambda + q = 0$,且 $2\lambda + p = 0$,则式(8.3.8)等号左边的最高次幂项为 $Q''(x)$,等号右边的 $P_m(x)$ 是 m 次多项式,要使式(8.3.8)成立,其等号左边的多项

式 $Q''(x)$ 也应该为 m 次多项式,连续两次积分后 $Q(x)$ 成为 $m+2$ 次多项式.因此,设 $Q(x)=x^2 Q_m(x)$,则方程(8.3.7)的特解为

$$y^* = x^2 Q_m(x) e^{\lambda x}.$$

为了方便计算,将 $f(x)=P_m(x) e^{\lambda x}$ 型微分方程 $y''+py'+qy=f(x)$ 的特解形式列为表 8.3.2.

表 8.3.2 $f(x)=P_m(x) e^{\lambda x}$ 型微分方程 $y''+py'+qy=f(x)$ 的特解形式

$f(x)=P_m(x) e^{\lambda x}$ 型微分方程 $y''+py'+qy=f(x)$ 的特解形式	
λ 不是特征根	$y^* = Q_m(x) e^{\lambda x}$
λ 是特征单根	$y^* = x Q_m(x) e^{\lambda x}$
λ 是二重特征根	$y^* = x^2 Q_m(x) e^{\lambda x}$
$y^* = x^k Q_m(x) e^{\lambda x}$　$(k=0,1,2)$	

2. $f(x)=e^{\lambda x}[P_l(x)\cos \omega x + P_n(x)\sin \omega x]$ **型,其中,**$P_l(x)$**,**$P_n(x)$**分别为 l 次和 n 次多项式,**λ**,**ω **为常数**

此时,方程(8.3.7)具有形如

$$y^* = x^k e^{\lambda x}[Q_m(x)\cos \omega x + R_m(x)\sin \omega x] \quad (k=0,1) \tag{8.3.9}$$

的特解,其中,$Q_m(x)$,$R_m(x)$ 是 m 次多项式,$m=\max\{l,n\}$.下面分两种情况讨论方程(8.3.7)的特解形式:

(1)若 $\lambda+i\omega$(或 $\lambda-i\omega$)不是特征根,则方程(8.3.7)的特解为

$$y^* = e^{\lambda x}[Q_m(x)\cos \omega x + R_m(x)\sin \omega x].$$

(2)若 $\lambda+i\omega$(或 $\lambda-i\omega$)是特征单根,则方程(8.3.7)的特解为

$$y^* = x e^{\lambda x}[Q_m(x)\cos \omega x + R_m(x)\sin \omega x].$$

为了方便计算,将 $f(x)=e^{\lambda x}[P_l(x)\cos \omega x + P_n(x)\sin \omega x]$ 型微分方程 $y''+py'+qy=f(x)$ 的特解形式列为表 8.3.3.

表 8.3.3 $f(x)=e^{\lambda x}[P_l(x)\cos \omega x + P_n(x)\sin \omega x]$ **型微分方程** $y''+py'+qy=f(x)$ **的特解形式**

$f(x)=e^{\lambda x}[P_l(x)\cos \omega x + P_n(x)\sin \omega x]$ 型微分方程 $y''+py'+qy=f(x)$ 的特解形式	
$\lambda+i\omega$(或 $\lambda-i\omega$)不是特征根	$y^* = e^{\lambda x}[Q_m(x)\cos \omega x + R_m(x)\sin \omega x]$
$\lambda+i\omega$(或 $\lambda-i\omega$)是特征单根	$y^* = x e^{\lambda x}[Q_m(x)\cos \omega x + R_m(x)\sin \omega x]$
$y^* = x^k e^{\lambda x}[Q_m(x)\cos \omega x + R_m(x)\sin \omega x]$　$(k=0,1)$	

由以上的分析过程,可归纳出求二阶常系数非齐次线性微分方程 $y''+py'+qy=f(x)$ 通解的步骤如下:

(1)写出特征方程 $\lambda^2+p\lambda+q=0$,并求出特征根;

(2)求出对应的齐次线性微分方程的通解 Y;

(3)根据 $f(x)$ 的类型确定特解形式并代入原微分方程中确定特解中的系数,求出特解 y^*;

(4)写出通解 $y=Y+y^*$.

例 8.3.4　求微分方程 $y''-2y'-3y=9x-6$ 的通解.

解　该方程中的 $f(x)$ 为 $P_m(x) e^{\lambda x}$ 型,其中,$P_m(x)=9x-6$,$\lambda=0$.

原微分方程对应的齐次线性微分方程的特征方程为
$$\lambda^2 - 2\lambda - 3 = 0,$$
解得其特征根为 $\lambda_1 = -1, \lambda_2 = 3$,故对应的齐次线性微分方程的通解为
$$Y = C_1 e^{-x} + C_2 e^{3x} \quad (C_1, C_2 \text{ 为任意常数}).$$

因为 $\lambda = 0$ 不是特征根,$P_m(x) = 9x - 6$ 是一次多项式,所以设原微分方程的特解为
$$y^* = Q_m(x) e^{\lambda x} = Ax + B.$$
将上式代入原微分方程,得
$$0 - 2A - 3(Ax + B) = 9x - 6,$$
比较同类项系数,有
$$\begin{cases} -3A = 9, \\ -2A - 3B = -6, \end{cases}$$
解得 $A = -3, B = 4$,则原微分方程的一个特解为
$$y^* = -3x + 4.$$

综上,原微分方程的通解为
$$y = C_1 e^{-x} + C_2 e^{3x} - 3x + 4 \quad (C_1, C_2 \text{ 为任意常数}).$$

例 8.3.5 求微分方程 $y'' - 2y' - 3y = 8e^{3x}$ 的通解.

解 该方程中的 $f(x)$ 为 $P_m(x) e^{\lambda x}$ 型,其中,$P_m(x) = 8, \lambda = 3$.

原微分方程对应的齐次线性微分方程的特征方程为
$$\lambda^2 - 2\lambda - 3 = 0,$$
解得其特征根为 $\lambda_1 = -1, \lambda_2 = 3$,故对应的齐次线性微分方程的通解为
$$Y = C_1 e^{-x} + C_2 e^{3x} \quad (C_1, C_2 \text{ 为任意常数}).$$

因为 $\lambda = 3$ 是特征单根,$P_m(x) = 8$ 是零次多项式,所以设原微分方程的特解为
$$y^* = x Q_m(x) e^{\lambda x} = Ax e^{3x}.$$
将上式代入原微分方程,得
$$4A e^{3x} = 8 e^{3x},$$
比较同类项系数,有
$$4A = 8,$$
解得 $A = 2$,则原微分方程的一个特解为
$$y^* = 2x e^{3x}.$$

综上,原微分方程的通解为
$$y = C_1 e^{-x} + C_2 e^{3x} + 2x e^{3x} \quad (C_1, C_2 \text{ 为任意常数}).$$

例 8.3.6 求微分方程 $y'' - 2y' + 2y = e^x \sin x$ 的通解.

解 该方程中的 $f(x)$ 为 $e^{\lambda x} [P_l(x) \cos \omega x + P_n(x) \sin \omega x]$ 型,其中,$\lambda = 1, \omega = 1, P_l(x) = 0, P_n(x) = 1$.

原微分方程对应的齐次线性微分方程的特征方程为
$$\lambda^2 - 2\lambda + 2 = 0,$$
解得其特征根为 $\lambda_{1,2} = 1 \pm i$,故对应的齐次线性微分方程的通解为
$$Y = e^x (C_1 \cos x + C_2 \sin x) \quad (C_1, C_2 \text{ 为任意常数}).$$

因为 $\lambda + i\omega = 1 + i$ 是特征单根,$P_l(x), P_n(x)$ 都是零次多项式,所以设原微分方程的特

解为
$$y^* = x e^{\lambda x}(A\cos\omega x + B\sin\omega x) = x e^x(A\cos x + B\sin x).$$

将上式代入原微分方程,得
$$e^x(2B\cos x - 2A\sin x) = e^x\sin x,$$

比较同类项系数,有
$$\begin{cases} 2B = 0, \\ -2A = 1, \end{cases}$$

解得 $B = 0, A = -\dfrac{1}{2}$,则原微分方程的一个特解为
$$y^* = -\frac{1}{2}x e^x\cos x.$$

综上,原微分方程的通解为
$$y = e^x(C_1\cos x + C_2\sin x) - \frac{1}{2}x e^x\cos x \quad (C_1, C_2 \text{ 为任意常数}).$$

习 题 8.3

1.求下列微分方程的通解或满足初始条件的特解:

(1) $y'' + 2y' - 3y = 0$;

(2) $y'' + y' - 6y = 0$;

(3) $y'' + y' - 2y = 0, y\big|_{x=0} = 1, y'\big|_{x=0} = 0$;

(4) $y'' + 4y' + 4y = 0, y\big|_{x=0} = 1, y'\big|_{x=0} = -4$;

(5) $y'' + 4y' - 5y = 0$;

(6) $\dfrac{\mathrm{d}^2 y}{\mathrm{d}x^2} + 2\dfrac{\mathrm{d}y}{\mathrm{d}x} + y = 0$;

(7) $y'' + 2y' + 5y = 0$;

(8) $y'' - 4y' + 13y = 0$.

2.求下列微分方程的通解:

(1) $y'' + 2y' + 2y = x^2$;

(2) $y'' - y = -5x$;

(3) $y'' - 3y' + 2y = x e^x$;

(4) $y'' + 5y' + 4y = -2x + 3$;

(5) $y'' - 3y' + 2y = 2e^x\cos x$;

(6) $y'' - 6y' + 9y = 6e^{3x}$;

(7) $y'' - 2y' - 3y = -10\cos x$.

3.设二阶常系数非齐次线性微分方程 $y'' - y = 3e^{2x}$ 的一个特解为 $y^* = a e^{2x}$,试确定 a 的值.

---

§8.4　微分方程应用案例

一、招聘问题

例8.4.1　某公司某年招聘新员工100人,预计从该年开始,第 t 年招聘人员增加速度为 t 的 2 倍,问:10 年后该公司应招聘的员工人数为多少?

解　设 $P(t)$ 表示从该年开始第 t 年招聘的员工人数,则每年增加的员工人数与时间的关

系为

$$\begin{cases} \dfrac{\mathrm{d}P(t)}{\mathrm{d}t}=2t, \\ P(0)=100. \end{cases}$$

该方程为可分离变量的微分方程,求得其通解为

$$P(t)=\int 2t\,\mathrm{d}t=t^2+C \quad (C\text{ 为任意常数}).$$

将初始条件 $P(0)=100$ 代入上式,得 $C=100$. 因此 10 年后该公司应招聘的员工人数为

$$P(10)=10^2+100=200.$$

二、饮酒驾车问题

例 8.4.2 　根据法律规定,我国现行酒驾标准和醉驾标准为:$20\ \mathrm{mg}/100\ \mathrm{mL}\leqslant$ 血液中的酒精含量 $<80\ \mathrm{mg}/100\ \mathrm{mL}$ 属于酒后驾车,血液中的酒精含量 $\geqslant 80\ \mathrm{mg}/100\ \mathrm{mL}$ 属于醉酒驾车. 根据该规定,交警要处理一起交通事故. 该事故发生 3 h 后,现场测得司机血液中的酒精含量为 56 mg/100 mL,又过 2 h 后,测得其酒精含量降为 40 mg/100 mL. 据此,交警能否判断出事故发生时,司机属于酒后驾车还是醉酒驾车?

解　设 $x(t)$(单位:mg/100 mL)为事故发生 t h 后司机血液中的酒精含量. 记 $x(0)=x_0$,根据平衡原理可知,在时间间隔 $[t,t+\Delta t]$ 内酒精含量的增量 $x(t+\Delta t)-x(t)$ 与 $x(t)\Delta t$ 成正比,即

$$x(t+\Delta t)-x(t)=-kx(t)\Delta t,$$

其中,$k>0$ 为比例系数,k 前的负号表示酒精含量随时间的推移是单调减少的. 将上式等号两边同时除以 Δt,并令 $\Delta t\to 0$,得 $\lim\limits_{\Delta t\to 0}\dfrac{x(t+\Delta t)-x(t)}{\Delta t}=-kx(t)$,即

$$\frac{\mathrm{d}x}{\mathrm{d}t}=-kx.$$

该方程为可分离变量的微分方程,求得其通解为

$$x(t)=C\mathrm{e}^{-kt} \quad (C\text{ 为任意常数}).$$

将 $x(0)=x_0$ 代入上式,得 $C=x_0$,则

$$x(t)=x_0\mathrm{e}^{-kt}.$$

根据题意可知,$x(3)=56,x(5)=40$,将之代入上式,有

$$\begin{cases} x_0\mathrm{e}^{-3k}=56, \\ x_0\mathrm{e}^{-5k}=40, \end{cases}$$

解得 $k\approx 0.17$,从而得

$$x_0=56\mathrm{e}^{3\times 0.17}\approx 93.26>80.$$

因此事故发生时,司机血液中的酒精含量已超出酒后驾车的规定,属于醉酒驾车.

三、新产品的推广问题

例 8.4.3 　某新产品要推向市场,设 t 时刻的销量为 $x(t)$,由于产品性能良好,每个产品

都是一个宣传品,因此 t 时刻产品销量的增长率(销售速度) $\dfrac{\mathrm{d}x}{\mathrm{d}t}$ 与 $x(t)$ 成正比.同时,考虑到

产品销量存在一定的市场容量 N,统计表明,销量的增长率 $\dfrac{\mathrm{d}x}{\mathrm{d}t}$ 与尚未购买该产品的潜在顾客

的数量 $N-x(t)$ 也成正比,于是有

$$\frac{\mathrm{d}x}{\mathrm{d}t}=kx(N-x),$$

其中,$k>0$ 为比例系数.这是可分离变量的微分方程,分离变量得

$$k\,\mathrm{d}t=\frac{\mathrm{d}x}{x(N-x)}=\frac{1}{N}\left(\frac{1}{x}+\frac{1}{N-x}\right)\mathrm{d}x,$$

对上式等号两边同时积分,得

$$kt=\frac{1}{N}\left(\ln\left|\frac{x}{N-x}\right|+\ln C\right),$$

即

$$x=\frac{N}{1+C\mathrm{e}^{-kNt}}. \tag{8.4.1}$$

于是有

$$\frac{\mathrm{d}x}{\mathrm{d}t}=\frac{CN^2k\mathrm{e}^{-kNt}}{(1+C\mathrm{e}^{-kNt})^2},$$

$$\frac{\mathrm{d}^2x}{\mathrm{d}t^2}=\frac{CN^3k^2\mathrm{e}^{-kNt}(C\mathrm{e}^{-kNt}-1)}{(1+C\mathrm{e}^{-kNt})^3}.$$

当 $x<N$ 时,由式(8.4.1)得 $C>0$,因此 $\dfrac{\mathrm{d}x}{\mathrm{d}t}>0$,销量 $x(t)$ 单调增加.

当 $x<\dfrac{N}{2}$ 时,由式(8.4.1)得 $C\mathrm{e}^{-kNt}>1$,因此 $\dfrac{\mathrm{d}^2x}{\mathrm{d}t^2}>0$,销售速度不断增大.

当 $x>\dfrac{N}{2}$ 时,由式(8.4.1)得 $C\mathrm{e}^{-kNt}<1$,因此 $\dfrac{\mathrm{d}^2x}{\mathrm{d}t^2}<0$,销售速度不断减小.

当 $x=\dfrac{N}{2}$ 时,由式(8.4.1)得 $C\mathrm{e}^{-kNt}=1$,因此 $\dfrac{\mathrm{d}^2x}{\mathrm{d}t^2}=0$,销售速度最大,即产品最畅销.

习 题 8.4

1.已知某厂的纯利润 L 对广告费 x 的变化率 $\dfrac{\mathrm{d}L}{\mathrm{d}x}$ 与常数 A 和纯利润 L 之差成正比,当 $x=0$ 时,$L=L_0$.试求纯利润 L 与广告费 x 之间的函数关系.

2.某厂生产一种产品,固定成本为50,边际成本的变化率为2,开始生产第一个单位产品时的边际成本为 -14.求该厂的总成本函数.

§8.5 MATLAB 在微分方程中的应用

n 阶微分方程的一般表达式为 $F(x,y,y',y'',\cdots,y^{(n)})=0$,在 MATLAB 中,必须用大写字母 D 表示微分方程中未知函数的导数.具体的表示方式如表 8.5.1 所示.

表 8.5.1　未知函数的导数表示

Dy 表示 y'	Dy(0) = k 表示 $y'(0)=k$
D2y 表示 y''	D2y(0) = k 表示 $y''(0)=k$
Dny 表示 $y^{(n)}$	Dny(0) = k 表示 $y^{(n)}(0)=k$

例如,D2y + Dy + x - 10 = 0 表示微分方程 $y''+y'+x-10=0$.

用 MATLAB 求微分方程的解析解是由 dsolve 命令实现的,其调用格式和功能说明如表 8.5.2 所示.

表 8.5.2　dsolve 命令的调用格式和功能说明

调用格式	功能
r = dsolve('ep', 'cond','var')	求微分方程的通解或特解. ep 表示微分方程;cond 表示微分方程的初始条件,若不给初始条件,则默认为求微分方程的通解;var 表示求解变量,若不指定求解变量,则为默认自变量
r = dsolve('ep1', 'ep2', $\cdots$,'epN', 'cond1', 'cond2', $\cdots$, 'condN', 'var1','var2',$\cdots$, 'varN')	求微分方程组 ep1,ep2,$\cdots$,epN 在初始条件 cond1,cond2,$\cdots$,condN 下的特解,若不给初始条件,则默认求微分方程组的通解. var1,var2,$\cdots$, varN 表示求解变量,若不指定求解变量,则为默认自变量

例 8.5.1 求微分方程 $xy'=y\ln\dfrac{y}{x}$ 的通解.

解 ［MATLAB 操作命令］

```
y = dsolve('x * Dy = y * log(y/x)','x')
```

［MATLAB 输出结果］

```
y =
  x * exp(C1 * x+1)
      x * exp(1)
```

例 8.5.2 求微分方程 $xy'+y=0$ 的通解及满足初始条件 $y\big|_{x=1}=1$ 的特解.

解 ［MATLAB操作命令］

```
y = dsolve('x * Dy+y = 0', 'x')
```

［MATLAB 输出结果］

```
y =
   C1/x
```

［MATLAB 操作命令］

```
y = dsolve('x * Dy+y = 0', 'y(1) = 1', 'x')
```

［MATLAB 输出结果］

```
y =
   1/x
```

例 8.5.3 求微分方程 $y'' + y' = e^x + \cos x$ 的通解.

解 ［MATLAB操作命令］

```
y = dsolve('D2y+Dy = exp(x) +cos(x)', 'x')
```

［MATLAB 输出结果］

```
y =
   C1+exp(x)/2-(2^(1/2) * cos(x+pi/4))/2+C2 * exp(-x)
```

习 题 8.5

利用 MATLAB 求下列微分方程的通解或满足初始条件的特解:

(1) $\dfrac{\mathrm{d}y}{\mathrm{d}x} = e^{x-y} + x^2 e^{-y}, y\big|_{x=0} = 0$;

(2) $xy' + y = 2\sqrt{xy}$;

(3) $xy\dfrac{\mathrm{d}y}{\mathrm{d}x} = x^2 + y^2$;

(4) $y' = \dfrac{3(x-1)}{2y} + \dfrac{y}{2(x-1)}$;

(5) $y'' = e^{3x} + \sin x$;

(6) $y'' = (y')^3 + y', y\big|_{x=0} = 0, y'\big|_{x=0} = 1$;

(7) $yy'' + (y')^2 = 0, y\big|_{x=0} = 1, y'\big|_{x=0} = \dfrac{1}{2}$;

(8) $y'' - 3y + 2y = 2e^x \cos x$;

(9) $y''' = x e^x$;

(10) $y^3 y'' - 1 = 0$.

数学文化欣赏

李雅普诺夫

李雅普诺夫(Lyapunov)是俄罗斯著名的数学家、力学家,是常微分方程运动稳定性理论的创始人,于1876年考入圣彼得堡大学数学系,分别于1885年和1892年在圣彼得堡大学和莫斯科大学获得硕士和博士学位,并分别于1901年、1909年和1916年当选圣彼得堡科学院院士、意大利林琴科学院外籍院士和巴黎科学院外籍院士.

1900年,李雅普诺夫提出了特征函数法,该方法给出了分布函数和特征函数的收敛性质之间的对应关系.李雅普诺夫用更简单和严密的方法证明了切比雪夫(Chebyshev)中心极限定理和马尔可夫(Markov)中心极限定理,并首次科学地解释了随机变量为什么近似服从正态分布,发表了《概率论极限定理的新形式》和《概率论的一个定理》这两篇论文.目前,李雅普诺夫的特征函数法在现代概率论与数理统计中得到了广泛的应用.

常微分方程运动稳定性理论是李雅普诺夫开创的,他在博士论文《论运动稳定性的一般问题》中对非线性常微分方程运动稳定性进行了系统的分析,该分析方法具有物理含义明确、几何解释直观、分析简便的特征,被广泛地应用于科学技术研究,为常微分方程运动稳定性的研究开辟了新的路径.

1898年,李雅普诺夫发表了《关于狄利克雷问题的某些研究》,该论文为数学物理方法的研究和发展奠定了基础.它是最早对单、双层位势进行探讨的文章,提出了在已知范围下问题有解的充要条件.鉴于他在常微分方程运动稳定性理论等研究领域的贡献,目前形成了众多以其姓氏命名的概念,例如,李雅普诺夫第一方法、李雅普诺夫第二方法、李雅普诺夫函数、李雅普诺夫稳定性、李雅普诺夫定理等.

总习题 8

一、单选题

1. 下列式子中,( ) 为微分方程.

A. $u'v + uv' = (uv)'$ 　　　　　　　B. $y'' + 2y' + 3y$

C. $y' + e^x = (y + e^x)'$ 　　　　　　D. $y'' + 2y' + 3y = 1$

2. 方程 $y^2 dx - (1-x)dy = 0$ 是( )微分方程.

A. 一阶齐次线性　　B. 一阶非齐次线性　　C. 可分离变量的　　D. 齐次

3. 下列方程中,( ) 为二阶微分方程.

A. $x^2 y'' + xy' + y = 1$ 　　　　　　B. $(y')^2 + yy' = 0$

C. $y^2 y' + x^2 y = \sin x$ 　　　　　　D. $(x+1)y^2 - 2y = 3$

4. 微分方程 $y \ln x \, dx = x \ln y \, dy$ 满足初始条件 $y \big|_{x=1} = 1$ 的特解是( ).

A. $\ln^2 x + \ln^2 y = 0$ B. $\ln^2 x + \ln^2 y = 1$

C. $\ln^2 x = \ln^2 y$ D. $\ln^2 x = \ln^2 y + 1$

5. 微分方程 $\dfrac{\mathrm{d}y}{\mathrm{d}x} = \dfrac{y}{x} + \tan\dfrac{y}{x}$ 的通解是（   ）.

A. $\sin\dfrac{y}{x} = \dfrac{C}{x}$ B. $\sin\dfrac{y}{x} = C + x$ C. $\sin\dfrac{y}{x} = Cx$ D. $\sin\dfrac{x}{y} = C$

二、计算题

1. 求下列微分方程的通解或满足初始条件的特解:

(1) $y' = 3^{x-y}$;

(2) $\dfrac{\mathrm{d}y}{\mathrm{d}x} = -\dfrac{x}{y}$;

(3) $y^2\,\mathrm{d}x + (x+1)\,\mathrm{d}y = 0$;

(4) $x\,\mathrm{d}y - y\ln y\,\mathrm{d}x = 0$;

(5) $y' = \mathrm{e}^{x-y} + x^2\mathrm{e}^{-y}$;

(6) $\dfrac{y'}{\sin x} = y\ln y, \, y\big|_{x=0} = \mathrm{e}$;

(7) $\dfrac{\mathrm{d}y}{\mathrm{d}x} = \dfrac{y}{x}\ln\dfrac{y}{x}, \, y\big|_{x=\mathrm{e}} = \mathrm{e}$;

(8) $xy' - y - \sqrt{x^2 - y^2} = 0$;

(9) $y' + y\cos x = \mathrm{e}^{-\sin x}$;

(10) $xy' + y = x^2 + 3x + 2\,(x > 0)$;

(11) $xy' = y + 2x^2$;

(12) $y^2\,\mathrm{d}x + (2xy - 1)\,\mathrm{d}y = 0\,(y > 0)$.

2. 求下列微分方程的通解:

(1) $y'' + 4y = 0$;

(2) $y'' - 2y' - 8y = 0$;

(3) $y'' + 6y' - 7y = 0$;

(4) $y'' + 8y' + 16y = 0$;

(5) $y'' - 2y' - 3y = 3x + 1$;

(6) $y'' + 4y' + 5y = 0$;

(7) $y'' + 2y' - 3y = 4\sin x$;

(8) $y'' + 9y = \cos x$.

3. 证明: 函数 $y_1 = \mathrm{e}^{x^2}$ 及 $y_2 = x\mathrm{e}^{x^2}$ 都是微分方程 $y'' - 4xy' + (4x^2 - 2)y = 0$ 的解, 并写出该微分方程的通解.

三、应用题

某制药厂生产一种药品 x 单位, 固定成本为100, 边际成本的变化率为 x, 开始生产第一个单位药品的边际成本为 -14, 求该厂的总成本函数.

附录 一些常用的数学公式

一、初等代数公式

1. 一元二次方程 $ax^2 + bx + c = 0$,根的判别式 $\Delta = b^2 - 4ac$

(1) 当 $\Delta > 0$ 时,方程有两个不相等的实根;

当 $\Delta = 0$ 时,方程有两个相等的实根;

当 $\Delta < 0$ 时,方程有一对共轭复根.

(2) 求根公式 $x_{1,2} = \dfrac{-b \pm \sqrt{b^2 - 4ac}}{2a}$.

2. 对数的运算性质

(1) 若 $a^y = x$,则 $y = \log_a x$;   (2) $\log_a a = 1, \log_a 1 = 0$;

(3) $\log_a xy = \log_a x + \log_a y$;   (4) $\log_a \dfrac{x}{y} = \log_a x - \log_a y$;

(5) $\log_a x^b = b \log_a x$;   (6) $a^{\log_a x} = x, \mathrm{e}^{\ln x} = x$.

3. 指数的运算性质

(1) $a^m a^n = a^{m+n}$;   (2) $\dfrac{a^m}{a^n} = a^{m-n}$;

(3) $(a^m)^n = a^{mn}$;   (4) $(ab)^m = a^m b^m$;

(5) $\left(\dfrac{a}{b}\right)^m = \dfrac{a^m}{b^m}$.

4. 常用的二项展开及分解公式

(1) $(a+b)^2 = a^2 + 2ab + b^2$;   (2) $(a-b)^2 = a^2 - 2ab + b^2$;

(3) $(a+b)^3 = a^3 + 3a^2 b + 3ab^2 + b^3$;   (4) $(a-b)^3 = a^3 - 3a^2 b + 3ab^2 - b^3$;

(5) $a^2 - b^2 = (a+b)(a-b)$;   (6) $a^3 - b^3 = (a-b)(a^2 + ab + b^2)$;

(7) $a^3 + b^3 = (a+b)(a^2 - ab + b^2)$;

(8) $a^n - b^n = (a-b)(a^{n-1} + a^{n-2}b + a^{n-3}b^2 + \cdots + b^{n-1})$;

(9) $(a+b)^n = C_n^0 a^n + C_n^1 a^{n-1} b + C_n^2 a^{n-2} b^2 + \cdots + C_n^k a^{n-k} b^k + \cdots + C_n^n b^n$,

其中,组合系数 $C_n^m = \dfrac{n(n-1)(n-2)\cdots(n-m+1)}{m!}$ $(m = 0,1,2,\cdots,n), C_n^0 = 1, C_n^n = 1,$
$C_n^m = C_n^{n-m}$.

5. 常用的不等式及其运算性质

对于任意实数 a, b,均有

(1) $|a| - |b| \leqslant |a+b| \leqslant |a| + |b|$;

(2) $a^2 + b^2 \geqslant 2ab$.

6. 常用数列公式

(1) 等差数列：$a_1, a_1 + d, a_1 + 2d, \cdots, a_1 + (n-1)d, \cdots$，其公差为 d，前 n 项的和为

$$S_n = a_1 + (a_1 + d) + (a_1 + 2d) + \cdots + [a_1 + (n-1)d] = \frac{a_1 + a_1 + (n-1)d}{2} \cdot n$$

$$= na_1 + \frac{n(n-1)d}{2}.$$

(2) 等比数列：$a_1, a_1 q, a_1 q^2, \cdots, a_1 q^{n-1}, \cdots$，其公比为 q，前 n 项的和为

$$S_n = a_1 + a_1 q + a_1 q^2 + \cdots + a_1 q^{n-1} = \frac{a_1(1-q^n)}{1-q}.$$

(3) 一些常见数列的前 n 项的和分别为

$$1 + 2 + 3 + \cdots + n = \frac{1}{2}n(n+1);$$

$$2 + 4 + 6 + \cdots + 2n = n(n+1);$$

$$1 + 3 + 5 + \cdots + (2n-1) = n^2;$$

$$1^2 + 2^2 + 3^2 + \cdots + n^2 = \frac{1}{6}n(n+1)(2n+1);$$

$$1^2 + 3^2 + 5^2 + \cdots + (2n-1)^2 = \frac{1}{3}n(4n^2-1);$$

$$1 \times 2 + 2 \times 3 + 3 \times 4 + \cdots + n \times (n+1) = \frac{1}{3}n(n+1)(n+2);$$

$$\frac{1}{1 \times 2} + \frac{1}{2 \times 3} + \frac{1}{3 \times 4} + \cdots + \frac{1}{n \times (n+1)} = 1 - \frac{1}{n+1}.$$

7. 阶乘

$$n! = n(n-1)(n-2) \cdots 2 \cdot 1.$$

二、基本三角公式

1. 基本公式

$$\sin^2 x + \cos^2 x = 1; \quad 1 + \tan^2 x = \sec^2 x; \quad 1 + \cot^2 x = \csc^2 x.$$

2. 倍角公式

$$\sin 2x = 2\sin x \cos x;$$
$$\cos 2x = \cos^2 x - \sin^2 x = 1 - 2\sin^2 x = 2\cos^2 x - 1;$$
$$\tan 2x = \frac{2\tan x}{1 - \tan^2 x}.$$

3. 半角公式

$$\sin^2 \frac{x}{2} = \frac{1-\cos x}{2}; \quad \cos^2 \frac{x}{2} = \frac{1+\cos x}{2}; \quad \tan \frac{x}{2} = \frac{1-\cos x}{\sin x}.$$

4. 和差公式

$$\sin(x \pm y) = \sin x \cos y \pm \cos x \sin y;$$

$$\cos(x \pm y) = \cos x \cos y \mp \sin x \sin y;$$

$$\tan(x \pm y) = \frac{\tan x \pm \tan y}{1 \mp \tan x \tan y}.$$

5. 和差化积公式

$$\sin x + \sin y = 2\sin \frac{x+y}{2} \cos \frac{x-y}{2};$$

$$\sin x - \sin y = 2\cos \frac{x+y}{2} \sin \frac{x-y}{2};$$

$$\cos x + \cos y = 2\cos \frac{x+y}{2} \cos \frac{x-y}{2};$$

$$\cos x - \cos y = -2\sin \frac{x+y}{2} \sin \frac{x-y}{2}.$$

6. 积化和差公式

$$\sin x \cos y = \frac{1}{2} \left[\sin(x+y) + \sin(x-y) \right];$$

$$\cos x \sin y = \frac{1}{2} \left[\sin(x+y) - \sin(x-y) \right];$$

$$\cos x \cos y = \frac{1}{2} \left[\cos(x+y) + \cos(x-y) \right];$$

$$\sin x \sin y = -\frac{1}{2} \left[\cos(x+y) - \cos(x-y) \right].$$

习题参考答案

第1章

习题 1.1

1.(1) 不相同,因为定义域不同;
　　(2) 不相同,因为定义域不同;
　　(3) 不相同,因为定义域不同;
　　(4) 不相同,因为对应法则不同.

2.(1) $(-\infty,-1)\cup(3,+\infty)$;
　　(2) $[-0.5,0)\cup(0,0.5]$;

　　(3) $\left(-\infty,-\dfrac{2}{3}\right]\cup[0,+\infty)$;
　　(4) $(1,+\infty)$;

　　(5) $\left[2k\pi,\dfrac{\pi}{2}+2k\pi\right]\cup\left[\dfrac{3}{2}\pi+2k\pi,2\pi+2k\pi\right]$　$(k\in\mathbf{N})$;

　　(6) $(-\infty,-3]$.

3.(1) $y=\sin u,u=x^2$;
　　(2) $y=u^2,u=\sin x$;

　　(3) $y=\sqrt{u},u=1+x^2$;
　　(4) $y=\mathrm{e}^u,u=\tan v,v=\dfrac{1}{x}$;

　　(5) $y=\arctan u,u=\mathrm{e}^v,v=2x$;
　　(6) $y=\sin u,u=\sqrt{v},v=2x-1$.

4.$R(x)=\begin{cases}ax, & x\leqslant 50,\\ 0.9ax+5a, & x>50.\end{cases}$

5.$R(x)=5\,000+\dfrac{15}{2}x-\dfrac{x^2}{200}$.

6.(1) $\dfrac{400}{x}+3$(元);
　　(2) $\dfrac{480}{x}+3.6$(元).

习题 1.2

1.(1) 0;　(2) 1;　(3) 0;　(4) $\dfrac{\pi}{2}$;　(5) 1;　(6) 0;　(7) $+\infty$;　(8) 4.

2.不存在,2.

3.(1) $\lim\limits_{x\to\infty}\dfrac{1}{x}=0,\lim\limits_{x\to0}\dfrac{1}{x}=\infty$;
　　(2) $\lim\limits_{x\to-1}\dfrac{x+1}{x-2}=0,\lim\limits_{x\to2}\dfrac{x+1}{x-2}=\infty$;

　　(3) $\lim\limits_{x\to k\pi}\tan x=0,\ \lim\limits_{x\to k\pi+\frac{\pi}{2}}\tan x=\infty(k=0,\pm1,\pm2,\cdots)$;

　　(4) $\lim\limits_{x\to0^-}3^{\frac{1}{x}}=0,\ \lim\limits_{x\to0^+}3^{\frac{1}{x}}=\infty$.

4.$\sqrt{3}$.

习题 1.3

1.(1) 2;　(2) 0;　(3) $\dfrac{1}{32}$;　(4) 0;　(5) $\dfrac{3}{7}$;　(6) 6;　(7) $\dfrac{24}{5}$;　(8) $\dfrac{3^{20}}{5^{30}}$.

2.(1) $\sqrt{2}$;　(2) e^3;　(3) e^{-6};　(4) e^{-2}.

3.(1) $\dfrac{3}{7}$;　(2) -2;　(3) 1;　(4) $-\dfrac{1}{2}$;　(5) $-\dfrac{1}{3}$;　(6) -2.

4. (1) $+\infty$; (2) 0; (3) 0; (4) $+\infty$; (5) 0; (6) $+\infty$.

5. $a=-1, b=1$.

习题 1.4

1. (1) $\sin 1$; (2) $-\dfrac{1}{2}$; (3) 1; (4) $3\mathrm{e}^2$.

2. $k=1$.

3. (1) 不连续, 理由略; (2) 连续, 理由略.

4. (1) $x=2$ 为可去间断点, $x=1$ 为第二类间断点;

(2) $x=\dfrac{\pi}{2}+k\pi(k\in\mathbf{Z})$ 为第二类间断点, $x=k\pi(k\in\mathbf{Z})$ 为可去间断点.

5. ～6. 略.

习题 1.5

1. $\dfrac{1}{3}$.

2. 90 m.

3. (1) $\dfrac{q_0\mathrm{e}^{kT}}{\mathrm{e}^{kT}-1}$; (2) $\dfrac{\ln 2}{6}$.

习题 1.6

略.

总习题 1

一、1. C. 2. A. 3. D. 4. C. 5. A. 6. D.

二、1. $y=x^{\frac{1}{3}}$. 2. 3. 3. e^{-2}. 4. $\dfrac{1}{2}$. 5. -1.

三、1. (1) $(-\infty,1]$; (2) $\{x\mid x\neq 1\}$; (3) $(-\infty,-3]$; (4) $[-3,1]$.

2. (1) $y=\arctan u, u=\mathrm{e}^v, v=\sqrt{x}$; (2) $y=\mathrm{e}^u, u=\arctan v, v=\sqrt{x}$;

(3) $y=\sqrt[3]{u}, u=\cos v, v=\sqrt{x}$.

3. (1) 2; (2) $\dfrac{1}{2}$; (3) -2; (4) 5; (5) ∞; (6) $-3x^2$;

(7) $2a$; (8) -3; (9) 0; (10) e^{-6}; (11) e^{15}; (12) e^5.

四、1. $R(x)=\begin{cases} ax, & x\leqslant 50, \\ 0.8ax+10a, & x>50. \end{cases}$

2. ～3. 略.

4. $L(x)=350x-200\,000$.

5. $y=\begin{cases} 0.528\,3x, & x\leqslant 170, \\ 0.578\,3x-8.5, & 170<x\leqslant 270, \\ 0.828\,3x-76, & x>270. \end{cases}$

第 2 章

习题 2.1

1. $\dfrac{1}{2}$.

2. (1) 2; (2) 5.

3.切线方程:$y-3=8(x-2)$,法线方程:$y-3=-\dfrac{1}{8}(x-2)$.

4.切线方程:$y-4=x$,法线方程:$y-4=-x$.

5.不可导.

6.可导.

习题 2.2

1.(1) $2x^{-\frac{3}{5}}+\sec x\tan x$;　(2) $\dfrac{7}{x\ln 3}+\dfrac{6}{x^4}$;　(3) $x^2(3\cos x-x\sin x)$;

(4) $\mathrm{e}^x\left(\dfrac{1}{2\sqrt{x}}+\sqrt{x}\right)$;　(5) $2x\arcsin x+\dfrac{x^2}{\sqrt{1-x^2}}$;　(6) $3x^2\arctan x+\dfrac{x^3}{1+x^2}$;

(7) $\mathrm{e}^x(\tan x+\sec^2 x)$;　(8) $\dfrac{-2}{1+\sin x}$;　(9) $\dfrac{2-\ln x}{2x\sqrt{x}}$.

2.(1) $3\cos(3x+1)$;　(2) $2\mathrm{e}^{2x+3}$;　(3) $2x\sec^2(x^2+3)$;

(4) $-\tan x$;　(5) $-\mathrm{e}^{\cos x}\sin x$;　(6) $2\tan x\sec^2 x$;

(7) $\dfrac{1}{2\sqrt{x}(1+x)}$;　(8) $\mathrm{e}^{5x}(15x+13)$;　(9) $\dfrac{6(2x+1)^2\sin x-(2x+1)^3\cos x}{\sin^2 x}$;

(10) $\dfrac{\mathrm{e}^{3x}(3\cos 2x+2\sin 2x)}{\cos^2 2x}$;　(11) $\mathrm{e}^{3x}(3\cos x-\sin x)$;　(12) $\dfrac{(x-1)\mathrm{e}^x}{x^2+\mathrm{e}^{2x}}$;

(13) $\dfrac{x\cos x-\sin x}{x\sin x}$;　(14) $2\mathrm{e}^{\sin(2x+1)}\cos(2x+1)$;　(15) $\mathrm{e}^x\cot \mathrm{e}^x$.

习题 2.3

(1) $2\cos x^2-4x^2\sin x^2$;　　　　　(2) $-4\cos(2x+3)$;

(3) $-\dfrac{1}{(x-1)^2}$;　　　　　(4) $\mathrm{e}^{\cos x}(\sin^2 x-\cos x)$.

习题 2.4

1.(1) $\mathrm{d}y=3\sec^2(3x+4)\mathrm{d}x$;　(2) $\mathrm{d}y=-2\sin(2x+1)\mathrm{d}x$;　(3) $\mathrm{d}y=\dfrac{5}{5x+2}\mathrm{d}x$;

(4) $\mathrm{d}y=(2x\cos x-x^2\sin x)\mathrm{d}x$;　(5) $\mathrm{d}y=6(3x+1)\mathrm{d}x$;　(6) $\mathrm{d}y=\dfrac{x\mathrm{e}^x}{(x+1)^2}\mathrm{d}x$.

2.(1) 1.02;　(2) -0.02;　(3) 0.9967;　(4) 0.5302.

3.精确值为 $1\,025\pi\ \mathrm{cm}^2$,近似值为 $1\,000\pi\ \mathrm{cm}^2$.

4.$40\pi\ \mathrm{cm}^3$.

习题 2.5

1.2 500,它表示当产量为 50 单位时,再增产(或减产)1 单位,需增加(或减少)总成本 2 500 单位.

2. -20,它表示当价格为 15 单位时,价格再上涨 1 单位,需求量将减少 20 单位.

3.38 000,360,它表示当需求量为 100 单位时,需求量再增加 1 单位,总收益将增加 360 单位.

4.700,它表示当需求量为 100 单位时,需求量再增加 1 单位,总利润将增加 700 单位;$-1\,200$,它表示当需求量为 200 单位时,需求量再增加 1 单位,总利润将减少 1 200 单位.

5. -3,它表示当价格为 30 单位时,若价格上涨(或下跌)1%,则需求量减少(或增加)3%.

习题 2.6

略.

总习题 2

一、1. B.　2. D.　3. A.　4. A.　5. C.　6. B.　7. A.　8. A.

二、1.2.　2.2.　3.0.　4.$2a$.　5.c.

三、1.(1) $-3\sin(3x+5)$; (2) $\frac{1}{3}x^{-\frac{2}{3}}e^{\sqrt[3]{x}-2}$; (3) $-\left(3+\frac{1}{2}x^{-\frac{1}{2}}\right)\csc^2(3x+\sqrt{x})$;

(4) $\frac{\cos x-\sin x}{\sin x+\cos x}$; (5) $(\cos x+\sec^2 x)e^{\sin x+\tan x}$; (6) $-2\cot x\csc^2 x$;

(7) $-\frac{1}{2\sqrt{x(1-x)}}$; (8) $2e^{\tan^2 x}\tan x\sec^2 x$; (9) $-\left(e^x+\frac{1}{2\sqrt{x}}\right)\tan(e^x+\sqrt{x})\csc^2(e^x+\sqrt{x})$;

(10) $y=\frac{3}{2}x^{\frac{1}{2}}\arccos x-\frac{x^{\frac{3}{2}}}{\sqrt{1-x^2}}$; (11) $\frac{4}{3}x^{\frac{1}{3}}\operatorname{arccot}x-\frac{x^{\frac{4}{3}}}{1+x^2}$;

(12) $\frac{(e^x+2)(3\sin x+4\cos x)-(e^x+2x)(3\cos x-4\sin x)}{(3\sin x+4\cos x)^2}$.

2.(1) $-2\cos 2x$; (2) $\left[2\left(3+\frac{1}{2}x^{-\frac{1}{2}}\right)^2\cot(3x+\sqrt{x})+\frac{1}{4}x^{-\frac{3}{2}}\right]\csc^2(3x+\sqrt{x})$;

(3) $-\frac{(5x+\cos x)\cos x+(5-\sin x)^2}{(5x+\cos x)^2}$; (4) $e^{\tan x}\sec^2 x(\sec^2 x+2\tan x)$.

3.(1) 1.004; (2) 0.05; (3) 0.530 2; (4) 1.069 8.

四、1.连续,不可导.

2.2,$-\frac{2}{5}x+10$,$-\frac{2}{5}x+8$.

3.25.13 cm³.

4.(1) $\frac{5p}{5p-25\,000}$;

(2) -0.67,它表示当音响售价为 2 000 单位时,价格上涨(或下跌)1%,需求量将减少(或增加)0.67%.

5.不需要.

6.24,-36.

7.1 000 件.

8.20%.

9.186 件.

10.3 μg/mL.

第 3 章

习题 3.1

1.(1) 满足,$\xi=2$; (2) 满足,$\xi=0$; (3) 满足,$\xi=2$; (4) 不满足.

2.~3.略.

习题 3.2

1.(1) $\cos 2$; (2) 1; (3) 2; (4) ∞; (5) 2; (6) $\ln\frac{2}{3}$; (7) $-\frac{1}{2}$;

(8) 1; (9) -1; (10) 1; (11) 1; (12) $-\frac{1}{2}$; (13) $e^{-\frac{1}{2}}$; (14) 1.

2.(1) 不能,1; (2) 不能,1.

3.略.

习题 3.3

1.(1) 单调减少； （2）单调增加； （3）单调增加.

2.(1) 单调增加区间为 $(-1,+\infty)$，单调减少区间为 $(-\infty,-1)$；

(2) 单调增加区间为 $(-\infty,0),\left(\dfrac{4}{3},+\infty\right)$，单调减少区间为 $\left(0,\dfrac{4}{3}\right)$；

(3) 单调增加区间为 $(-\infty,-1),(3,+\infty)$，单调减少区间为 $(-1,3)$；

(4) 单调增加区间为 $(-\infty,1),(2,+\infty)$，单调减少区间为 $(1,2)$；

(5) 单调增加区间为 $(-\infty,+\infty)$；

(6) 单调增加区间为 $(2,+\infty)$，单调减少区间为 $(0,2)$；

(7) 单调增加区间为 $(-\infty,1)$，单调减少区间为 $(1,+\infty)$；

(8) 单调增加区间为 $(-\infty,0),(1,+\infty)$，单调减少区间为 $(0,1)$.

3. ～ 4. 略.

5.(1) 凸区间为 $\left(-\infty,-\dfrac{1}{2}\right)$，凹区间为 $\left(-\dfrac{1}{2},+\infty\right)$，拐点为 $\left(-\dfrac{1}{2},\dfrac{41}{2}\right)$；

(2) 凸区间为 $\left(\dfrac{1}{3},+\infty\right)$，凹区间为 $\left(-\infty,\dfrac{1}{3}\right)$，拐点为 $\left(\dfrac{1}{3},\dfrac{2}{27}\right)$；

(3) 凸区间为 $\left(-\infty,\dfrac{3}{2}\right)$，凹区间为 $\left(\dfrac{3}{2},+\infty\right)$，拐点为 $\left(\dfrac{3}{2},\dfrac{3}{2}\right)$；

(4) 凸区间为 $(-\infty,-1),(1,+\infty)$，凹区间为 $(-1,1)$，拐点为 $(-1,\ln 2),(1,\ln 2)$；

(5) 凸区间为 $(-\infty,2)$，凹区间为 $(2,+\infty)$，拐点为 $\left(2,\dfrac{2}{e^2}\right)$；

(6) 凸区间为 $\left(-\infty,-\dfrac{1}{5}\right)$，凹区间为 $\left(-\dfrac{1}{5},0\right),(0,+\infty)$，拐点为 $\left(-\dfrac{1}{5},-\dfrac{6}{5}\left(-\dfrac{1}{5}\right)^{\frac{2}{3}}\right)$.

习题 3.4

1.(1) 极小值为 $y\left(\dfrac{1}{2}\right)=\dfrac{5}{2}$； （2）极大值为 $y(1)=2$，极小值为 $y(2)=1$；

(3) 极大值为 $y(0)=7$，极小值为 $y(2)=3$； （4）极大值为 $y(-1)=17$，极小值为 $y(3)=-47$；

(5) 极小值为 $y(0)=2$； （6）无极值；

(7) 极大值为 $y(-1)=\dfrac{2}{15}$，极小值为 $y(1)=-\dfrac{2}{15}$； （8）极大值为 $y(2)=1$.

2.(1) 最大值为 $y(4)=80$，最小值为 $y(-1)=-5$；

(2) 最大值为 $y(2\pi)=2\pi$，最小值为 $y(0)=0$；

(3) 最大值为 $y(-1)=y\left(\dfrac{1}{8}\right)=\dfrac{1}{2}$，最小值为 $y(-8)=-2$.

3. $x=-3,y(-3)=27$.

4. $x=2\,500$.

5. $6\,000$ 件.

6. $2\,000$ 单位.

7. $x=\dfrac{a}{6}$.

8. 池底半径为 $\sqrt[3]{\dfrac{V}{2\pi}}$，水池高度为 $\sqrt[3]{\dfrac{4V}{\pi}}$.

习题 3.5

略.

总习题 3

一、1. B.　2. B.　3. A.　4. D.　5. D.

二、1. 2.　2. $[-2,1]$.　3. 1.　4. $(0,1)$.　5. $(-\infty,1)$.

三、1. (1) $-\dfrac{1}{6}$;　(2) -1;　(3) $-\dfrac{1}{8}$;　(4) $\mathrm{e}^{-\frac{1}{3}}$;　(5) $2\mathrm{e}$;

　　　(6) 0;　(7) e;　(8) 1;　(9) $-\dfrac{1}{6}$;　(10) 1.

四、1. -1.

　　2. $\pm\dfrac{\sqrt{2}}{8}$.

　　3. 略.

　　4. $\sqrt{\dfrac{40}{4+\pi}}\approx 2.366(\mathrm{m})$.

　　5. (1) C;　(2) $\dfrac{C}{2}$.

　　6. (1) 3;　(2) 2.

　　7. $\sqrt{\dfrac{ac}{2b}}$ 批.

　　8. (1) $\dfrac{449}{450}$;　(2) $(0.025,0.024\,95)$;　(3) 略.

第 4 章

习题 4.1

1. $2-\dfrac{3}{x}$ 是 $\dfrac{3}{x^2}$ 的原函数,$1+x^4$ 是 $4x^3$ 的原函数,$\ln(1+x^2)$ 是 $\dfrac{2x}{1+x^2}$ 的原函数,

　$(1+x^2)^2$ 是 $4x(1+x^2)$ 的原函数.

2. (1) x^5+C;

　　(3) $x-\cos x+\sin x+C$;

　　(5) $9x-2x^3+\dfrac{x^5}{5}+C$;

　　(7) e^x-x+C;

　　(9) $\tan x-\sec x+C$.

　　(2) $\dfrac{8^x}{\ln 8}+\dfrac{x^9}{9}+C$;

　　(4) $3\arctan x-8\arcsin x+C$;

　　(6) $\dfrac{x^2}{2}+x-3\ln|x|+\dfrac{3}{x}+C$;

　　(8) $x-\arctan x+C$;

3. (1) $\ln x^3$;

　　(3) $\sin(x-x^3)+C$;

　　(2) $\cot x^2\,\mathrm{d}x$;

　　(4) $3^{x^2-1}+C$.

4. $F(x)=x^2+3x-2$.

5. $y=\sin x+2$.

习题 4.2

1. (1) $\dfrac{(2x-4)^5}{10}+C$;

　　(2) $-\dfrac{2}{5}\sqrt{2-5x}+C$;

(3) $-\dfrac{2}{27}(4-3x^3)^{\frac{3}{2}}+C$;　　　　　(4) $\dfrac{1}{4}\cos(5-x^4)+C$;

(5) $-e^{\frac{1}{x}}+C$;　　　　　　　　　(6) $\arcsin e^x+C$;

(7) $x-2\arctan\dfrac{x}{2}+C$;　　　　　(8) $\ln\mid 3x+1+\sqrt{9x^2+6x+2}\mid+C$;

(9) $\ln\mid x-1+\sqrt{x^2-2x+2}\mid+C$.

2. (1) $\sqrt{2x}-\ln\mid 1+\sqrt{2x}\mid+C$;　　　　(2) $2(\sqrt{x}-\arctan\sqrt{x})+C$;

(3) $\sqrt{2x-3}-\ln\mid 1+\sqrt{2x-3}\mid+C$;

(4) $(x+1)-4\sqrt{x+1}+4\ln\mid\sqrt{x+1}+1\mid+C$;

(5) $\ln(x+\sqrt{x^2+1})+C$.

3. (1) $\dfrac{1}{2}\arctan\dfrac{x}{2}+C$;　　　　　(2) $\arcsin\dfrac{x}{2}+C$;

(3) $\arccos\dfrac{1}{x}+C$.

习题 4.3

(1) $\cos x+x\sin x+C$;　　　　　(2) $\dfrac{x^3}{3}\ln x-\dfrac{x^3}{9}+C$;

(3) $e^x(x^2-2x+2)+C$;　　　　　(4) $\dfrac{1}{2}e^x(\sin x-\cos x)+C$;

(5) $e^x\ln x+C$;　　　　　　　　(6) $x\arctan x-\dfrac{1}{2}\ln(1+x^2)+C$;

(7) $e^{\arcsin x}(\arcsin x-1)+C$;　　　(8) $e^{-x}(x^2+2x+2)+C$.

习题 4.4

略.

总习题 4

一、1. D.　2. C.　3. C.　4. D.　5. B.　6. C.

二、1. $e^{-\sin x}+C$.　2. $\dfrac{1}{x}$.　3. $e^{2x}+C$.　4. $\dfrac{8^x}{\ln 8}+\dfrac{x^9}{9}+C$.　5. $e^{\sin x}+C$.

6. $-e^{\frac{1}{x}}+C$.　7. $\ln\mid\ln x\mid+C$.　8. $x\sin x+C$.　9. $2^{\sin x}+C$.　10. $\ln(x^2-1)\mathrm{d}x$.

三、1. (1) $e^x-3\sin x+C$;　(2) $x^3-2\csc x+C$;　(3) $8\sqrt{x}-\dfrac{1}{10}x^2\sqrt{x}+C$;

(4) $\tan x-\sec x+C$;　(5) $3\arctan x-8\arcsin x+C$;　(6) $\dfrac{1}{2(1-2x)}+C$;

(7) $\dfrac{1}{5}\sin(5x-1)+C$;　(8) $\sqrt{x^2+1}+C$;　(9) $-e^{-x}(x+1)+C$;　(10) $x^4\ln x-\dfrac{x^4}{4}+C$;

(11) $\dfrac{e^{3x}}{3}\left(x^2-\dfrac{2}{3}x+\dfrac{2}{9}\right)+C$;　(12) $x-\arctan x+C$;　(13) e^x-x+C;

(14) $2\sqrt{x}(\ln x-2)+C$;　(15) $-\dfrac{\sqrt{1-x^2}}{x}+C$;　(16) $2(e^{\sqrt{x}}+\sin\sqrt{x})+C$.

2. 略.

四、1. $F(x)=x^2+3x-2$.

2. $y=\ln\mid x\mid+2$.

3. $y=e^{2x-4}+3$.

第5章

习题 5.1

1. $\dfrac{1}{3}$.

2. (1) 15； (2) 8； (3) $\dfrac{\pi}{4}$； (4) 0.

3. (1) $\displaystyle\int_3^4 \ln x\,\mathrm{d}x < \int_3^4 \ln^2 x\,\mathrm{d}x$； (2) $\displaystyle\int_0^1 \mathrm{e}^x\,\mathrm{d}x > \int_0^1 \mathrm{e}^{x^2}\,\mathrm{d}x$； (3) $\displaystyle\int_0^{\frac{\pi}{2}} \sin x\,\mathrm{d}x < \int_0^{\frac{\pi}{2}} x\,\mathrm{d}x$；

    (4) $\displaystyle\int_0^1 x\,\mathrm{d}x > \int_0^1 \ln(1+x)\,\mathrm{d}x$； (5) $\displaystyle\int_{-\frac{\pi}{2}}^0 \sin x\,\mathrm{d}x < \int_0^{\frac{\pi}{2}} \sin x\,\mathrm{d}x$； (6) $\displaystyle\int_0^1 \mathrm{e}^x\,\mathrm{d}x > \int_0^1 (1+x)\,\mathrm{d}x$.

4. (1) $\dfrac{2}{5} \leqslant \displaystyle\int_1^2 \dfrac{x}{1+x^2}\,\mathrm{d}x \leqslant \dfrac{1}{2}$； (2) $\dfrac{1}{2} \leqslant \displaystyle\int_{\frac{\pi}{4}}^{\frac{\pi}{2}} \dfrac{\sin x}{x}\,\mathrm{d}x \leqslant \dfrac{\sqrt{2}}{2}$.

5. $\dfrac{3}{2\ln 2}$.

6. (1) $3\,000 - \dfrac{3\,000}{T}t$（件）, $k = \dfrac{3\,000}{T}$； (2) 1 500 件.

习题 5.2

1. (1) $\sin x$； (2) $x^2 2^x$； (3) $-\ln(1+x)$；

    (4) $2x\ln(1+x^2)$； (5) $2x\cos x^2 - \cos x$； (6) $-2x\,\mathrm{e}^{2x^2+1}$.

2. (1) $\dfrac{5}{24}$； (2) 0； (3) $\dfrac{1}{2}$； (4) 2.

3. (1) $\dfrac{\pi}{3}$； (2) -2； (3) $\dfrac{9}{2}$； (4) $\dfrac{7}{3}$； (5) $2(\sqrt{2}-1)$.

4. $\dfrac{\cos x}{\sin x - 1}$.

5. 极小值为 $p(0) = 0$.

习题 5.3

1. (1) 4； (2) $\dfrac{1}{2}(25 - \ln 26)$； (3) $\dfrac{22}{3}$； (4) $\dfrac{\pi}{4}$； (5) $\dfrac{\pi}{4}$； (6) $\dfrac{\pi}{2}$.

2. (1) 1； (2) $\dfrac{3\pi}{2} - 3$； (3) $\dfrac{2\mathrm{e}^3 + 1}{9}$； (4) $2 - \dfrac{3}{4\ln 2}$； (5) $\dfrac{\sqrt{2}\pi}{8} + \dfrac{\sqrt{2}}{2} - 1$； (6) $1 - \dfrac{2}{\mathrm{e}}$.

3. (1) 0； (2) $\ln 5$.

习题 5.4

(1) 收敛, $\dfrac{1}{2}$； (2) 收敛, $\dfrac{1}{3}$； (3) 发散；

(4) 收敛, $\dfrac{\pi}{4}$； (5) 收敛, -1； (6) 收敛, π.

习题 5.5

1. (1) 4； (2) $\dfrac{8}{3}$； (3) $\dfrac{1}{6}$； (4) 1； (5) $\pi - 2$.

2. $C(Q) = 25Q + 15Q^2 - \dfrac{8}{3}Q^3 + 55$.

3. $C(x) = \mathrm{e}^x + 99$.

4. 10 400 元.

5. $R(Q) = 3Q - 0.15Q^2$.

6. 456 单位.

7. 666.33.

8. (1) $C(x) = 3x + \dfrac{1}{8}x^2 + 1, R(x) = 8x - \dfrac{1}{2}x^2$;

   (2) 产量为 4 百台时,利润最大,最大利润为 9 万元.

9. 66 666.67 元.

10. (1) 0.04;　(2) $250(e^{0.4} - 1)$ 万元.

习题 5.6

略.

总习题 5

一、1. C.　2. A.　3. C.　4. C.　5. C.

二、1. $\dfrac{\pi}{4}$.　2. $\dfrac{2}{3}$.　3. $-\dfrac{11}{4}$.　4. 4.　5. $\dfrac{\pi}{2}$.　6. $\dfrac{\pi}{4}$.　7. $\dfrac{1}{2}$.　8. $\dfrac{3\pi}{8}$.

三、1. $e - 1$.　2. $\dfrac{1}{4}$.

3. (1) $1 \leqslant \displaystyle\int_0^1 e^{x^2}\,dx \leqslant e$;　(2) $6 \leqslant \displaystyle\int_1^4 (x^2 + 1)\,dx \leqslant 51$;　(3) $\dfrac{\pi}{9} \leqslant \displaystyle\int_{\frac{\sqrt{3}}{3}}^{\sqrt{3}} x \arctan x\,dx \leqslant \dfrac{2}{3}\pi$.

4. (1) $\dfrac{1}{3}$;　(2) $\dfrac{8}{3}$;　(3) $\dfrac{\sqrt{2}}{2}$;　(4) $2(\sqrt{3} - 1)$;

   (5) $2\sqrt{2}$;　(6) $\dfrac{1}{6}\left(\dfrac{1}{25} - \dfrac{1}{196}\right)$;　(7) $-\dfrac{3}{8}\left[\left(1 - \dfrac{\pi^2}{4}\right)^{\frac{4}{3}} - 1\right]$;　(8) $\dfrac{1 - \ln 2}{2}$.

5. (1) $e - 2$;　(2) $\dfrac{1}{4}(e^2 + 1)$;　(3) $-\dfrac{2\pi}{\omega^2}$;

   (4) $\dfrac{1}{5}(e^{\pi} - 2)$;　(5) $\dfrac{1}{2}\left(\dfrac{\sqrt{3}}{6}\pi + 1\right)$;　(6) $\ln\dfrac{2e}{1 + e} - \dfrac{1}{1 + e}$.

6. (1) 2;　(2) $\dfrac{1}{2}$.

7. 略.

8. (1) 收敛, $\dfrac{1}{3}$;　(2) 发散;　(3) 收敛, $\dfrac{\pi}{4}$;　(4) 收敛, 2;　(5) 收敛, $\dfrac{8}{3}$;　(6) 收敛, $\dfrac{1}{2}\ln 2$.

四、1. (1) $\dfrac{10}{3}$;　(2) $\dfrac{9}{2}$;　(3) $\dfrac{\pi}{2} - 1$;　(4) $\dfrac{3}{2} - \ln 2$.

2. $f(x) = \ln|x| + 1$.

3. 最大值为 $F(0) = 0$,最小值为 $F(4) = -\dfrac{32}{3}$.

4. (1) $B - \dfrac{Bt}{T}, k = \dfrac{B}{T}$;　(2) $\dfrac{B}{2}$.

5. (1) $C(x) = \dfrac{x^2}{8} + 4x + 1, R(x) = 9x - \dfrac{1}{2}x^2, L(x) = 5x - \dfrac{5}{8}x^2 - 1$;　(2) 4 万台.

6. (1) $C(Q) = 0.25Q^2 + 8Q, R(Q) = 16Q - Q^2$;　(2) 38 万元,40 万元;　(3) 3.2 百台;

   (4) 12.80 万元,28.16 万元,40.96 万元;　(5) 减少 0.3 万元.

7. 使用 10 年后, $\ln(1 + \sqrt{2}) - \sqrt{2} + 1$ (元).

第 6 章

习题 6.1

1. $A:\mathrm{IV}$, $B:\mathrm{V}$, $C:\mathrm{VIII}$, $D:\mathrm{III}$.

2. 关于 xOy 平面、yOz 平面、zOx 平面对称的点的坐标分别为 $(x,y,-z),(-x,y,z),(x,-y,z)$；关于 x 轴、y 轴、z 轴对称的点的坐标分别为 $(x,-y,-z),(-x,y,-z),(-x,-y,z)$；关于坐标原点对称的点的坐标为 $(-x,-y,-z)$.

3. $|z_0|$, $\sqrt{x_0^2+y_0^2}$.

4. $(0,1,-2)$.

5. $\left(0,0,\dfrac{7}{10}\right)$.

6. $x+2y+3z-6=0$.

7. $x-3y-2z+3=0$.

8. $\dfrac{4}{7}\sqrt{14}$.

9. $4,-10,20$.

习题 6.2

1. (1) 2; (2) $\dfrac{\pi}{6}$; (3) 1; (4) $\dfrac{1}{2}$; (5) -2; (6) 6.

2. (1) 不连续; (2) 连续.

习题 6.3

1. $4,6$.

2. (1) $2,8$; (2) $\dfrac{2}{5},\dfrac{3}{10}$.

3. (1) $\dfrac{\partial z}{\partial x}=18x^2y^2,\dfrac{\partial z}{\partial y}=12x^3y$; (2) $\dfrac{\partial z}{\partial x}=\dfrac{2}{\sqrt{x}}+2xy,\dfrac{\partial z}{\partial y}=x^2$;

   (3) $\dfrac{\partial z}{\partial x}=-3\sin(3x+2y),\dfrac{\partial z}{\partial y}=-2\sin(3x+2y)$; (4) $\dfrac{\partial z}{\partial x}=\dfrac{1+2y^2}{(1-xy)^2},\dfrac{\partial z}{\partial y}=\dfrac{2+x^2}{(1-xy)^2}$;

   (5) $\dfrac{\partial z}{\partial x}=2x\sin 2y,\dfrac{\partial z}{\partial y}=2x^2\cos 2y$; (6) $\dfrac{\partial z}{\partial x}=\mathrm{e}^y,\dfrac{\partial z}{\partial y}=x\mathrm{e}^y$;

   (7) $\dfrac{\partial z}{\partial x}=\dfrac{1}{x\ln 2},\dfrac{\partial z}{\partial y}=\dfrac{1}{y\ln 2}$; (8) $\dfrac{\partial z}{\partial x}=\dfrac{y}{x^2+y^2},\dfrac{\partial z}{\partial y}=-\dfrac{x}{x^2+y^2}$;

   (9) $\dfrac{\partial z}{\partial x}=-\mathrm{e}^x\sin 3y,\dfrac{\partial z}{\partial y}=-3\mathrm{e}^x\cos 3y$.

4. (1) $\dfrac{\partial^2 z}{\partial x^2}=12x^2,\dfrac{\partial^2 z}{\partial x\partial y}=\dfrac{\partial^2 z}{\partial y\partial x}=-2,\dfrac{\partial^2 z}{\partial y^2}=6y$;

   (2) $\dfrac{\partial^2 z}{\partial x^2}=2\tan(x+y)\sec^2(x+y)+2y,\dfrac{\partial^2 z}{\partial x\partial y}=\dfrac{\partial^2 z}{\partial y\partial x}=2\tan(x+y)\sec^2(x+y)+2x$,

   $\dfrac{\partial^2 z}{\partial y^2}=2\tan(x+y)\sec^2(x+y)$;

   (3) $\dfrac{\partial^2 z}{\partial x^2}=-\dfrac{1}{(x-y^2)^2\ln 2},\dfrac{\partial^2 z}{\partial x\partial y}=\dfrac{\partial^2 z}{\partial y\partial x}=\dfrac{2y}{(x-y^2)^2\ln 2},\dfrac{\partial^2 z}{\partial y^2}=-\dfrac{2(x+y^2)}{(x-y^2)^2\ln 2}$;

   (4) $\dfrac{\partial^2 z}{\partial x^2}=-\sin(x-y),\dfrac{\partial^2 z}{\partial x\partial y}=\dfrac{\partial^2 z}{\partial y\partial x}=\sin(x-y),\dfrac{\partial^2 z}{\partial y^2}=-\sin(x-y)$;

(5) $\dfrac{\partial^2 z}{\partial x^2} = 12x^2 y$，$\dfrac{\partial^2 z}{\partial x \partial y} = \dfrac{\partial^2 z}{\partial y \partial x} = \dfrac{1}{2\sqrt{y}} + 4x^3$，$\dfrac{\partial^2 z}{\partial y^2} = -\dfrac{x}{4}y^{-\frac{3}{2}}$；

(6) $\dfrac{\partial^2 z}{\partial x^2} = -e^x \sin(e^x - e^y) - e^{2x}\cos(e^x - e^y)$，$\dfrac{\partial^2 z}{\partial x \partial y} = \dfrac{\partial^2 z}{\partial y \partial x} = e^{x+y}\cos(e^x - e^y)$，

$\dfrac{\partial^2 z}{\partial y^2} = e^y \sin(e^x - e^y) - e^{2y}\cos(e^x - e^y)$.

5. $-2x\sin xy - x^2 y\cos xy$.

习题 6. 4

1. (1) $dz = (2y^3 - 3x^2 y)dx + (6xy^2 - x^3)dy$；　　　　(2) $dz = -y\sin xy\,dx - x\sin xy\,dy$；

(3) $dz = \dfrac{2}{1 + (2x + y)^2}dx + \dfrac{1}{1 + (2x + y)^2}dy$；　　(4) $dz = 2xye^{x^2 y}dx + x^2 e^{x^2 y}dy$；

(5) $dz = \dfrac{1}{2x}dx + \dfrac{1}{2y}dy$；　　　　　　　　　(6) $dz = 2y^x \ln y\,dx + 2xy^{x-1}dy$.

2. $dz\Big|_{(1,-2)} = 4e^{-4}dx - 2e^{-4}dy$.

3. 0. 502 3.

4. 1. 08.

5. 12 cm^2.

习题 6. 5

1. (1) $\dfrac{\partial z}{\partial x} = 4x$，$\dfrac{\partial z}{\partial y} = 4y$；

(2) $\dfrac{\partial z}{\partial x} = \dfrac{2x}{y^2}\ln(2x - 3y) + \dfrac{2x^2}{y^2(2x - 3y)}$，$\dfrac{\partial z}{\partial y} = -\dfrac{2x^2}{y^3}\ln(2x - 3y) - \dfrac{3x^2}{y^2(2x - 3y)}$；

(3) $\dfrac{\partial z}{\partial x} = e^{xy}[y\sin(x + y) + \cos(x + y)]$，$\dfrac{\partial z}{\partial y} = e^{xy}[x\sin(x + y) + \cos(x + y)]$；

(4) $\dfrac{\partial z}{\partial x} = 3x^2 \sin y\cos y(\sin y + \cos y)$，$\dfrac{\partial z}{\partial y} = x^3(\cos^3 y - \sin^3 y + 2\cos^2 y\sin y - 2\cos y\sin^2 y)$.

2. (1) $e^t(\cos t - \sin t)$；　　　　　　　　(2) $e^{\sin t + 2t^3}(\cos t + 6t^2)$；

(3) $e^{-t}(e^{3t} - 1) - 3e^{2t}$；　　　　　　(4) $e^t + \dfrac{2(t + 1)}{t(t + 2)}$.

3. (1) $\dfrac{e^x - y}{x + e^y}$；　(2) $\dfrac{1}{e^y + 1}$；　(3) $\dfrac{y^2 - e^x}{\cos y - 2xy}$；

(4) $\dfrac{e^y}{1 - xe^y}$；　(5) $\dfrac{2x + y}{x - 2y}$；　(6) $\dfrac{x^{y-1}y - y^x \ln y}{y^{x-1}x - x^y \ln x}$.

4. (1) $\dfrac{\partial z}{\partial x} = \dfrac{yz}{e^z - xy}$，$\dfrac{\partial z}{\partial y} = \dfrac{xz}{e^z - xy}$；　(2) $\dfrac{\partial z}{\partial x} = \dfrac{z^2 + y}{3yz^2 - 2xz}$，$\dfrac{\partial z}{\partial y} = \dfrac{z^3 - x}{2xz - 3yz^2}$；

(3) $\dfrac{\partial z}{\partial x} = \dfrac{3yz}{2z - 3xy}$，$\dfrac{\partial z}{\partial y} = \dfrac{3xz}{2z - 3xy}$；　(4) $\dfrac{\partial z}{\partial x} = -z\Big(2y^2 + \dfrac{1}{x}\Big)$，$\dfrac{\partial z}{\partial y} = -z\Big(4xy + \dfrac{1}{y}\Big)$；

(5) $\dfrac{\partial z}{\partial x} = -\dfrac{1}{3}$，$\dfrac{\partial z}{\partial y} = \dfrac{2}{3 - 3\cos(x + 3z)}$；

(6) $\dfrac{\partial z}{\partial x} = \dfrac{e^x \arctan z + 2x\sin y}{\dfrac{\sqrt{y}}{z} - \dfrac{e^x}{z^2 + 1}}$，$\dfrac{\partial z}{\partial y} = \dfrac{x^2 \cos y - \dfrac{\ln z}{\sqrt{y}}}{\dfrac{\sqrt{y}}{z} - \dfrac{e^x}{z^2 + 1}}$.

*5. $\dfrac{\partial z}{\partial x} = \cos x f'_1 + 2xf'_2$，$\dfrac{\partial z}{\partial y} = -2yf'_2$.

*6. $f'_1 + yzf'_2$.

*7. $\dfrac{\partial z}{\partial x} = \dfrac{-xF'_1}{F'_1 + zF'_2}, \dfrac{\partial z}{\partial y} = \dfrac{-3F'_2}{2F'_1 + 2zF'_2}$.

习题 6.6

1. 极小值为 $f(1,1) = -1$.

2. 极小值为 $f(1,4) = 0$.

3. 极大值为 $f(1,1) = 1$.

4. 极小值为 $f(1,0) = -5$, 极大值为 $f(-3,2) = 31$.

5. $\dfrac{1}{4}$.

6. 极小值为 -2, 极大值为 6.

7. 长为 $\sqrt[3]{2}$ m, 宽为 $\sqrt[3]{2}$ m, 高为 $\sqrt[3]{2}$ m.

8. 长为 $2\sqrt{10}$ m, 宽为 $3\sqrt{10}$ m.

9. $\dfrac{\sqrt{6}}{36}a^3$.

10. $x = 15, y = 10$.

11. $x = 300, y = 50$.

习题 6.7

1. A 产品 4 736 件, B 产品 7 043 件.

2. $(21,1)$.

3. $x = 0, y = 150$.

习题 6.8

略.

总习题 6

一、1. D. 　2. D. 　3. D. 　4. C. 　5. A.

二、1. 2. 　2. $f(1,2)$. 　3. $\dfrac{1}{2}$. 　4. $(2,-2)$.

三、1. (1) $-\dfrac{1}{y^2}\mathrm{e}^{\frac{x}{y}}\left(\dfrac{x}{y} + 1\right)$; 　(2) $\dfrac{4x^2 - 6y^2}{1 + x^2y^2} + \dfrac{(1 - x^2y^2)(2x^2 - 3y^2)}{(1 + x^2y^2)^2}$.

2. $\mathrm{d}z\Big|_{(2,0)} = \mathrm{d}x + 6\mathrm{d}y$.

3. (1) $\mathrm{e}^{\sin t + t^4}(\cos t + 4t^3)$;

(2) $\dfrac{\partial z}{\partial x} = 4x(x^2 - y^2) + (2y + 4x)(x^2 + y^2) + 4x^2y$,

$\dfrac{\partial z}{\partial y} = -4y(x^2 - y^2) + (2x + 4y)(x^2 + y^2) + 4xy^2$;

(3) $\dfrac{\partial z}{\partial x} = \mathrm{e}^x(3 + 3x - 2y) + \sec^2 x, \dfrac{\partial z}{\partial y} = -2\mathrm{e}^x$.

4. (1) $\dfrac{y^2 - \mathrm{e}^x}{\cos y - 2xy}$; 　(2) $\dfrac{x + y}{x - y}$.

5. (1) $\dfrac{\partial z}{\partial x} = \dfrac{yz}{\mathrm{e}^z - xy}, \dfrac{\partial z}{\partial y} = \dfrac{xz}{\mathrm{e}^z - xy}$; 　(2) $\dfrac{\partial z}{\partial x} = \dfrac{yz - \sqrt{xyz}}{\sqrt{xyz} - xy}, \dfrac{\partial z}{\partial y} = \dfrac{xz - 2\sqrt{xyz}}{\sqrt{xyz} - xy}$.

6. 极小值为 $f(1,0) = -5$, 极大值为 $f(-3,2) = 31$.

7. 略.

四、1. $Q_1 = 9, Q_2 = 3$.

    2. $x = 3.8, y = 2.2$.

    3. $x = 3, y = 2$,最大利润为 2 173 万元.

    4. $x = 16, y = 7$,最大总利润为 84.5 万元.

第 7 章

习题 7.1

1.(1) $I_1 \geqslant I_2$; （2) $I_1 \geqslant I_2$; （3) $I_1 \leqslant I_2$; （4) $I_1 > I_2$.

2.(1) $2\pi e \leqslant I \leqslant 2\pi e^5$; （2) $0 \leqslant I \leqslant 3$.

*3. ～*4. 略.

习题 7.2

1.(1) $\dfrac{9}{8}$; （2) $\dfrac{33}{140}$; （3) $\dfrac{45}{8}$; （4) $(e-1)^2$;

  （5) $\dfrac{1}{15}$; （6) 3; （7) $\dfrac{32}{5}$; （8) $\dfrac{3}{2}$;

  （9) $\dfrac{11}{3}$; （10) $\dfrac{20}{3}$; （11) $\dfrac{1}{10}$; （12) $\dfrac{1}{6}(1-2e^{-1})$.

2.(1) $\displaystyle\int_0^1 dy \int_0^{1-y} f(x,y)\,dx$; （2) $\displaystyle\int_0^1 dy \int_{y^2}^y f(x,y)\,dx$; （3) $\displaystyle\int_0^1 dx \int_x^1 f(x,y)\,dy$;

  （4) $\displaystyle\int_0^{\sqrt{2}} dx \int_0^{x^2} f(x,y)\,dy$; （5) $\displaystyle\int_0^2 dy \int_{\frac{y}{2}}^{3-y} f(x,y)\,dx$.

习题 7.3

1. 31 200 元.

2. 9 000 000 m³.

习题 7.4

略.

总习题 7

一、1. A.　　2. B.

二、1. $(e-1)^2$.　　2. $\dfrac{9}{8}$.

三、1.(1) $\dfrac{3}{2}$; （2) $\dfrac{33}{140}$; （3) 1; （4) 0; （5) 2π; （6) 14; （7) $\pi^2 - \dfrac{40}{9}$.

2.(1) $\displaystyle\int_0^1 dx \int_{x-1}^0 f(x,y)\,dy$; （2) $\displaystyle\int_1^2 dy \int_{-\sqrt{y-1}}^{\sqrt{y-1}} f(x,y)\,dx + \int_2^5 dy \int_{y-3}^{\sqrt{y-1}} f(x,y)\,dx$;

  （3) $\displaystyle\int_0^1 dy \int_{1-\sqrt{1-y^2}}^{2-y} f(x,y)\,dx$; （4) $\displaystyle\int_0^1 dy \int_0^{\sqrt{y}} f(x,y)\,dx + \int_1^2 dy \int_0^{2-y} f(x,y)\,dx$;

  （5) $\displaystyle\int_0^1 dy \int_y^{3-2y} f(x,y)\,dx$.

第 8 章

习题 8.1

1.(1) 二阶; （2) 一阶; （3) 三阶; （4) 二阶.

2.(1) 是; （2) 是; （3) 不是; （4) 是.

3. $x + Cyy' = 0$.

4. $y = \left(x^2 - \dfrac{\pi^2}{4}\right)\sin x$.

习题 8.2

1. (1) $\ln|y| = \dfrac{x^3}{3} + C$; (2) $y = \dfrac{2}{3}x^3 + C$;

(3) $\dfrac{y^2}{2} = \mathrm{e}^x + \dfrac{x^2}{2} + C$; (4) $\arctan y = \ln|x| - 1$;

(5) $-2^{-y} = 2^x + C$; (6) $\arcsin y = \arcsin x + C$;

(7) $\dfrac{(1+2y)^6}{12} = -\mathrm{e}^x + C$; (8) $y = -\mathrm{e}^{\frac{1}{x}} + \mathrm{e}$;

(9) $-\cos y = x\mathrm{e}^x - \mathrm{e}^x + C$; (10) $\dfrac{y^4}{4} = 2[\sqrt{x} - \ln(\sqrt{x}+1)] + C$.

2. (1) $y = x(\ln|x| + C)$; (2) $-\dfrac{1}{2}\left(\dfrac{y}{x}\right)^{-2} = \ln|x| + C$;

(3) $\dfrac{y}{x} = -\dfrac{x^2}{2} + C$; (4) $\dfrac{1}{2}\left(\dfrac{y}{x}\right)^2 = \ln|x| + \dfrac{1}{2}$;

(5) $\dfrac{1}{3}\ln\left|\sin\dfrac{y}{x}\right| = \ln|x| + C$.

3. (1) $y = \mathrm{e}^{-x}\sin x$; (2) $y = x\mathrm{e}^x$;

(3) $y = (x + C)\mathrm{e}^{-x^2}$; (4) $y = x^3 + Cx$;

(5) $y = \dfrac{1}{x}(-\cos x + C)$; (6) $y = \mathrm{e}^{-\sin x}(x + C)$.

习题 8.3

1. (1) $y = C_1\mathrm{e}^x + C_2\mathrm{e}^{-3x}$; (2) $y = C_1\mathrm{e}^{-3x} + C_2\mathrm{e}^{2x}$;

(3) $y = \dfrac{2}{3}\mathrm{e}^x + \dfrac{1}{3}\mathrm{e}^{-2x}$; (4) $y = \mathrm{e}^{-2x}(1 - 2x)$;

(5) $y = C_1\mathrm{e}^{-5x} + C_2\mathrm{e}^x$; (6) $y = \mathrm{e}^{-x}(C_1 + C_2 x)$;

(7) $y = \mathrm{e}^{-x}(C_1\cos 2x + C_2\sin 2x)$; (8) $y = \mathrm{e}^{2x}(C_1\cos 3x + C_2\sin 3x)$.

2. (1) $y = \mathrm{e}^{-x}(C_1\cos x + C_2\sin x) + \dfrac{1}{2}x^2 - x + \dfrac{1}{2}$; (2) $y = C_1\mathrm{e}^x + C_2\mathrm{e}^{-x} + 5x$;

(3) $y = C_1\mathrm{e}^x + C_2\mathrm{e}^{2x} - \left(\dfrac{1}{2}x^2 + x\right)\mathrm{e}^x$; (4) $y = C_1\mathrm{e}^{-x} + C_2\mathrm{e}^{-4x} - \dfrac{1}{2}x + \dfrac{11}{8}$;

(5) $y = C_1\mathrm{e}^x + C_2\mathrm{e}^{2x} - (\cos x + \sin x)\mathrm{e}^x$; (6) $y = (C_1 + C_2 x)\mathrm{e}^{3x} + 3x^2\mathrm{e}^{3x}$;

(7) $y = C_1\mathrm{e}^{3x} + C_2\mathrm{e}^{-x} + 2\cos x + \sin x$.

3. 1.

习题 8.4

1. $L = A - (A - L_0)\mathrm{e}^{-kx}$ ($k > 0$ 为比例系数).

2. $C(q) = q^2 - 16q + 50$ (q 为产量).

习题 8.5

略.

总习题 8

一、1. D. 2. C. 3. A. 4. C. 5. C.

二、1. (1) $3^y = 3^x + C$; (2) $\dfrac{y^2}{2} = -\dfrac{x^2}{2} + C$;

(3) $y = \dfrac{1}{C + \ln|1+x|}$;

(4) $\ln|\ln y| = \ln|x| + C$;

(5) $e^y = e^x + \dfrac{x^3}{3} + C$;

(6) $\ln|\ln y| = -\cos x + 1$;

(7) $\ln\left|\ln\dfrac{y}{x} - 1\right| = \ln|x| - 1$;

(8) $\arcsin\dfrac{y}{x} = \ln|x| + C$;

(9) $y = e^{-\sin x}(x + C)$;

(10) $y = \dfrac{1}{3}x^2 + \dfrac{3}{2}x + 2 + \dfrac{C}{x}$;

(11) $y = 2x^2 + Cx$;

(12) $x = \dfrac{1}{y} + \dfrac{C}{y^2}$.

2. (1) $y = C_1\cos 2x + C_2\sin 2x$;

(2) $y = C_1 e^{-2x} + C_2 e^{4x}$;

(3) $y = C_1 e^{-7x} + C_2 e^x$;

(4) $y = e^{-4x}(C_1 + C_2 x)$;

(5) $y = C_1 e^{3x} + C_2 e^{-x} - x + \dfrac{1}{3}$;

(6) $y = e^{-2x}(C_1\cos x + C_2\sin x)$;

(7) $y = C_1 e^x + C_2 e^{-3x} - \dfrac{2}{5}\cos x - \dfrac{4}{5}\sin x$;

(8) $y = C_1\cos 3x + C_2\sin 3x + \dfrac{1}{8}\cos x$.

3. 证明略. $y = C_1 e^{x^2} + C_2 x e^{x^2}$.

三、$C(x) = \dfrac{x^2}{6} - 28x + 100$.